高等学校土木工程专业"十四五"系列教材

土工合成材料

中国土工合成材料工程协会教育工作委员会　编著

中国建筑工业出版社

图书在版编目（CIP）数据

土工合成材料/中国土工合成材料工程协会教育工
作委员会编著. —北京：中国建筑工业出版社，2021.6
高等学校土木工程专业"十四五"系列教材
ISBN 978-7-112-25992-2

Ⅰ. ①土… Ⅱ. ①中… Ⅲ. ①土木工程-合成材料-
高等学校-教材 Ⅳ. ①TU53

中国版本图书馆CIP数据核字（2021）第046880号

本书是为高等学校岩土工程、环境岩土工程、交通工程、水利工程等相关专业编写的土工合成材料课程教材。它深入浅出地介绍了土工合成材料的基本知识，基本特性与测试方法，以土工合成材料在实际工程应用中的基本功能和作用为主线，分章论述了土工合成材料的隔离作用、排水反滤作用、加筋作用、防渗作用、污染阻隔作用和防护作用，以及当前国内外利用土工合成材料解决工程问题的基本原理、设计思路和工程案例。每章单列了复习思考题，以方便教学中使用。

本书可作为高等学校相关专业的教材外，还可供土木工程领域内的科技人员和设计工程师参考。

为了更好地支持相应课程的教学，我们向采用本书作为教材的教师提供课件，有需要者可与出版社联系。建工书院：http://edu.cabplink.com/index。邮箱：jckj@cabp.com.cn，2917266507@qq.com。电话：（010）58337285。

* * *

责任编辑：聂　伟　吉万旺

责任校对：芦欣甜

高等学校土木工程专业"十四五"系列教材
土工合成材料
中国土工合成材料工程协会教育工作委员会　编著
*
中国建筑工业出版社出版、发行（北京海淀三里河路9号）
各地新华书店、建筑书店经销
霸州市顺浩图文科技发展有限公司制版
北京市密东印刷有限公司印刷
*
开本：787毫米×1092毫米　1/16　印张：$14\frac{3}{4}$　字数：368千字
2021年7月第一版　　2021年7月第一次印刷
定价：**42.00**元（赠教师课件）
ISBN 978-7-112-25992-2
（37251）

前　　言

土工合成材料被工程界视为继木材、钢筋和水泥之后的第四大建筑材料。在工程需求牵引下经过70余年的发展，人类创造出了种类繁多、功能各异的土工合成材料产品，其工程应用与科学研究也得到了国内外科技人员的广泛重视，并取得了丰富的研究成果。

土工合成材料已广泛应用于水利、水运、公路、铁路、机场、市政、建筑、环境、矿山和农业等国民经济建设领域，以其特有的性能，发挥隔离、排水、反滤、加筋、防渗、防护和污染阻隔等功能与作用，为解决工程建设中的一系列复杂问题提供了更加科学合理的技术方案，取得了良好的经济效益和社会效益，已形成了比较完整的理论与技术体系。

目前，我国开设土工合成材料课程的高校凤毛麟角，工程建设一线工程师不知土工合成材料者十有八九，此现状非常不利于土工合成材料的推广应用，也限制了工程技术人员解决复杂工程问题的思路。发挥中国土工合成材料工程协会（CTAG）和国际土工合成材料学会中国分会（CCIGS）的人才优势，编写适合于高等院校本科教学的"土工合成材料"教材，大力推广土工合成材料知识和技术已势在必行。

本书共分8章，每章由相关领域专家负责编写。第1章绪论，按照国际土工合成材料协会（IGS）的概念体系对土工合成材料的定义、类型和功能进行论述，总结了土工合成材料的发展历史和国内发展阶段，由同济大学徐超编写；第2章性能与测试，简要地论述了土工合成材料质量控制和工程设计常用的物理、力学、水力学和耐久性等指标参数的测试原理和方法，由石家庄铁道大学杨广庆主持编写；第3章隔离作用，由西南交通大学苏谦主持编写；第4章排水与反滤，由武汉大学邹维列主持编写；第5章加筋作用，由华中科技大学刘华北主持编写；第6章防渗作用，由河海大学吴海民主持编写；第7章污染阻隔作用，由浙江大学詹良通主持编写；第8章防护作用，由天津大学严驰主持编写。第3~8章以土工合成材料的基本功能和作用为主线，分章论述了土工合成材料基本功能的概念、发挥作用的原理及其工程应用的设计原则、方法和应用实例。

本书由中国土工合成材料工程协会教育工作委员会编著，2018年暑期专门召开了"土工合成材料"教学经验交流和编写大纲研讨会，泰安现代塑料有限公司为研讨会的召开提供了大力支持和帮助；与会的来自10余所高校的30多位专家学者为《土工合成材料》教材编写和教学贡献了真知灼见；在编写过程中，李广信教授、徐超教授、杨广庆教授和严驰教授对本书初稿进行了评议，提出了宝贵意见。在此对所有参与本书编写的专家学者致以衷心的感谢。

限于编者水平，书中不妥之处和文献收集方面的遗漏在所难免，恳请读者批评指正。期盼本教材能为我国土工合成材料教学和知识普及尽绵薄之力，并有助于推动我国土工合成材料科学研究和工程应用。

中国土工合成材料工程协会教育工作委员会

2020年12月10日

各章编写人员

第1章　绪论　　　　　　　徐　超
第2章　性能与测试　　　　杨广庆、王　贺
第3章　隔离作用　　　　　苏　谦、蔡晓光、黄俊杰
第4章　排水与反滤　　　　邹维列、庄艳峰
第5章　加筋作用　　　　　刘华北、陈建峰、陈昌富、
　　　　　　　　　　　　　汪益敏、王志杰、孙晓辉、
　　　　　　　　　　　　　张　琬、蔡　焕、汪　磊
第6章　防渗作用　　　　　吴海民、张　振、袁俊平
第7章　污染阻隔作用　　　詹良通、谢海建、谢世平、
　　　　　　　　　　　　　肖成志、侯　娟、刁　钰
第8章　防护作用　　　　　严　驰、刘　畅、孙立强、
　　　　　　　　　　　　　谢婉丽、杨有海、马学宁、
　　　　　　　　　　　　　刘伟超

目　　录

第1章 绪 论

1.1 概 述

"土工合成材料"准确翻译了"geosynthetics"的含义，后者是1994年才出现的英文单词，由前缀"geo-"和词根"synthetic"组成。"geo-"指与地球、岩土或土工有关的，"synthetic"即合成物，或作为形容词，意指人工的、合成的。因此，从字面意义上，土工合成材料可理解为用于岩土工程的合成材料。相对于传统的木材、钢筋和水泥，土工合成材料是一种新型的建筑材料，随着聚合物的发明和发展以及工程应用需要，得到了快速发展。

国际土工合成材料学会（International Geosynthetics Society，缩写为IGS）给出的专业定义为：土工合成材料是经专门制造的应用于岩土工程、环境岩土工程、水利工程和交通工程的各类人工合成高分子材料。土工合成材料研究所（Geosynthetics Research Institute，缩写为GRI）是国际上另一个围绕土工合成材料的研究机构，其给出的定义为：土工合成材料系指各种不同形式的由高分子制成的建筑材料，可应用于环境、交通、岩土工程领域建造土工构筑物。可见，这两个定义非常接近，主要强调了两点——"由合成高分子材料制成的产品"和"用于交通、环境、水利等泛土木工程领域"。

从上述定义不难想象，土工合成材料是一门多学科交叉、跨领域的新兴学科。材料生产涉及煤化工和石油化工、有机化学与工程、材料科学与工程等多个学科，材料应用覆盖建工、市政、铁路、公路、机场、水利、水运、环境、资源、矿山等众多领域。这门学科不仅关注各类材料的生产工艺和材料性能，而且深入研究如何发挥材料功能、解决实际工程问题的理论和方法。经过半个多世纪的发展，土工合成材料不仅种类繁多，而且应用领域不断拓展，已经取得了良好的经济效益和环境效益，形成了比较完整的技术理论体系。

1.2 聚合物简介

土工合成材料是以人工合成的高分子聚合物（polymer）为原料制成的，对于这些聚合物的了解有助于我们认识各类土工合成材料的工程性能。高分子聚合物是由一种或几种低分子有机化合物通过聚合反应而形成的高分子有机化合物。煤化工或石油化工得到乙烯、丙烯、苯等化合物单体，经聚合反应生成高分子化合物的结构单元，然后形成聚合物。例如聚乙烯就是由乙烯单体聚合而成的高分子聚合物。

聚合物主要是根据其化学组成来命名，由一个单体聚合而得到的聚合物，其命名法则是在单体名称前加一个"聚"字，如聚乙烯、聚丙烯、聚氯乙烯、聚苯乙烯等。由两种或两种以上的单体经聚合反应得到的聚合物，称为"共聚物"，例如丙烯腈-苯乙烯聚合物可称为腈苯共聚物。很多聚合物通常有商品名称，例如"尼龙"就是聚酰胺一类的商品名称。在我国，人们还习惯以"纶"字作为合成纤维商品的后缀字，如锦纶（尼龙-6）、腈纶（聚丙烯腈）、氯纶（聚氯乙烯）、丙纶（聚丙烯）、涤纶（聚对苯二甲酸乙二酯）等。在科学交流和实际应用中，人们还经常采用代号（英文缩写）指代聚合物，表1-1给出了用于土工合成材料生产的常见聚合物的英文名称及其代号。

常见聚合物名称及其缩写代号

表1-1

排序	产品名称	英文名	缩写
1	低密度聚乙烯	Low Density Polyethylene	LDPE
2	聚氯乙烯	Polyvinylchloride	PVC
3	高密度聚乙烯	High Density Polyethylene	HDPE
4	聚丙烯	Polypropylene	PP
5	聚苯乙烯	Polystyrene	PS
6	聚酯	Polyester	PET
7	聚酰(尼龙)	Polyamide	PA
8	氯化聚乙烯	Chlorinated Polyethylene	CPE
9	氯磺化聚乙烯	Chlorosulfonated Polyethylene	CSPE
10	极低密度聚乙烯	Very Low Density Polyethylene	VLDPE
11	线性低密度聚乙烯	Linear Low Density Polyethylene	LLDPE
12	极软聚乙烯	Very Flexible Polyethylene	VFPE
13	线性中密度聚乙烯	Liner Medium Density Polyethylene	LMDPE
14	柔性聚丙烯	Flexible Polypropylene	FPP
15	聚烯烃	Polyolefin	PO
16	聚丙烯腈	Polyacrylonitrile	PAN
17	聚氨基甲酸酯	Polyurethane	PUR
18	氯丁橡胶	Chloroplene Rubber	CR
19	顺丁橡胶	Butyl Rubber	BR

高分子聚合物种类很多，按性能不同可分为塑料、纤维和橡胶三大类，此外还有涂料、胶粘剂和合成树脂等。在一定条件下具有流动性、可塑性，并能加工成形，当恢复常规条件（如除去压力和降温），则仍保持加工时形状的聚合物称为塑料。可进一步划分为热塑性塑料和热固性塑料两类，前者是指在温度升高后能够软化并能流动，当冷却时即变硬并保持高温时形状的塑料，而且在一定条件下可以反复加工定形，如聚乙烯、聚丙烯和聚氯乙烯等；后者是指加工成形后的塑料在温度升高时不能软化且形状不变的塑料，如酚醛树脂、脲醛树脂等。直径很细，长度大于直径1000倍以上且具有一定强度的线形或丝状聚合物称为纤维，如聚酯纤维、聚酰胺纤维和烯类纤维等。在室温下具有高弹性的聚合物称为橡胶。在外力作用下，橡胶能产生很大的应变（可达1000%），外力除去后又能迅速恢复原状，如顺丁橡胶、氯丁橡胶、硅橡胶等。

塑料和纤维是制造土工合成材料的两大类高分子聚合物。聚合物的力学性能，如抗拉强度和延伸率等，与聚合物的分子链的主价键（共价键）和分子间的作用力（范德华力）有着密切关系。有些材料性能取决于主价力，如在外力作用下聚合物的高分子链断裂；有些材料取决于次价力，如在外力作用下聚合物产生高分子间的相对滑动。限于篇幅，这里不展开详述。

聚合物材料都具有黏弹性特征，即在不变荷载作用下拉伸应变随时间不断发展的特性，具有蠕变性。聚合物一般均具有抵抗环境侵蚀的能力和不同程度的抗老化能力，其中由聚合物制成的土工合成材料抗阳光（紫外线）辐射能力被看作一个重要特性。聚合物的特性往往受环境温度和湿度的影响，特别是温度的影响非常显著。聚合物的性能除了与其化学成分、分子链形式和聚合程度有密切关系外，同时还受到结晶、取向、添加剂及其加工工艺等的极大影响。

（1）结晶

聚合物结晶度增加时，晶体中的分子链排列紧密有序程度提高，分子间空隙小，作用力增强，链段运动困难，聚合物的屈服点、强度、模量、硬度等随之提高，而断裂延伸率、抗冲击性能则随之下降，使聚合物变硬变脆。

（2）取向

聚合物的取向是在其拉伸过程中（如在纤维和格栅生产中采用的定向拉伸）或在流动过程中（如注塑成形）形成的分子或晶体定向排列的现象。分子取向是指高分子链或链段朝着一定方向占优排列的现象，晶粒取向是指晶粒或某晶面朝着某个特定方向占优排列的现象。取向对聚合物力学性能最为突出的影响是使材料在取向方向的强度大为增加，但同时伸长率却降低很多，而且在垂直方向的强度会有所降低，形成强烈的各向异性特性。

（3）添加剂

在采用聚合物原材料生产特定用途制品时，常在原材料中掺入一定数量的其他原料，以改善聚合物的加工性能或产品的使用性能，这些添加的材料称为添加剂（或助剂）。例如添加增塑剂使流动性较差的聚氯乙烯易于加工；掺加增强剂（如纤维），可以提高橡胶的强度。热塑料可以添加合成纤维、玻璃纤维和碳纤维等作为增强剂，形成比钢材强度还要高的纤维加筋塑料，例如玻璃钢；聚合物抗紫外光老化的性能较差，需添加稳定剂，例如在聚乙烯中添加2%（质量百分数）的炭黑，可以大大提高聚乙烯的抗老化能力。

（4）加工工艺

各类土工合成材料的性能与生产过程和制造工艺有着密切的关系。举例来讲，同样的原材料经过不同制造工艺生产的有纺土工织物和无纺土工织物，两者的工程性能有很大的差别。

1.3 土工合成材料的类型

土工合成材料产品多种多样，而且还在市场需求牵引下不断出现新的产品。这些产品的原材料、制造工艺、几何特征及工程性能等差异很大，对其进行人为的分类非常困难。因此本教材不去探讨土工合成材料的分类体系，仅从制造工艺和产品特征的角度介绍几类常用的土工合成材料产品。

（1）土工织物

土工织物（geotextiles），俗称土工布，是由纤维或纱线经过织造、编织或热粘、针刺等不同工艺制成的连续的平面状材料。这种材料具有柔性和透水（气）性，通常呈织物外观（见图 1-1a），可归纳为有纺土工织物和无纺土工织物两个类别。土工织物在工程建设中应用广泛，如常用无纺土工织物发挥隔离、过滤、排水作用，用有纺土工织物进行土体加筋和隔离，还常常与其他类型的土工合成材料制品一起构成土工复合材料。

（2）土工膜

土工膜（geomembranes）是由一种或几种合成材料制成的连续的柔性膜状材料（见图 1-1b）。完好的土工膜几乎不透水，也不透气。土工膜主要用作封闭液体或气体的防渗衬里和防扩散阻隔屏障。

（3）土工格栅

土工格栅（geogrids）是一类具有网格状（grid-like）开孔的、具有较高拉伸强度的土工合成材料（见图 1-1c）。土工格栅的类别很多，按原材料有 PP 和 PE 格栅、PET 格栅等；按制造工艺有拉伸土工格栅、编织土工格栅、焊接土工格栅等，按主要受力方向有单向格栅、双向格栅和多向格栅。土工格栅主要在加筋土挡墙、加筋土边坡、地基处理中发挥加筋与加固作用。

（4）土工网

土工网（geonets）是由两组或多组相互平行的挤出聚合物交叉制成的具有网格状开孔的三维土工合成材料（见图 1-1d）。这种网络结构使材料内部呈多孔隙特征，具有很强的导水输气能力，常与无纺土工织物复合作为排水材料。

（5）土工格室

土工格室（geocells）是由聚合物条带（strips）相互连接制成的具有三维蜂窝状结构的土工合成材料（见图 1-1e）。铺设后，交错连接的条带之间形成一个个格室用以填充土、碎石，有时也用混凝土填充。这种材料主要用于道路工程的地基处理或地基加固，也常用于边坡侵蚀防护工程。

（6）土工管

土工管（geopipes）是用来导排液体或气体的多孔或实壁（无孔）聚合物管材（见图 1-1f）。在有些情况下，多孔管外裹无纺土工织物滤层，防止细颗粒土的流失，也防止淤堵；有时将土工管埋入盲沟碎石层以增加排水能力。

（7）土工泡沫

土工泡沫（geofoam）是聚苯乙烯泡沫塑料膨胀后形成的、由封闭充气单元构成的超低密度块体或板材。根据生产工艺的不同，一般又分为模塑型土工泡沫（简称 EPS）和挤塑型土工泡沫（简称 XPS）。土工泡沫塑料可作为隔热材料和超轻质填料使用。

（8）土工复合材料

土工复合材料（geocomposites）是一类由两种或多种土工合成材料相结合而制成的土工合成材料总称。比较典型和常见的有：土工织物-土工膜结合构成的复合土工膜（见图 1-1g）、土工合成材料黏土垫（见图 1-1h）和土工织物-土工网或土工织物-波形、棱形薄塑料板结合而成的复合排水板和垂直排水带（Prefabricated Vertical Drains，缩写为 PVDs）。

土工合成材料黏土垫（geosynthetic clay liners，GCLs），亦称土工防水毯，通常是指在上下两层土工织物之间夹一层膨润土，或将一层膨润土粘结在土工膜或单层土工织物上而制成的一种土工复合材料。GCL中的膨润土经过水化作用，吸水膨胀，具有很低的渗透性，主要用作渠道防渗和污染物质的阻隔屏障。

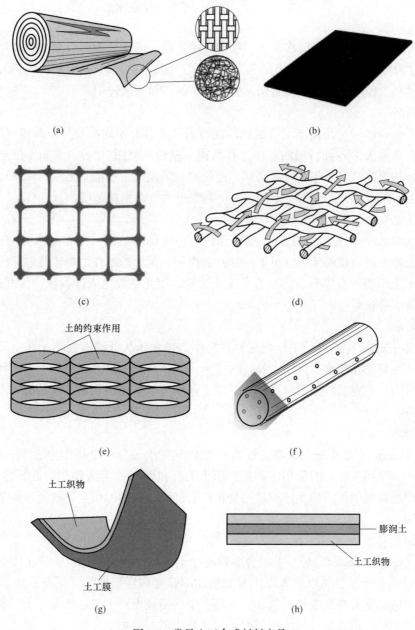

图 1-1　常见土工合成材料产品

（9）土工垫

土工垫（geomats）是由聚乙烯或聚丙烯塑料丝热熔连接而成的三维蓬松网垫，又称三维土工垫或三维植被网。土工垫结构蓬松柔韧，用于坡面防护和植生护绿等。

（10）土工条带

土工条带（geostrip）也称土工加筋带，是由高强度的聚酯、聚乙烯或聚丙烯纤维编织而成的条带状土工合成材料，或由碳素钢丝外涂裹聚乙烯复合而成的条带状材料，后者常称为钢塑条带。土工条带常与块状面板配合使用，在挡土墙建造中作为加筋构件。

1.4 土工合成材料的功能

土工合成材料种类丰富，在实际工程中应用广泛，通常认为可以发挥隔离、反滤、排水、防渗、加筋和防护功能和作用。随着技术和产品的发展以及研究的深入，人们认识到土工合成材料工程应用中还可以起到污染阻隔、保护和加固作用。

（1）隔离

隔离（separation）是指土工合成材料能够把两种具有不同粒径分布的填料隔离开来，以免相互混杂而失去各种材料的整体性和结构完整性（见图1-2a）。例如，把土工织物铺设在道路路基粗粒料与下部细粒土之间，避免粗骨料刺入下部地基土中，以保证基层的厚度和完整性；同时，有助于阻止下部细粒土翻浆进入上部粗粒基层。

（2）反滤

反滤（filtration）是指土工合成材料允许土体内部的液体（通常是水）透过并排出，同时阻止上游土壤颗粒的流失（见图1-2b）的作用，其发挥的作用与传统砂滤层相似。例如，常用土工织物包裹碎石盲沟、管井或土工管，阻止细粒进入碎石层、管井或土工管，同时保持排水通畅。

（3）排水

排水（drainage）是指土工合成材料自身作为排水体从低渗透性填土或土层中收集和排泄流体（主要是孔隙水，见图1-2c）的作用。例如铺设于路堤底部的土工织物可用来消散孔隙水压力；垂直塑料排水带（PVD）用于预压荷载下加快软黏土地基的排水固结过程（见图1-2d）。

（4）防渗

防渗（barrier）是指采用低渗透性或不透水/气的土工合成材料作为液体/气体的屏障，阻止其渗透（见图1-2e）的作用。例如，用土工膜和GCL作为大坝和渠道等的渗透屏障，以及在填埋场衬里中作为防止渗滤液污染扩散的屏障。我国习惯上称这种屏障的阻滞作用为防渗作用。

（5）加筋

加筋（reinforcement）是指土工合成材料在土体内作为加筋构件，或土工合成材料与土相结合形成一个复合体以改善填土或加筋体的强度和变形性能（见图1-2f）。例如，在交通工程领域的填方路堤或填方机场，使用土工格栅或由纺土工织物等作为筋材修建直立的挡土墙或陡坡，提高填筑体的稳定性，而且节约填方，减少占地。

（6）防护

防护（erosion control）是指通过设置土工合成材料防护措施，减少因降雨冲击、地表径流和水流冲刷而造成的土壤流失的作用，这种作用又称为侵蚀控制作用。例如在边坡上采用土工织物泥沙栅栏，可拦截浑浊径流中的悬浮颗粒（见图1-2g）；采用土工垫覆盖土质裸露边坡，可大幅降低土壤侵蚀，有利于植被生长（见图1-2h）。

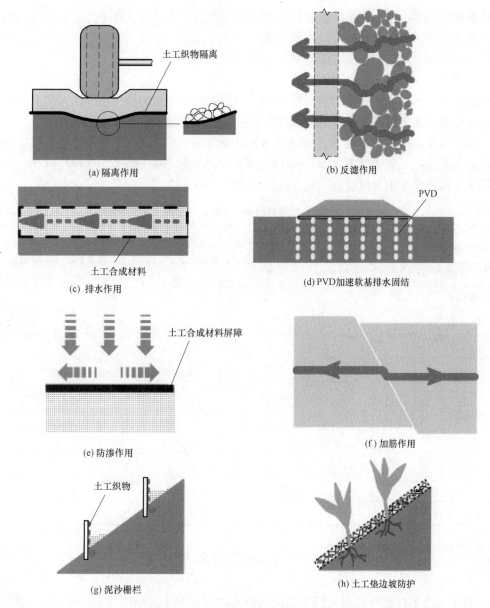

(a) 隔离作用

(b) 反滤作用

(c) 排水作用

(d) PVD加速软基排水固结

(e) 防渗作用

(f) 加筋作用

(g) 泥沙栅栏

(h) 土工垫边坡防护

图1-2　土工合成材料功能示意图

（7）污染阻隔

污染阻隔（barrier for environmental containment）是指采用天然土、土工合成材料等组成物理-化学阻隔屏障，隔离场地中污染物或腐蚀性流体，控制污染物渗流量，延迟污染物扩散过程，以防控场地周边环境的二次污染（詹良通，2020）。例如，在城市固体废弃物填埋场中，随着废弃物降解产生大量含有有机、无机污染物质的渗滤液，由压实黏土、土工膜、GCL等构成的填埋场底层衬里不仅要有防渗作用，还要发挥阻滞污染物质扩散的作用。

（8）保护

保护（protection）在这里特指采用一种土工合成材料防止另一种土工合成材料受到损

伤或破坏的作用。例如在土工膜防渗结构中采用无纺土工织物，避免土工膜被尖锐物体刺破，防止土工膜因损坏而失去应有的功能。

（9）加固

加固（stabilization）有别于加筋作用，加固作用是指土工合成材料限制填土颗粒发生变位的作用。例如在小间距加筋土复合体中，受力发生应变的筋材通过张力约束两侧填土的位移；在用土工格室填粒料进行地基处理时，土工格室限制了散体材料的位移。

从土工合成材料类型和功能的论述中可以看出，一类产品因工艺或材质不同可细分为不同亚类，具有一种或多种功能；不同类型的产品也可以发挥相同或相似的功能。表1-2归纳了不同类型土工合成材料与其发挥的功能的对照关系。

土工合成材料的类型与功能对照表 表1-2

功能＼种类	隔离	加筋	反滤	排水	防渗	防护	污染阻隔	保护	加固
土工织物	√	√	√	√				√	√
土工膜	√				√		√		
土工格栅		√							√
土工网				√					
土工垫								√	
土工管				√					
土工格室						√			√
土工泡沫	√								
GCL					√		√		
土工条带		√							
土工复合材料	√	√	√	√	√	√	√		

1.5 土工合成材料的应用

为什么土工合成材料在工程中的应用越来越广泛？主要是因为它能够解决实际问题，并能带来多方面的效益。首先，土工合成材料是在工程需求牵引下不断丰富发展起来的一种新型建筑材料，其耐久性好，在工程的使用年限内能够很好地发挥应有的功能；其次，用土工合成材料代替传统的砂石、钢筋、沥青、混凝土等后，建造成本更低，节约投资；第三，采用土工合成材料，形成了一系列新的或者更好的工程技术，能够解决传统方法不能解决的工程问题；第四，施工方便快捷，对环境影响小，减少碳排放。进入21世纪以来，环境、资源和生态等方面出现了一系列严峻的问题，土工合成材料的作用和价值更加突出。

1.5.1 在交通工程中的应用

交通工程是土工合成材料的重要应用领域，包括铁路、公路、机场工程等，几乎所有的土工合成材料类型都能在交通工程领域有用武之地，发挥应有作用。以铁路工程为例，土工合成材料在铁路新建轨道或已有轨道修缮工程中可以起到隔离作用、过滤作用、排水作用、防护作用和加筋加固作用等，如图1-3所示。交通工程中所使用的土工合成材料包括土工织物、土工格栅、土工复合排水材、三维植生垫和土工格室等。

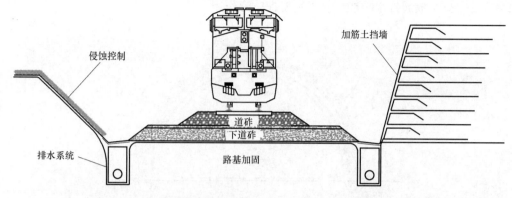

图1-3　土工合成材料在铁路路基工程中的应用（Pimentel et al., 2009）

（1）道砟隔离

道砟隔离是将土工织物铺设在上道砟与下道砟、道砟与地基土之间，发挥隔离作用。由于隔离层的存在，能够阻止不同粒料相互混杂，或减少道砟颗粒刺入软土地基，因此能够保持碎石层的厚度和完整性，并延长轨道的使用寿命。对于存在翻浆冒泥病害的铁路，也可以采用土工织物隔离措施进行病害治理。

（2）盲沟排水

用土工织物包裹碎石，在轨道两侧设置碎石盲沟，内含排水管，进行排水，可控制地下水位，防止地下水涌入道砟层对轨道产生不良影响。这里，土工织物发挥着反滤作用。

（3）边坡防护

土壤侵蚀是一种由于水力和风力作用所引起的自然过程，其影响因素众多，如土类、植被和地貌等，在特定条件下人类生产活动也会加速这一过程。铁路建设时常在沿线形成挖方边坡或填方边坡，坡面防护是铁路土建方面的重要内容。可采用土工网、土工垫或土工格室等进行坡面防护。

（4）加筋土结构

对于填方铁路、公路路基，采用土工格栅、土工织物或土工条带作为筋材，修筑加筋土挡墙或加筋土边坡，可减少占地，节约资源，又能够提高路堤的稳定性，防止地质灾害。

（5）地基处理

在软弱地基上铺设土工合成材料（土工织物、土工格栅和土工格室）可形成加筋垫层，或采用加筋土层置换软土地层，发挥加固作用。这里，土工合成材料约束地基土和上部填料的侧向变形，均匀分布上部荷载，可提高地基的承载力，减小路基沉降。必要时，为了控制路基沉降，将复合地基技术与加筋垫层相结合（桩网复合地基），或者采用桩承加筋路堤技术方案。利用分层填方作为附加荷载，在软土地基中打设塑料排水带（PVD）加速软土地基的排水固结，已经成为常规的软土地基处理技术。

（6）隧道防排水

在山区修建铁路、公路线形工程，穿山越岭在所难免。如2017年通车的西安至成都客运专线（西成线）西段，桥隧比高达92.1%，其中隧道全长197km。良好的防水和排水措施对于隧道的耐久性和正常运营至关重要。在矿山法隧道施工中，初衬稳定后常先铺设土工织物或土工织物复合排水板，固定土工膜，而后施作永久衬砌，如图1-4所示。土工织物或复合排水板起排水功能，土工膜发挥防渗作用。

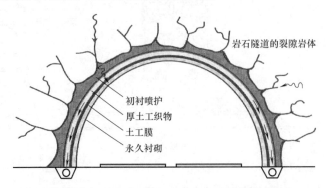

图1-4　隧道中土工合成材料的排水与防渗应用示意图

在公路工程中，采用的土工合成材料类型和发挥的作用与在铁路工程中的情形极为相似。同样采用土工织物作基层隔离，采用土工格栅修筑加筋填方路堤（加筋土挡墙或加筋土边坡），设置加筋垫层进行地基处理，采用三维土工垫进行边坡防护，采用无纺土工织物包裹碎石设置排水边沟等。另外，在公路工程中，用超轻质土工泡沫（EPS）填筑路堤，可以大大减轻地基的附加荷载，减小沉降，消除桥头跳车现象；在破损沥青路面修复中，可采用玻纤格栅，防治反射裂缝发生；在碎石基层或上路床中采用土工格栅加固措施，可有效延长路面的使用寿命。

随着"上山下海"修建机场，在机场场道工程中也大量使用了土工合成材料。我国近些年通航的山区机场，建设过程中为实现土方的挖填平衡，都存在高填方边坡，甚至挡墙，也都采用了土工合成材料加筋土技术，以及边坡防护技术。

1.5.2　在水利航运工程中的应用

在大坝与渠道防渗、航道治理和防洪抢险等方面，使用了大量的土工合成材料，其发挥了重要的不可替代的作用。土工合成材料在水利航运工程中的应用主要有以下几个方面：

（1）大坝、渠道防渗

修筑大坝蓄水成库，修建渠道长距离调水，都需要采取严格的防渗措施，否则无法发挥造福人类的效益。土工膜几乎不透水，经常被用在大坝的迎水面上以形成水力屏障。除了新建大坝采用土工膜防渗外，在迎水面贴土工膜是渗漏严重的旧混凝土大坝除险加固的有效手段。土工膜可直接暴露在外，也可采用如混凝土板覆盖进行保护。裸露型的土工膜会因紫外线引起的降解作用而缩短寿命，但用裸露土工膜修复要比设置覆盖型土工膜容易得多。被覆盖的土工膜容易损坏，比如被坚硬材料刺穿。为了预防土工膜的刺穿，可铺设土工织物作为缓冲衬垫；在螺栓固定之处，采用橡胶密封，如图1-5所示。土工膜的渗漏主要发生在存在缺陷的接缝处和被刺穿的孔洞处，因此必须通过严格的施工质量控制措施以减少施工缺陷，并通过施工质量检测，发现缺陷并及时补修。

目前一些中小型土石坝、大型水库的施工围堰以及砂砾石地基的库区，用土工膜防渗也较为普遍。

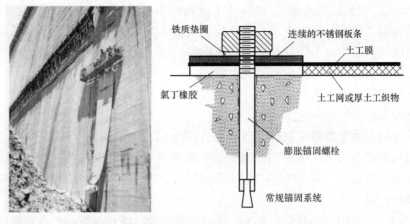

图1-5 土工膜用于大坝防渗（右为土工膜锚固详图，Zornberg et al., 2009）

目前，输水渠道多采用混凝土衬砌，发挥防渗作用。但混凝土在使用过程中受气候条件的影响或年久老化，容易出现裂缝而漏水。采用GCL或GCL与土工膜构成复合衬里，防渗效果更好，是理想的选择。

（2）航道整治

航道相当于交通工程中的公路，也需要维护和治理才能保证畅通。但水下航道整治比公路维护保养要困难得多。土工合成材料在这方面发挥了独特而重要的作用。如土工织物用作土工模袋，充填砂浆进行岸坡防护；用土工织物软体沉排防止航道防淤积或河床冲刷。

土工模袋（geoform）是一种双层土工织物（模袋布）、按一定间距用尼龙绳连接而制成的大面积、连续的管袋。其作用相当于混凝土施工的模板，内充填砂浆或混凝土，成形后作为河道岸坡防护构件，如图1-6所示。这种有一定厚度的防护构件，具有很强的防冲刷能力，在我国航道治理和水毁河岸修复工程中得到了广泛应用，取得了良好的效果。

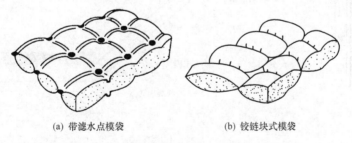

(a) 带滤水点模袋   (b) 铰链块式模袋

图1-6 不同类型的土工模袋

软体沉排（soft mattress）可由不同材料制作，土工织物软体沉排是其中的一种，由有纺土工织物、聚合物网绳和压重组成，已代替传统的柴排用于护底、护岸和航道整治。土工织物沉排柔软、耐磨，抗老化能力强，在我国长江深水航道工程中得到应用。在东北寒冷地区，我国科技人员创造性开发了冰上沉排技术，软体沉排在松花江、嫩江等防护工程中应用广泛，积累了丰富的经验，也都取得了很好的效益。

（3）防洪抢险

1998年，长江流域发生特大洪水，土工合成材料在抗洪抢险中的成功应用，取得了非常好的社会效益，受到国家的重视，成为土工合成材料在我国推广应用和快速发展的转折点。

在抗洪抢险斗争中，采用土工膜管袋快速设置子堤，以防止洪峰漫堤；采用土工袋和土工包封堵决口；采用土工织物过滤垫防止管涌的进一步发展等，已经成为抗洪抢险的重要举措，为保护人们生命财产做出了巨大贡献。

1.5.3 在环保工程中的应用

（1）在垃圾填埋场中的应用

垃圾填埋场是重要的城市基础设施，也是各种土工合成材料产品应用的集大成者。目前，我国城市固体废弃物主要采用填埋处置，即选择合适的场地，将这些垃圾填埋封闭，防止污染物质（渗滤液和填埋气等）对周围环境的二次污染，如图1-7所示。从图中可以看出，填埋场的衬里由土工膜、土工网、土工织物和压实黏土构成，结构复杂；衬里上层设置由土工织物、土工网、砾石层、土工管组成的渗滤液过滤和导排层；在填埋场顶部，设置由土工格栅、土工膜、复合排水网等构成的封盖系统。从目前填埋场的工程实践看，往往在填埋场四周设置垂直防渗墙，内含土工膜或GCL，以确保污染物质被阻隔在填埋区内。

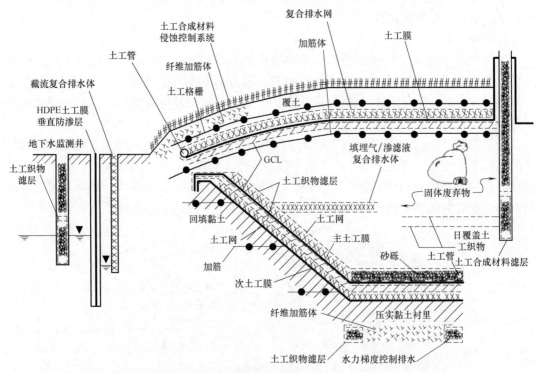

图1-7 填埋场设计中土工合成材料的多重功用（Bouazza et al., 2009）

从全球范围内看，由于各国环保法规要求不同、填埋场地的地形和地质构造各异，甚至垃圾成分也有差别等，填埋场的衬里系统和封盖系统的结构有所不同，但大量采用土工合成材料、充分发挥这类新型材料的功能和优势是固体废弃物填埋场建设的共同特点。

（2）在尾矿库中的应用

2017年7月我国发生的紫金矿业污染事故，造成汀江部分水域严重污染；2019年1月巴西淡水河谷矿业公司位于Minas Geras州的一座尾矿库发生溃坝，导致179人死亡，131人失踪。这些事故不断警示尾矿库的高风险。按百度百科关于"尾矿库"的定义，尾矿库是指筑坝拦截谷口或围地构成的，用以堆存金属或非金属矿山进行矿石选别后排出尾矿或其他工业废渣的场所。尾矿库一般由拦截坝、防渗阻隔系统、排水系统等构成，库内堆填大量尾矿或废弃矿渣。

在尾矿库防渗阻隔系统中，采用复合土工膜，应该能够防止紫金矿业污染事故发生。在排水系统中，采用复合排水板、土工排水管、土工织物等过滤排水组件，并配合排水井和库区外围防排水作业，将能够降低尾矿含水率，控制库内水位，提高尾矿库的整体稳定性。土工合成材料在尾矿治理中的应用尚处于初级阶段，并没有形成有效定型的技术方案，特种土工合成材料还需要研发。随着科研深入和工程经验教训积累，相信土工合成材料能够在尾矿库建设与运营中发挥重要作用，大大降低尾矿库渗漏或溃坝风险。

1.5.4 在其他方面的应用

（1）在污水处理中的应用

在污水处理过程中，土工合成材料可以在多个方面发挥作用（参见图1-8）。与垃圾填埋场类似，污水储蓄池也需要完备的防渗衬里，以防止污染物质的扩散。其多采用GCL、土工膜等与黏土或混凝土一起构成污水的阻隔层。用土工膜制作污水储留池的浮动盖，增强污水中有机物的厌氧消化，并防止难闻气体（沼气、硫化氢等）的扩散。污水通过分解沉淀产生大量高含水率污泥，可用土工织物制成的土工管袋（geotubes）过滤污泥，加速排水，使污泥减量，便于运输和堆放，无害化处理后可在工程中应用。

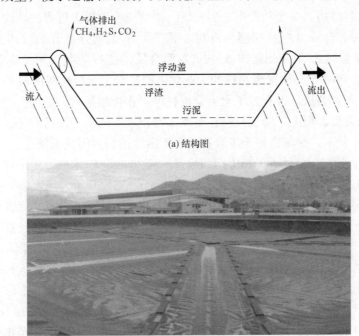

(a) 结构图

(b) 浮动盖照片

图1-8　污水储留池及其浮动盖（Sadiler，2009）

（2）在农业方面的应用

土工合成材料在农业方面的应用主要有：塑料薄膜地面覆盖、农田灌溉渠的防渗和养殖业废弃物处置。早在1978年我国从日本引进塑料薄膜地面覆盖技术，为我国的农业增产起到了极大作用。为了保证农业稳产增产，各国都非常重视标准农田的建设，其中一个重要措施就是建设完备的灌溉排涝系统，以确保农业旱涝保收。为了节约珍贵的地下水资源，采用土工膜进行灌溉渠的衬砌，发挥防渗作用，防止水资源损失。规模牲畜养殖业会产出大量动物排泄物，处置不当，很容易污染地下水源。因此在规模养殖业发展中，应同步建设这类污染物的处置措施，类似于污水储留池中土工膜的作用，在污染物储存池底部设置包含土工膜的阻隔衬里，在上部用土工膜封闭，对污染物进行厌氧发酵，降解处置。

1.6　土工合成材料简史与展望

1.6.1　土工合成材料简史

中华文明有5000多年的悠久历史。考古发现已有4700~5100年历史的良渚古城外围水利工程中，良渚先民曾采用了"草裹泥"技术（李广信 通讯，2020）。《山海经》中讲到"洪水滔天，鲧窃帝之息壤以堙洪水，不待帝命。"据考证，所谓息壤应当是古代人们利用草、木、竹、石、土创造出来的加筋土，用以拦截阻挡洪水（李广信，2013）。将植物纤维和草秸等掺入黏土，经立模夯实垒墙修屋的土建技术早为先民们所掌握。用草木材料于灌溉工程和拦河堵口的技术，沿用至今。我们从现代土工合成材料的应用中往往能够看到历史的影子。

土工合成材料经历了一个从产生，到发展，再到成熟的历史过程。现代土工合成材料的发展，是与人工合成材料（树脂、纤维、橡胶）的出现分不开的（周大纲，2019）。1907年美国化学家 Leo Hendrik Baekeland 发明合成酚醛树脂和通用贝克莱特（General Bakelite）公司于1909年开始酚醛塑料的工业化生产拉开了合成材料的序幕，后来陆续出现的各种合成塑料和合成纤维奠定了土工合成材料工业化的基础。工程应用需求不断促进土工合成材料的发展，但土工合成材料在土木工程领域的最早应用已难考证。据推测，大约在20世纪30年代末，聚氯乙烯土工膜首先用于游泳池的防渗（王正宏，2008；周大纲，2019），被认为是土工合成材料工程应用的起点。到20世纪50年代，美国和苏联开始使用聚乙烯膜、聚氯乙烯膜进行灌溉渠防渗；从20世纪60年代开始，土工膜开始用于堆石坝防渗；20世纪70年代，现代加筋土技术（Reinforced earth®）的出现，促进了土工织物和土工格栅在加筋土结构中的应用；到20世纪90年代，随着城市化和环保意识提高，土工膜大量用于垃圾填埋场、污水处理厂、污染场地处置等工程中，进行污染阻隔和防控。

土工织物在工程中的使用始于20世纪50年代。1958年美国佛罗里达州的海岸块石护坡下铺放聚乙烯织物作为防护垫层，被公认为是应用土工织物的开端。非制造型土工织物在20世纪60年代末出现，并在欧洲、美国等地区开始应用。1968年法国Rhone-Poulenc公司首创非制造型土工织物，大大拓展了土工织物在工程建设中的应用范围。至1973年，人们已经认识到土工织物的过滤、隔离和加筋这三种基本功能，又在后期的工程应用中逐渐认识到土工织物具有一定的排水功能。

20世纪70年代末出现的垂直排水带是由塑料排水芯材外裹无纺土工织物构成，可替代传统砂井或袋装砂井，与真空预压或堆载预压相结合，加速软土地基的排水固结进程。因其质优价廉，施工效率高，已广泛用于软土地基固结法处理工程。土工网的开发及应用大概有五六十年的历史，有工程网和排水网之分。工程网用于防护，排水网常与土工织物构成复合排水板。20世纪80年代初英国F.B. Mercer发明了塑料土工格栅，并由Netlon公司生产出塑料土工格栅系列，至今仍是土工加筋应用的主要材料，目前各类土工格栅在公路、铁路、机场等工程建设中广泛用于修建加筋土挡墙、加筋土边坡。GCL是1990年代研制成功的一种土工复合材料，作为防渗和污染阻隔材料，主要用作输水渠道防渗衬里、垃圾填埋场的污染阻隔层。

随着各种土工合成材料产品的出现和在工程实践中的推广应用，无论是产品规格性能，还是工程设计施工，规范化与标准化的要求随之而来，这就需要国际交流，催生国际行业和学术组织。

根据IGS的历史档案，1977年，在巴黎召开了"织物在岩土工程中应用的国际会议（International Conference on the Use of Fabric in Geotechnics）"。这次会议被认为是第一届关于土工织物的国际会议。在这次会议上，J.P. Giroud博士在发表的论文中创造了两个今天广为人知的英语单词——"geotextiles"和"geomembranes"。1982年在美国拉斯维加斯召开了第二届国际土工织物会议。1983年10月成立国际土工织物学会（International Geotextiles Society，缩写IGS）。1986年在奥地利的维也纳召开了第三届国际土工织物会议，这也是第一次由IGS主办的土工织物国际会议，同年出版了土工织物测试方法和标准。1987年国际期刊Geotexitles and Geomembranes出版发行，成为IGS的第一个官方期刊。随着产品种类的增多，第四届国际会议的名称改为"土工织物、土工膜和相关产品国际会议（International Conference on the Geotextile, Geomembrane and Related Products）"，于1990年在荷兰的海牙召开，也是在这一年，IGS理事会批准成立中国委员会（the Chinese Chapter of IGS，简称CCIGS）。1983年J.E.Fluet曾建议采用"土工合成材料"一词来概括各种类型的材料，这一建议在1994年新加坡召开的"第5届国际土工织物、土工膜和相关产品会议"上被大会正式确认，国际土工织物学会也正式更名为国际土工合成材料学会（International Geosynthetics Society，缩写仍用IGS），同年，IGS第二份官方期刊Geosynthetics International正式出版。从此以后，IGS每4年举办一次国际土工合成材料大会（International Conference on Geosynthetics，缩写ICG）和产品及相关技术展览会，分别在美国亚特兰大（1998）、法国尼斯（2002）、日本横滨（2006）、巴西瓜鲁雅（2010）、德国柏林（2014）和韩国首尔（2018）举办，至今已举办11届。除了四年一届的年会外，各大洲还定期会举办区域性会议，IGS各专委会根据需要不定期举办专题研讨会。这些国际学术交流和产品技术展览活动有力地促进了土工合成材料的知识传播和技术发展。目前，国际标准化组织（IŞO）已编制了系列产品性能测试标准，美国材料测试协会（ASTM）和GSI的测试标准也被广泛引用，在工程应用设计施工方面，各国已建立了相对完善的技术标准体系。土工合成材料已经发展成熟，为解决人类可持续发展面临的课题提供科学方案。

王正宏（2008）曾将土工合成材料在我国的发展概括为四个阶段，即自发应用时期、技术引进时期、国际接轨和组织建设时期、步入标准化时期。站在新的历史节点回顾过去，应该增加一个发展阶段，不妨称之为"全面发展时期"。

土工合成材料在我国土木工程领域的应用始于20世纪60年代，最初用得较多的是用塑料薄膜进行渠道防渗，即土工膜在防渗工程中的应用。如山东打渔张灌区、河南人民胜利渠、陕西人民引渭工程等，膜材多为聚氯乙烯。后来又推广至蓄水池、水库和水闸等，例如 1965 年辽宁桓仁水电站用沥青聚氯乙烯热压膜防止了混凝土支墩坝上游面的裂缝漏水。到 20 世纪 80 年代，采用了编织土工织物与土工膜构成的复合土工膜，解决了多处已建中小型水利工程的渗漏问题，效果良好。1990 年在广西柳州采用复合土工膜防渗建设高达 48m 的堆石坝，1998 年在长江三峡大江截流后采用土工膜修建围堰防渗墙，1998 年在汉江王甫洲水利枢纽工程中使用了 120 万 m² 的针刺土工织物-聚乙烯复合土工膜。这些工程应用为土工膜推广和规范化积累了成功的经验。

土工织物在我国有组织的应用始于 20 世纪 70 年代。1976 年在江苏长江沿岸的嘶马，以聚丙烯扁丝土工织物，结合聚氯乙烯绳网和混凝土块压重，构成软体沉排，发挥防护作用，成功地保护江岸免于冲刷。20 世纪 80 年代，铁道科学研究院接受国外赠送的 20000m² 的纺黏土工织物，在几十处试验路段，以土工织物作为道砟与地基土的反滤隔离层，研究其治理病害的效果。该次试验共铺设 26 个工程试点，防治基床病害的成功率达 90% 以上。1981～1983 年从日本引进了 PVD 技术，代替传统砂井，加速软土地基排水固结，天津一航局科研所、华东水利学院和天津港务局合作，开展 PVD 的国产化工作，并在天津新港开展了现场试验工作。由双层土工织物制作的土工模袋技术于 1983 年从日本引进，并在江苏泰州船闸引航道和南官沙航道上成功应用。1986 年河北宣化洋河整治工程、1989 年上海陈行水库、2006 年上海青草沙水源地建设等工程，大量使用土工织物充填管袋进行筑堤坝，发挥其反滤和加固功能，为工程建设作出重大贡献。

利用土工膜建造垂直防渗墙技术是我国的群众性创举，在山东、福建、辽宁、江苏、上海等地创建了用开槽机在地基内开槽的垂直铺塑方法，形成宽约 20cm，深达 15m 的垂直防渗、阻隔屏障，效果很好。桩膜围埝是我国另一项群众性创新举措。其由桩和土工膜制作，用于施工时的临时挡水坝，在中小型工程中施工应用十分简便。此外，采用土工格栅防止道路反射裂缝，利用土工格室在沙漠地区稳固沙基，利用软式排水管排水以及用土工植被网进行绿化防护等的土工合成材料技术在我国陆续出现，在工程建设、环境保护中得到应用和发展。

土工合成材料领域的组织建设始于 1984 年在天津成立的全国性的"土工织物技术协作网"，并于 1986 年 10 月在天津召开了土工织物学术研讨会，此次会议后被确认为第一届关于土工织物的全国性会议。随后分别于 1989 年和 1992 年在沈阳和仪征组织召开了全国第二届和第三届土工合成材料交流会。为满足广大设计、施工人员和生产厂家的需求，协作网组织有关专家共同编写了《土工合成材料工程应用手册》，于 1994 年正式出版。协作网开展的这些奠基性的工作，对土工合成材料在我国的普及、产品开发和技术应用发挥了重要的促进作用，并孕育"中国土工合成材料工程协会（Chinese Technical Association on Geosynthetics，简称 CTAG）"在 1995 注册成立。

土工合成材料在我国的快速发展，急需对土工合成材料的生产和工程应用进行规范，建立国内技术标准体系势在必行。1998 年我国长江、松花江、嫩江流域曾发生历史罕见洪水，土工合成材料在抗洪抢险中的巨大作用，引起中央领导同志的重视，并责成有关部门大力推广。各部门合作制定了土工合成材料产品的国家标准《土工合成材料》GB/T 17630～17642 和《土工合成材料应用技术规范》GB 50290—98；水利部制定了《水利水电工程土工合成材料应用技术规范》SL/T 225—98，铁道、公路和水运等行业技术应用标准和材料测试标准也相继问世，约十项土工合成材料产品标准先后颁布。至 1999

年的上半年，我国已初步建立了涉及土工合成材料的产品、设计、施工和测试的标准体系，为土工合成材料的标准化生产和规范化应用奠定了基础。

在工程应用不断深入的同时，CTAG分别在上海（1996）、宜昌（2000）、西安（2004）、上海（2008）、天津（2012）、武汉（2016）和成都（2020）主办了第四届至第十届全国土工合成材料大会，不仅开展了广泛的学术交流，也展示了我国企业在材料研发和工程应用方面的进展。CTAG于2012年申请成立了加筋、防渗排水、测试、环境岩土四个专业委员会。各专委会定期举办了专题性学术研讨会。这些都为国内土工合成材料的学术研究和工程应用提高提供了很好的交流平台。

IGS于1990年成立了中国分会（Chinese Chapter of IGS，简称CCIGS），CCIGS架起了我国与国际土工合成材料界的桥梁。在国际交流与合作方面，自1998年在美国亚特兰大举办的第六届国际土工合成材料大会（6ICG）开始，在CTAG和CCIGS组织、帮助下，我国企业积极参加产品与技术展览，科技人员开展学术交流，广泛参与了之后历届国际土工合成材料大会。2008年，由IGS主办，CCIGS和CTAG联合承办的第四届亚洲土工合成材料学术大会（GA2008）在上海胜利召开。这些国际交流活动促进了我国土工合成材料界与IGS和国际同行的联系，推动了我国土工合成材料与国际接轨和同步发展。

在我国大规模基础设施建设的拉动下，在"一带一路"倡议和新时代高质量发展战略促进下，土工合成材料在我国进入了全面发展阶段。在新的发展阶段，土工合成材料在铁路、公路、机场、航道、填埋场等基础设施中的应用全面铺开，材料用量大幅增加。以铁路建设为例，2012~2016年不完全统计，土工格栅用量超过4亿m^2，土工膜等防排水材料用量超过2亿m^2，土工织物用量约1亿m^2。在新的发展阶段，国际交往呈现双向交流态势，科学研究由跟踪型向自主与跟踪型并存的局面转变。我国科技人员面向工程建设，针对关键科学技术问题开展了自主研究，取得一系列创新性成果，在国际期刊发表论文数量显著增加。在新的发展阶段，组织建设得到进一步强化，协会服务与管理职能不断完善，土工合成材料产品质量不断提高。

1.6.2 土工合成材料的发展趋势

土工合成材料既是以高分子聚合物为原料专门生产的工程材料，也是根据工程建设需要，采用这类材料解决土木工程实际问题的科学与技术。回顾土工合成材料的发展史，会发现各类产品及相关技术一直是在工程需求牵引下不断创新发展。填土加筋的需求催生了土工格栅，排水需求促使人们发明了排水网、土工管和塑料排水板，因防渗的需要才有了GCL等。从这一逻辑出发，未来土工合成材料可能存在以下发展趋势。

（1）新品种或新的功能材料将不断出现。市场需求是土工合成材料产品研发与创新的原动力，面对工程建设对新材料的需要，相信还会不断涌现新的产品。目前已经出现的吸水土工织物和排水土工格栅，尽管尚未得到广泛应用，但为一些实际工程问题的解决提供了可能性。

（2）智能土工合成材料终将产生。随着5G和物联网技术的快速发展，智能土工材料将会出现。目前，导电土工膜还算不上智能材料，但已为土工膜防渗缺陷的全面检测提供了便利。

（3）土工合成材料与工程技术将不断创新和完善。新的建设材料的研发必然带来解决问题的技术方案创新；已有的土工合成材料工程的设计、施工与测试技术在工程实践中不断检验，也将进一步得到完善。

复习思考题

1. 什么是土工合成材料？简述土工合成材料分类。
2. 试述土工合成材料的反滤（排水、隔离、加筋、防渗、防护）作用。
3. 请说明土工格栅与土工网的区别。
4. 请举例说明什么是土工复合材料。
5. 以道路工程为例，土工合成材料用在什么位置？可使用什么类型的材料？发挥什么作用？

参 考 文 献

[1] 《土工合成材料工程应用手册》编写委员会. 土工合成材料工程应用手册（第二版）[M]. 北京：中国建筑工业出版社，2000.

[2] 王钊. 土工合成材料 [M]. 北京：机械工业出版社，2005.

[3] 王正宏. 土工合成材料应用技术知识 [M]. 北京：中国水利水电出版社，2008.

[4] 李广信. 从息壤到土工合成材料 [J]. 岩土工程学报，2013，35（1）：144-149.

[5] 周大纲. 土工合成材料制造技术及性能（第二版）[M]. 北京：中国轻工业出版社，2019.

[6] 徐超，邢皓枫. 土工合成材料 [M]. 北京：机械工业出版社，2010.

[7] 杨广庆，徐超，张孟喜，丁金华，苏谦，何波，等. 土工合成材料加筋土结构应用技术指南 [M]. 北京：人民交通出版社，2016.

[8] International Geosynthetics Society（IGS）. IGS History Archives （http：//geosyntheticssociety.org/）.

[9] International Geosynthetics Society（IGS）. Education Resources （https：//www.geosyntheticssociety.org/education-resources/）.

第2章　性能与测试

土工合成材料在工程中发挥着隔离、排水、反滤、加筋、防渗、污染阻隔和防护等功能，在选择和应用土工合成材料时，需要了解其性能。土工合成材料的性能包括物理性能、力学性能、水力学性能以及耐久性等。对土工合成材料性能的测试可以实现两个目的：一是正确确定相应的参数，为工程设计提供参考，如材料的孔径、抗拉强度、渗透系数、与土体的界面摩擦系数等；二是获得相关产品的指标，如材料的单位面积质量、厚度、孔隙率等，往往不应用于具体的设计公式，通过对比以判断材料在特定工程中应用的适宜性。

土工合成材料的生产工艺对产品的均匀性影响较大，同一批产品甚至同一块产品的不同部位，其特性指标具有一定的变异性。同时，土工合成材料的性能还受到环境因素的影响。为尽量保证测试试验结果具有较高的可靠性、可比性和复现性，除要求合理的测试方法外，还必须对环境条件、取样与制样方法以及成果整理做出统一的规定。

2.1　取样与试样制备

2.1.1　取样

取样前，应按相应的试验标准获取一定数量、形状的试样和其他相关信息。全部试验的试样应在同一样品中裁取。卷装材料的头两层不应取做样品，在卷装上沿着垂直于机器方向（生产方向即卷装长度方向）的整个宽度方向裁取样品，样品应足够长，以获得所要求的试样数量。平面材料、管状材料应在同一批次产品中随机抽取样品。获取的试样数量应符合相关规定，取样时应尽量避免污渍、折痕、孔洞或其他损伤部分。

样品应保存在干净、干燥、阴凉避光处，并且避开化学物品侵蚀和机械损伤。卷装材料样品可卷起，但不应折叠。平面材料和管状材料样品应注意堆放高度，避免发生倾倒。

2.1.2　试样准备

取样过程中应保证在测试前样品的物理状态没有发生变化。用于每次试验的试样，应从样品纵向和横向上均匀地裁取，且距样品幅边不少于10cm。

试样应沿着纵向和横向方向切割，需要时标出样品的纵向。一般情况下，样品上的标志必须标到试样上。

2.1.3　试样状态调节

试样试验前应进行状态调节，要求如下：

（1）土工织物、编制类土工合成材料：试样应置于温度20±2℃，相对湿度65%±5%的环境中进行状态调节，时间不小于24h。

（2）塑料类土工合成材料：试样应置于温度20±2℃的环境中进行状态调节，时间不小于4h。

当试样不受环境影响，可不进行状态调节处理，但应在报告中注明试验时的温度与湿度。

2.1.4　试验数据处理与报告

（1）算术平均值

算术平均值 $\bar{X}$ 按式（2-1）计算。

$$\bar{X} = \frac{\sum_{i=1}^{n} X_i}{n} \tag{2-1}$$

式中　　n——试样个数；

X_i——第 i 块试样的试验值；

$\bar{X}$——n 个试样试验值的算术平均值。

（2）标准差

标准差 σ 按式（2-2）计算。

$$\sigma = \sqrt{\sum_{i=1}^{n}(X_i - \bar{X})^2 \Big/ (n-1)} \tag{2-2}$$

（3）变异系数

变异系数 C_v 按式（2-3）计算。

$$C_v = \frac{\sigma}{\bar{X}} \times 100\% \tag{2-3}$$

（4）试验数据的取舍

试验异常数据应按相关规定进行取舍。没有明确规定时，以 $\pm 3\sigma$ 标准差作为舍弃标准，即舍弃 $\left(\bar{X} \pm 3\sigma\right)$ 范围之外的试验值。

基于保证率的取值为：

下限值：$X = \bar{X} - Z_a \times \sigma$

上限值：$X = \bar{X} + Z_a \times \sigma$

双侧区间：保证率为90%时，Z_a 取1.645；保证率95%时，Z_a 取1.960。

单侧区间：保证率为90%时，Z_a 取1.282；保证率95%时，Z_a 取1.645。

（5）试验结果

试验结果按算术平均值 $\bar{X}$ 取值，并按规定给出对应的标准差 σ 和变异系数 C_v。

2.2　物　理　性　能

土工合成材料的物理指标主要包括单位面积质量、厚度及土工格栅、土工网等网状材料的网孔尺寸等。

2.2.1　单位面积质量

单位面积质量是土工合成材料物理指标之一，反映产品的原材料用量，以及生产的均匀性和质量的稳定性，与产品性能密切相关。

土工织物、土工膜等材料：用冲刀或裁刀裁取面积为10000mm² 的正方形试样，试样数量不应少于10块，剪裁和测量精确至1mm。

土工格栅、土工网及相关复合材料：试样尺寸应能代表该种材料的全部结构，剪裁后应测量每个试样的实际面积。

将裁剪好的试样按编号顺序逐一在天平上称量，精确至0.01g。

每块试样的单位面积质量按式（2-4）计算，精确至0.01g/m²。

$$G = \frac{M}{A} \times 10^6 \qquad\qquad (2-4)$$

式中 G——试样单位面积质量（g/m²）；

　　　M——试样质量（g）；

　　　A——试样面积（mm²）。

计算10块试样单位面积质量的平均值 $\overline{G}$、标准差 σ 和变异系数 C_v。

2.2.2 土工织物厚度

土工织物厚度是指土工织物在承受一定压力时，正反两面之间的距离。产品的厚度对其力学性能和水力学性能都有很大影响。无特殊规定时，土工织物和复合土工织物厚度测试压强宜为2±0.01kPa。

（1）仪器设备

① 圆形压脚：表面光滑，面积为25±0.2cm²，能提供垂直于试样表面2±0.01kPa、20±0.1kPa、200±1kPa的压强。

② 基准板：表面平整，直径不小于压脚直径的1.75倍。

（2）试验步骤

① 裁取有代表性的试样10块，试样直径至少大于压脚直径的1.75倍。

② 测定2±0.01kPa压强下的常规厚度。

擦净基准板和压脚，调整压强至2±0.01kPa，将压脚放在基准板上，将测量装置调零。提起压脚，将试样自然平顺地平放在基准板与压脚之间，轻轻放下压脚，在对试样施加恒定压力30s后记录测量装置读数，精确至0.01mm。

重复上述步骤，完成10块试样的测试。

③ 根据需要调整压脚荷载，重复②规定的步骤，测定20±0.1kPa、200±1kPa压强下的试样厚度。

（3）结果计算

计算10块试样在同一压强的厚度算术平均值 $\overline{X}$，精确至0.01mm。如果需要，按2.1节计算测定值标准差 σ 和变异系数 C_v。

2.2.3 土工膜厚度

（1）仪器设备

① 分度值不大于0.001mm，所有测量面均抛光，测量面对试样施加的压力为0.5~1.0N；

② 上下测量面均为平面时，测量面直径为2.5~10mm，两平面不平行度小于0.005mm，且下测量面可调节；

③ 上测量面为凸面且下测量面为平面时，上测量面的曲率半径为15~50mm，下测量面直径不小于5mm。

（2）试验步骤

① 在距样品纵向端部大约1m处，沿横向整个宽度截取试样，试样条宽100mm，无折痕和其他缺陷；

② 擦净两测量面，调整测量仪零点；

③ 提起测头，将试样自然平放在两测量面之间，平缓放下测头，等待读数稳定后，记录读数；

④ 按等分试样长度的方法确定测量厚度的位置点：当土工膜（片）长度大于等于1500mm时，至少测30点；膜（片）长度在300~1500mm之间时，至少测20点；膜（片）长度小于等于300mm时，测10点。对于未裁毛边的样品，应在边缘50mm以外进行测量。

重复上述步骤，完成10块试样的测试。

（3）计算10块试样的厚度算术平均值 $\bar{X}$，精确至0.001mm。如果需要，按2.1节计算测定值标准差 σ 和变异系数 C_v。

2.2.4 土工织物幅宽

幅宽是土工合成材料规格中重要的指标之一，直接影响产品的有效使用面积。本试验的原理是将松弛状态下的土工织物试样在标准大气条件下置于光滑平面上，使用钢尺测定土工织物幅宽。土工织物全幅宽是与土工织物长度方向垂直的土工织物最靠外边间的距离。

（1）仪器设备

① 钢尺：长度大于土工织物宽度或大于1m，分度值为1mm。

② 测定桌：具有平滑的表面，其长度与宽度大于放置好的土工织物被测部分。

（2）试验步骤

① 试样应平铺于测定桌，被测试样可以是全幅织物、对折织物或管状织物，在该平面内应避免织物的扭变。织物应在无张力状态下调湿和测定。为保证织物松弛，无论是全幅织物、对折织物还是管状织物，试样均应处于无张力条件状态下放置。

② 长度超过5m的样品：将样品平放在测定桌上，除去张力，以大致相等的间距（不超过10m）标出至少5处测点，测点离样品头尾端至少1m。测量每一测点处的幅宽，测量精确到1mm。

③ 长度小于5m的样品：将样品平放在测定桌上，除去张力，以大致相等的间距标出至少4处测点，测点不应标在距样品两端小于1/5处，测量每一测点处的幅宽，测量精确到1mm。

（3）试样幅宽用测试值的算数平均值表示 $\bar{X}$，单位为米（m）。计算精确到1mm，按照下列要求进行修约：幅宽0.1~0.5m，精确到1mm；幅宽0.5~1m，精确到5mm；幅宽大于1m，精确到10mm。

2.2.5 土工格栅、土工网网孔尺寸

在一些工程中，有时需要确定土工格栅、土工网等大孔径网材的平均孔径，由于这些材料孔径较大而且往往不规则，无法用常规的筛分法或显微镜测量，本方法是针对这类材料制定的。

（1）每块试样应至少包括10个完整的有代表性的网孔。

（2）网孔规则的试样，采用游标卡尺等测量网孔尺寸。当网孔为矩形或偶数多边形时，测量相互平行的两边之间的距离；当网孔为三角形或奇数多边形时，测量顶点与对边的垂直距离。同一测点平行测定两次，两次测定误差应小于5%，取平均值；每个网孔至少3个测点，读数精确至0.1mm，取平均值。

（3）孔边呈弧线或不规则网孔的试样，检测时应将试样平整的放在坐标纸上固定好，用削尖的铅笔紧贴网孔内壁将网孔完整的描画在坐标纸上，用同一坐标纸一次描出所有的

应测孔，每个网孔测描两次。

（4）计算网孔面积

对较规则网孔（如图 2-1 所示），网孔面积应按式（2-5）~式（2-8）计算，结果精确至 0.1mm²：

等边三角形网孔：

$$A = 0.5774h^2 \tag{2-5}$$

矩形网孔：

$$A = h_x h_y \tag{2-6}$$

正五边形网孔：

$$A = 0.7265h^2 \tag{2-7}$$

正六边形网孔：

$$A = 0.8860h^2 \tag{2-8}$$

式中　A——网孔面积（mm²）；

h、h_x、h_y——网孔高度（mm）。

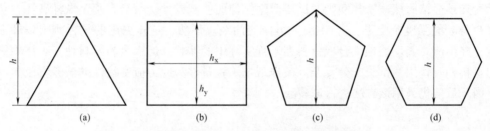

图 2-1　土工格栅、土工网网孔尺寸测试示意图

不规则网孔，可用求积仪测描每个网孔的面积，测量两次，两次测量值误差应小于 3%，取两次测量值平均值，精确至 0.1mm²。

2.3　力　学　性　能

土工合成材料的力学性能主要包括抗拉强度、顶破强度、粘焊点极限剥离强度、梯形撕裂强度、刺破强度、落锤穿透强度、蠕变特性及界面摩擦特性等。

2.3.1　抗拉强度

（1）定义

土工合成材料一般都属于柔性材料，抗弯能力低，工程中主要利用其抗拉强度来发挥作用。因此，抗拉强度是土工合成材料最基本也是最重要的力学性能指标。

土工合成材料的抗拉强度是指试样在拉力机上拉伸至断裂的过程中，单位宽度所承受的最大力，单位为千牛/米（kN/m），按式（2-9）计算。

$$T = \frac{P_m}{B} \times 1000 \tag{2-9}$$

式中　T——抗拉强度（kN/m）；

P_m——拉伸过程中最大拉力（kN）；

B——试样的初始宽度（mm）。

土工合成材料的伸长率是指试样长度的增加值与试样初始长度的比值，用百分数（%）表示，按式（2-10）计算。因为土工合成材料的断裂是一个逐渐发展的过程，断裂时的伸长量不易确定，一般用达到最大拉力时的伸长率表示，称为延伸率。

$$\varepsilon = \frac{L_{\mathrm{m}} - L_0}{L_0} \times 100\% \qquad (2\text{-}10)$$

式中　ε——延伸率（%）；

　　L_0——试样的初始长度（夹具间距）（mm）；

　　L_{m}——达最大拉力时的试样长度（mm）。

影响土工合成材料抗拉强度和延伸率的主要因素有：原材料种类、结构形式、试样宽度和拉伸速率，因此必须在规定的标准条件下测定。此外，因为土工合成材料的各向异性，沿不同方向拉伸也会获得不同的结果。

（2）条带抗拉强度

目前测定抗拉强度基本上是沿用纺织品条带拉伸试验方法。其原理是将试样的两端用宽度大于或等于试样宽度的夹具夹住（如图2-2所示），试验前设定固定的拉伸速率，试验开始后夹具会按照该速率移动则对试样产生拉伸而使试样承受荷载，直至试样破坏，获得试样自身断裂强度及变形，并绘出应力-应变曲线。显然，这样测出的是无侧限条件下的强度，并不能真实反映土工合成材料在工程实际中的性状。但因为将材料埋于土体中进行土与材料相互作用的试验十分复杂，模拟现场工程条件和应力应变特性的试验方法尚不成熟，因此目前仍采用该方法进行试验。

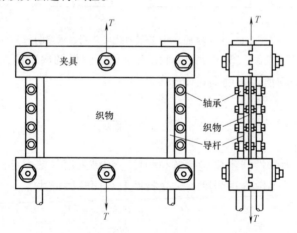

图2-2　拉伸试验

目前，条带拉伸试验的试样分宽条与窄条两种，宽条试样宽约200mm，窄条试样宽约50mm，试样长度根据土工合成材料的不同类别略有差异。

试验机具应具有等速拉伸功能，设定试验机的拉伸速率，对于伸长率超过5%的土工合成材料，设定试验机的拉伸速率，使试样的拉伸速率为隔距长度的20%±5%/min。对于伸长率小于或等于5%的土工合成材料，选择合适的拉伸速率使所有试样的平均断裂时间为30±5s。试验时，将试样在夹具中对中夹持，注意纵向和横向的试样长度应与拉伸力的方向平行，做等速拉伸直至破坏。

① 抗拉强度

试样的抗拉强度按式（2-11）计算。

$$T_f = F_f \times C \qquad (2\text{-}11)$$

式中　T_f——抗拉强度（kN/m）；

　　　F_f——最大拉力（kN）；

　　　C——计算系数。

对于土工织物、土工网及土工复合材料等相关产品，按式（2-12）计算。

$$C = \frac{1}{B} \qquad (2\text{-}12)$$

式中　B——试样名义宽度（m）。

对于单向和双向土工格栅，按式（2-13）计算。

$$C = N_m / N_s \qquad (2\text{-}13)$$

式中　N_m——试样1m宽度内的肋数；

　　　N_s——试样的测试肋数。

② 最大拉力下的伸长率

按式（2-14）计算每个试样在最大拉力下的伸长率。

$$\varepsilon = \frac{\Delta L}{L_0 + L'_0} \times 100 \qquad (2\text{-}14)$$

式中　ε——伸长率（%）；

　　　L_0——名义夹持长度（mm）；

　　　L'_0——预负荷伸长量（mm）；

　　　ΔL——最大拉力下的伸长量（mm）。

③ 特定拉力下的伸长率

每个试样在特定拉力下的伸长率按式（2-15）计算。

$$\varepsilon_s = \frac{\Delta L_s}{L_0 + L'_0} \times 100 \qquad (2\text{-}15)$$

式中　ε_s——特定拉力下的伸长率（%）；

　　　L_0——名义夹持长度（mm）；

　　　ΔL_s——特定拉力下的伸长量（mm）。

④ 特定伸长率下的拉伸强度

按下式计算每个试样在特定伸长率下的拉伸强度，用"kN/m"表示。如伸长率2%时拉伸强度按式（2-16）计算。

$$T_{2\%} = F_{2\%} \times C \qquad (2\text{-}16)$$

式中　$T_{2\%}$——对应2%伸长率时拉伸强度（kN/m）；

　　　$F_{2\%}$——对应2%伸长率时试样的测定拉力（kN）；

　　　C——计算系数，由式（2-12）、式（2-13）求得。

⑤ 拉伸模量

因试样拉伸试验所得应力-应变曲线通常是非线性的，因此，拉伸模量也不是常数。根据不同拉伸曲线的特点，可以采用三种计算拉伸模量的方法，如图2-3所示。

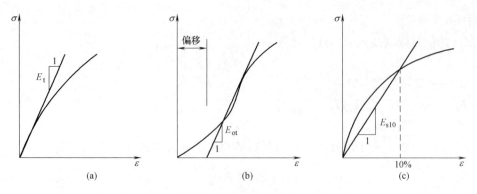

图 2-3 拉伸模量的确定

(a) 初始拉伸模量；(b) 偏移拉伸模量；(c) 割线拉伸模量

初始拉伸模量 E_t：如果曲线在初始阶段是线性的，则利用初始切线可以取得比较准确的模量值，如图 2-3 (a) 所示，这种方法适用于大多数土工格栅和有些纺织物。

偏移拉伸模量 E_{ot}：当曲线的坡度在初始阶段很小，接着又近似于线性变化，则取直线段的斜率作为织物的拉伸模量，见图 2-3 (b)，此法多用于无纺织物。有纺织物在很慢速率拉伸时也有类似的特征。

割线拉伸模量 E_s：当拉伸曲线始终呈非线性变化时，则可考虑用割线法，即从坐标原点到曲线上某一点连一直线，以直线的斜率作为相应于此点应变（伸长率）时的拉伸模量，如图 2-3 (c) 所示。

（3）接头/接缝宽条抗拉强度

土工合成材料的接头/接缝是不可避免的，而接头和接缝处往往是整个结构中的薄弱点，从某种意义上讲接头/接缝的强度就是整个产品的强度，直接影响工程的质量和寿命。

剪取含接头/接缝试样至少 5 块，每块试样应含有一个接缝或接头，应具有足够的长度以保证 100mm 加接头或接缝宽度 b 的初始夹持长度，使接头或接缝位于垂直于拉力方向的试样中心线上。试样宽度为 200mm，接头或接缝处的试样两侧加宽 25mm，保证试验过程中接头或接缝的稳定（见图 2-4）。作为接头/接缝的指标特征试验时，接合/缝合在一起的两个单元应是同一方向（经向或纬向、纵向或横向），接头/接缝垂直于受力方向。选择试

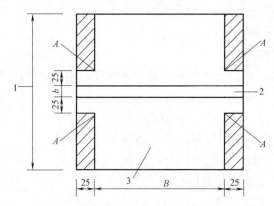

图 2-4 试样准备（尺寸单位：mm）

1—试样长度；2—接头/接缝；3—制备好的试样；A—裁剪角；B—试样宽度；b—接头/接缝宽度

验机的负荷量程，使抗拉力在满量程负荷的10%~90%之间。试验时，调整两夹具间的隔距为100±3mm再加上接缝或接头宽度，土工格栅、土工网除外。设定试验机的拉伸速率，使试样的拉伸速率为隔距长度的20%±5%/min，直至接头/接缝或材料本身断裂。试验结果出现：①试样是从图 2-4的 A 点处开始断裂；②试样在夹具中滑移时需另取试样进行试验。

① 接头/接缝强度

接头/接缝强度按式（2-17）计算。

$$T_f = F_f \times C \tag{2-17}$$

式中　T_f——接头/接缝强度（kN/m）；

　　　F_f——最大拉力（kN）；

　　　C——计算系数，由式（2-12）或式（2-13）求得。

② 接头/接缝效率

接头/接缝效率按式（2-18）计算。

$$R = \frac{\overline{S}_f}{\overline{T}_f} \times 100\% \tag{2-18}$$

式中　R——接头/接缝效率（%）；

　　　$\overline{S}_f$——接头/接缝平均强度（kN/m）；

　　　$\overline{T}_f$——母材的平均拉伸强度（kN/m）。

（4）握持抗拉强度

握持强度又称抓拉强度，反映了土工合成材料分散集中荷载的能力。土工合成材料在铺设过程中不可避免地承受抓拉荷载，而当土工织物铺放在软土地基中，织物上部相邻块石压入，也会引起类似于握持拉伸的过程。握持强度的测试与抗拉强度基本相同，只是试样的部分宽度被夹具夹持，故该指标除反映抗拉强度的影响外，还与握持点相邻纤维提供的附加强度有关，它与拉伸试验中抗拉强度没有简单的对比关系。

长200mm、宽100mm的矩形试样，长边平行于拉伸方向，试样计量长度为75mm。夹具面钳口尺寸为宽25mm、长50mm，在长度方向上试样两端应伸出夹具至少10mm，如图2-5所示。选择合适的试验机，使握持拉伸强度在满量程负荷的10%~90%之间，设定试验机的拉伸速率为300±10mm/min，将夹具的初始间距调至75mm，记录试样拉伸，直至破坏过程出现的最大拉力，作为握持强度，单位为千牛（kN）。

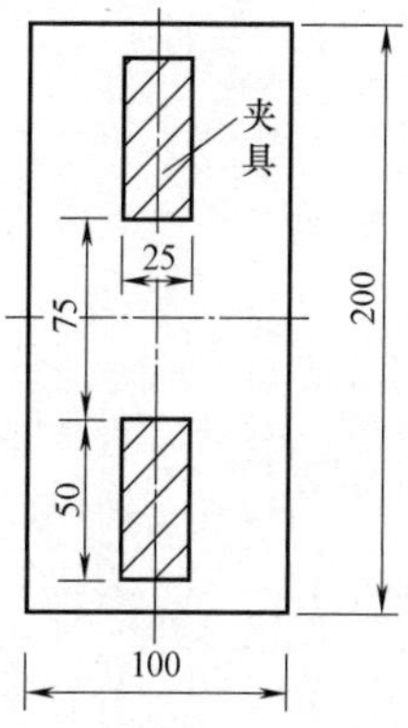

握持强度为最大拉力值，每组有效试样为纵横向各5块，计算纵向和横向两组试样握持强度平均值，精确至1N。最大拉力下伸长率按式（2-14）计算。

2.3.2 顶破强度

（1）顶破强度定义

图2-5　握持试验（单位：mm）

工程应用中，土工织物或土工膜常被置于两种不同粒径的材料之间，受到粒料的顶压作用。根据粒径大小及形状，土工织物或土工膜按接触面的受力特征和破坏形式可分为顶破、刺破和穿透几种受力状态。

顶破强度是反映土工织物或土工膜抵抗垂直织物平面的法向压力的能力，顶破与刺破试验相比，压力作用面积相对较大，材料呈双向受力状态。目前常用的顶破强度有三种：胀破强度、圆球顶破强度和CBR顶破强度。相应测试方法的共同点是试样为圆形，用环形夹具将试样夹住；其差别是试样尺寸和加载方式不同。

（2）胀破强度

胀破强度通过胀破试验确定，将土工织物或土工膜平坦地覆盖在可扩张的薄膜上，周边用夹具固定，夹具内径为30.5mm（图2-6），在其一侧施加液压，使薄膜连同试样扩张直到试样破坏，最大液压值即为材料的胀破强度。试样直径不应小于55mm，数量不少于10块。试验时加液压使橡胶膜充胀，加液压的速率为170mL/min。

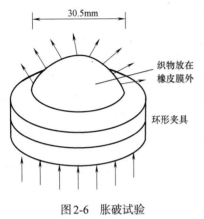

图2-6 胀破试验

胀破试验由于依靠液压作用，整个试样受力均匀，试验结果比较接近，其缺点是试样较小，需要专用仪器设备，而且不适用于高强度及延伸率过大的材料。

记录试验中土工织物或土膜破裂前瞬间最大压力，此值为使试样破裂所需的总压力 P_{bf}。试验结束后松开夹具取下试样，记下扩张膜片所需的压力，此值为校正压力值 P_{bm}。则每块试样的胀破强度 P_{bi} 按式（2-19）计算。

$$P_{bi} = P_{bf} - P_{bm} \tag{2-19}$$

（3）圆球顶破强度

圆球顶破强度也是描述织物抵抗法向荷载能力的指标，用以模拟凸凹不平地基的作用和上部块石压入的影响。其试验原理与胀破试验类似，只是用钢球代替橡皮膜、机械压力代替液压，试验装置参见图2-7。环形夹具内径为44.5mm，钢球的直径为25.4mm。试样在不受预应力的状态下牢固地夹在环形夹具之间，钢球沿试样中心的法向以100mm/min的速率顶入，测定钢球直至顶破织物需要的最大压力，即为圆球顶破强度，单位为牛顿（N）。

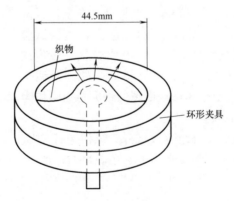

图2-7 圆球顶破试验

（4）CBR顶破强度

CBR顶破强度与胀破强度和圆球顶破强度的基本意义相同，只不过前面两种是沿用的纺织品试验方法，而CBR试验源于土工试验，即加州承载比试验（California Bearing Ratio），该试验方法在公路部门运用中积累了丰富的经验（图2-8）。

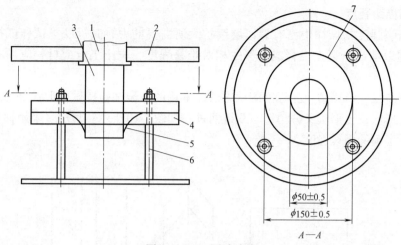

图2-8 CBR顶破试验

1—测压原件；2—十字头；3—顶压杆；4—夹持环；5—试样；6—CBR夹具的支架；7—夹持环的内边缘

试验在CBR仪上进行，将直径为230mm的试样在自然绷紧状态下固定在内径为150mm的CBR仪圆筒顶部，然后用直径为50mm的标准圆柱活塞以50mm/min的速率顶推织物，直至试样顶破为止，记录的最大荷载即为CBR顶破强度。

2.3.3 粘焊点极限剥离强度

对于粘焊类土工格栅，粘结点剥离力是评价此类格栅整体力学性能的重要参数。其基本原理是将含有一个粘结点的剥离试样，通过专用夹具安装在拉伸试验机上（图2-9），设定拉伸速率为50±5mm/min。夹持长度为横向筋带宽度的2倍并不小于50mm，使两夹持面和剥离轴线处在同一平面上，启动拉伸试验机进行试样粘结点的剥离试验，直到粘结点完全剥离方可停机，记录剥离时的最大剥离力。土工格栅粘结点极限剥离强度，以5个试样最大剥离强度的算术平均值$\bar{X}$表示，精确至1N。如果需要，按2.1节计算测定值标准差σ和变异系数C_v。

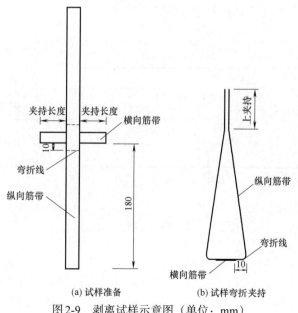

(a) 试样准备　　(b) 试样弯折夹持

图2-9 剥离试样示意图（单位：mm）

2.3.4　梯形撕裂强度

梯形撕裂强度指试样中已有裂口继续扩大所需要的力，其反映了试样抵抗裂口扩大的能力，用以估计撕裂土工合成材料的相对难易程度，是土工合成材料应用中的主要力学指标。

目前撕裂试验沿用纺织品标准测试方法，常用的撕裂试验按试样形状分为梯形法、翼形法以及舌形法，舌形法又分单缝与双缝两种，如图 2-10 所示。目前多采用梯形法测定土工织物及土工膜的撕裂强度。

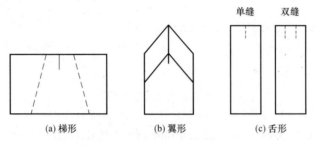

| (a) 梯形 | (b) 翼形 | (c) 舌形 |

图 2-10　撕裂试验的试样形状

近年来，国内外土工织物撕裂力的试验方法基本一致，大多采用梯形撕裂法。梯形撕裂强度的测试方法是在长方形试样上画出梯形轮廓（图 2-11a），并预先剪出 15mm 长的裂口，然后将试样沿梯形的两个腰夹在拉力机的夹具中，夹具的初始距离为 25mm（图 2-11b）。将试样放入夹具内，使夹持线与夹钳钳口线相平齐，然后旋紧上、下夹钳螺栓，同时要注意试样在上、下夹钳中间的对称位置，使梯形试样的短边保持垂直状态。以 100±5mm/min 的速度拉伸，使裂口扩展到整个试样宽度。撕裂过程的最大拉力即为撕裂强度。如试样从夹钳中滑出或不在切口延长线处撕破断裂，则应剔除此次试验数值，并在原样品上再裁取试样，补足试验次数。纵、横向撕破强度以各自 10 次试验的算术平均值 $\overline{X}$ 表示，精确至 1N。如果需要，按 2.1 节计算测定值标准差 σ 和变异系数 C_v。

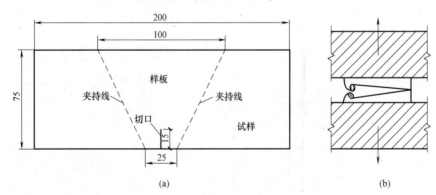

图 2-11　梯形撕裂试样（单位：mm）

2.3.5　刺破强度

刺破强度是织物在小面积上受到法向集中荷载，直到刺破所能承受的最大力。刺破试验能模拟土工合成材料受到尖锐棱角的石子或树根的压入而刺破的情况，适用于各种机织土工织物、针织土工织物、非织造土工织物、土工膜和复合土工织物等产品。但对一些较稀松或孔径较大的机织物不适用，土工网和土工格栅一般不进行该项试验。

刺破试验的试样和环形夹具与圆球顶破试验类似，只是以金属杆代替圆球，如图2-12所示。裁取圆形试样10块，直径不小于100mm，试样上不得有影响试验结果的可见疵点，根据夹具的具体结构在对应螺栓的位置处开孔。环形夹具的内径为45±0.025mm，底座高度大于顶杆长度，有较高的支撑力和稳定性。顶杆为直径8mm的圆柱，杆端为平头，以防止顶杆从有纺织物经纬纱的间隙中穿过。选择试验机的满量程范围，使试样最大刺破力在满量程负荷的10%~90%范围内，顶杆移动的速率规定为300±10mm/min，直至破坏，记录最大压力值即为刺破强度。对于土工复合材料，可能出现双峰值的情况下，不论第二个峰值是否大于第一个峰值，均以第一个峰值作为试样的刺破强度。计算10块试样刺破强度的平均值$\bar{X}$，精确至1N。如果需要，按2.1节计算测定值标准差σ和变异系数C_v。

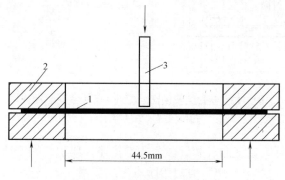

44.5mm

图2-12　刺破试验示意图

1—试样；2—环形夹具；3—ϕ8平头顶杆

2.3.6　落锥穿透强度

该试验是模拟工程施工中具有尖角的石块或其他锐利物掉落在土工合成材料上，并穿透的情况，用穿透孔眼的大小评价土工合成材料抗冲击刺破的能力。由于土工格栅和土工网本身具有网格形状，所以落锥穿透试验不适用于此类产品。

裁取圆形试样5块，将试样固定在内径为150mm的环形夹具内，用尖锥角45°，质量1kg的落锥，最大直径为50mm，自500mm高度自由落下（图2-13），测量落锥穿透试样孔洞的直径D，单位为"mm"。在试验过程中，由于落锥穿透破洞的大小是评定试验结果的最终指标，所以破洞的测量精度很重要，必须使用专用量锥进行测量而不能用长度测量工具如卡尺代替。必须注意，在放置量锥时，不要转，不要压，使其在自重的作用下自然垂直地进入破洞。计算5块试样破洞直径的算术平均值$\bar{X}$，精确至0.1mm。如果需要，按2.1节计算测定值标准差σ和变异系数C_v。

2.3.7　蠕变与拉伸蠕变断裂性能

材料的蠕变是指在大小不变的力作用下，变形仍随时间增长而逐渐加大的现象。蠕变的大小主要取决于材料的性质和结构情况。土工合成材料是一种高分子聚合物产品，其一个重要特性是在恒定荷载下其变形是时间的函数，即表现出明显的蠕变特性。作为加筋加固作用的土工合成材料应具有良好的抗蠕变性能，否则在长期荷载的作用下，材料如产生较大的变形将会使结构失去应有的功能，甚至破坏。

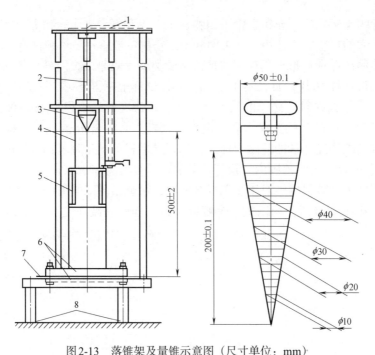

图 2-13　落锥架及量锥示意图（尺寸单位：mm）

1—释放系统；2—导杆；3—落锥；4—金属屏蔽；5—屏蔽；6—夹持环；7—试样；8—水平调节螺栓

　　材料的蠕变特性可用蠕变曲线和近似公式来描述，典型的蠕变曲线如图 2-14 所示，它由三个阶段组成：第一阶段（AB）为初始阶段，应变由快到慢变化，如荷载水平不太大，随时间增长，有可能稳定在某一变形速率；第二阶段（BC）即稳定阶段，这时应变速率保持常数，故 BC 段基本上是直线；第三阶段（CD）为不稳定的断裂阶段，蠕变速率迅速增大，直到 D 点试样断裂为止。

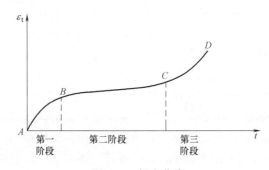

图 2-14　蠕变曲线

　　影响蠕变的因素很多，如聚合物原材料类型、应力水平、温度、湿度和约束条件等。目前，蠕变试验一般都是在无侧限条件下进行的。在规定的温度、湿度环境条件下，将一恒定静荷载施加于试样上，荷载均匀分布于试样的整个宽度，连续记录或按规定的时间间隔记录试样的伸长量，该荷载保持不少于 10000h，如果不足 10000h 试样发生断裂，则记录断裂时间。至少选择 4 种荷载水平，可在拉伸强度的 20%、30%、40%、50% 和 60% 中选取。以蠕变时间的对数值 log$t$ 为横坐标，拉伸应变 ε 为纵坐标，绘制拉伸应变与蠕变时间的关系曲线。典型拉伸蠕变曲线见图 2-15。

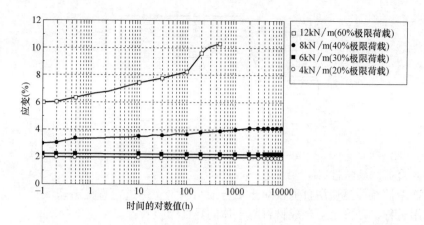

图2-15 拉伸应变与蠕变时间关系曲线

若进行蠕变断裂试验，也至少选择4种荷载水平，可在拉伸强度的50%、60%、70%、80%和90%中选取，该荷载保持到试样断裂，记录断裂时间。以断裂时间的对数值$\log t$（单位：h）为横坐标，试验过程中施加的拉伸蠕变荷载为纵坐标，绘制拉伸蠕变荷载与断裂时间的关系曲线，典型曲线如图2-16所示，其中T_1、T_2、T_3为蠕变试验温度。

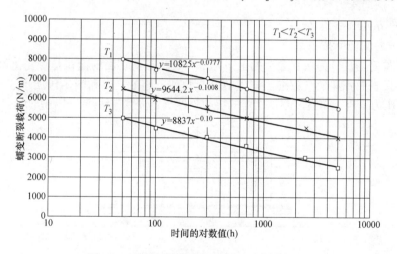

图2-16 拉伸蠕变荷载与断裂时间关系曲线

2.3.8 界面摩擦特性

把土工合成材料作为加筋材料埋在土内，将与周围土体构成复合体系。在加筋土工程中，加筋材料与土体的界面特性是一个关键的技术指标，会直接影响整个加筋土工程的稳定性。而筋土界面特性试验是研究和揭示筋土界面受力、变形规律最为重要的途径。两种材料在外荷载以及自重作用下产生变形时，将沿界面发生相互作用，如图2-17所示。由于加筋部位的不同，其破坏形式也不同。

不同加筋部位需要采用不同的试验方法：A区的土体在筋材表面滑动，水平部分筋-土界面易发生剪切破坏，用直剪试验模拟该部分筋-土界面相互作用关系；B区是土和筋材平行变形，宜采用土中的拉伸试验；C区代表潜在破坏面与水平面成一定角度，属于特殊的剪切类型，用筋材倾斜的剪切试验研究；D区中，筋材位于潜在破坏面后面，筋材被拉拔，用拉拔试验模拟该部分筋-土界面作用关系较为合理。

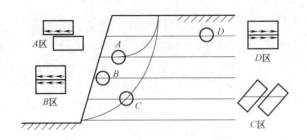

图2-17　加筋土结构的破坏模式

（1）直剪摩擦特性

直剪摩擦特性是使用直剪仪对土工合成材料与土体进行直接剪切试验，以模拟它们之间的作用过程，评价土工合成材料与土体的界面摩擦特性。

土工合成材料与土的界面摩擦特性常以黏聚力 c_a 和摩擦角 φ 或似摩擦系数 f^* 表示。摩擦剪切强度符合库仑定律，按式（2-20）计算。

$$\tau = c_a + p \cdot \tan\varphi = c_a + p \cdot f^* \tag{2-20}$$

式中　τ——界面摩擦抗剪强度（kPa）；

$\quad\quad c_a$——土和合成材料的界面黏聚力（kPa）；

$\quad\quad p$——法向压力（kPa）；

$\quad\quad \varphi$——界面摩擦角（°）；

$\quad\quad f^*$——界面似摩擦系数。

直剪试验剪切盒分为相互分离的上下两部分，根据剪切面的面积是否变化可分为：接触面积不变和接触面积递减（标准土样直剪仪）两种，如图2-18和图2-19所示。试验一般在4种不同法向压力下进行，通过测试试样的抗剪强度确定强度包络线，求出抗剪强度参数。

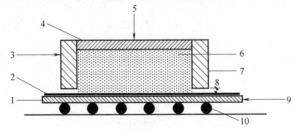

图2-18　接触面积不变直剪仪示意图

1—刚性滑板；2—土工合成材料试样；3—水平反作用；4—法向力加载板；5—法向力；6—土体；
7—刚性剪切盒；8—最大0.5mm隔距；9—水平力；10—滚珠

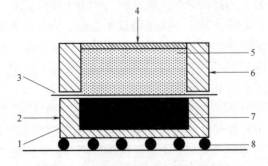

图2-19　接触面积递减直剪仪示意图

1—标准剪切盒；2—水平力；3—土工合成材料试样；4—法向力；5—土体；6—水平反作用；7—试样基座；8—滚珠

典型的剪应力和相对位移关系曲线如图2-20所示，可确定每块试样的最大剪应力。当剪应力与位移关系曲线出现峰值时，该峰值即为最大剪应力；当关系曲线不出现峰值时，取位移量为剪切面长度的10%时对应剪应力作为最大剪应力。对于所有试样，根据最大剪应力和对应的法向应力绘制最佳拟合直线（图2-21），直线与法向应力轴之间的夹角即为土工合成材料与土体的界面摩擦角 φ_{sg}，最大剪应力轴上的截距为土工合成材料和土体界面的表观黏聚力 c_{sg}。

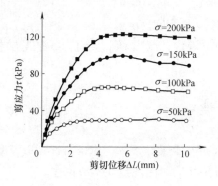

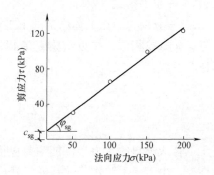

图2-20 剪应力与位移关系曲线　　　　图2-21 最大剪应力与法向应力关系曲线

（2）拉拔摩擦特性

土中的加筋材料，受到沿其平面方向的拉力时，将在拉力方向上引起应力和变形。由于上覆压力作用，受拉时上、下界面上将引起摩擦阻力，该阻力沿拉力方向并非均匀分布，拉拔试验就是模拟这样的实际情况。

用于拉拔试验的试验箱为矩形，其侧壁应有足够的刚度，如图2-22所示。箱体一面侧壁的半高处开一贯穿全宽的窄缝，高约5mm，供试样引出箱体用，紧贴窄缝内壁，安置可上下抽动的插板，用于调整窄缝的缝隙大小，防止土粒漏出。法向应力的加载装置在试验过程应保持恒压，且均匀地作用在填土表面上，水平加载装置通过固定试样的水平夹具进行应变控制加载。拉拔过程中获得拉拔力与拉拔位移的关系曲线，试验进行到下列情况时即可结束：①水平荷载出现峰值，继续试验至达到稳定值；②土工合成材料试样被拉断；③水平荷载数值达到稳定或出现降低现象，整个试样的拔出速率等于试验设定的位移速率。

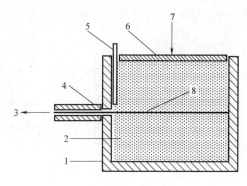

图2-22 拉拔试验示意图

1—拉拔试验箱；2—土样；3—拉拔力；4—加固板；5—插板；6—法向加载板；7—法向力；8—土工合成材料

由于法向力 P 的作用，筋材受拉拔时，筋材上、下界面将产生摩擦阻力，且呈非均匀分布。但筋材在被拔出的瞬间，上、下界面的阻力可认为是均匀分布，并与拉力平衡，该值即为界面的摩擦强度，可按式（2-21）计算。

$$\tau = \frac{T_d}{2LB} \tag{2-21}$$

式中　　τ——剪应力（kPa）；

　　　　T_d——水平荷载（kN）；

　L、B——分别为埋在土体内部的土工合成材料长度和宽度（m）。

与直剪试验相似，拉拔试验应在4种不同压力下进行，测出 τ 值，绘制 τ-p 曲线并求出抗剪强度参数。

2.4　水力学性能

土工合成材料的水力学性能主要包括垂直透水率、水平导水率等渗透特性，以及防淤堵特性等，由于土工织物等效孔径与其反滤性能直接相关，因此也在本节论述。

2.4.1　垂直渗透特性（恒水头法）

（1）基本概念

土工织物的渗透性能是其重要水力学特性之一。垂直于土工织物平面的渗透特性简称垂直渗透特性，当水流方向垂直于土工织物平面时，其透水性主要用垂直渗透系数表示，也可采用透水率来表示。

垂直渗透系数是指层流状态下，水流垂直于土工织物平面，水力梯度等于1时的渗透流速。透水率是指层流状态下，水位差等于1时垂直于土工织物平面方向的渗透流速。

恒水头法垂直渗透性能试验用于测定在无负载状态、恒水头及符合层流条件下土工合成材料的垂直渗透性能，适用于具有透水性能的各类土工织物及复合土工织物。

（2）恒水头垂直渗透试验仪

恒水头垂直渗透试验仪基本上分为水平式、立式和开放式三种，如图2-23所示。试样夹持装置应保证试样有效过水面积不小于20cm²，试样边缘与夹持装置周壁密封良好，不应有周壁渗漏发生。恒水头装置有溢流和水头调节功能，可以设置的最大水头差至少为

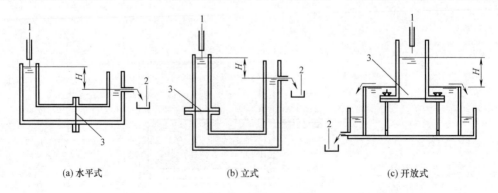

(a) 水平式　　　　　　　(b) 立式　　　　　　　(c) 开放式

图2-23　恒水头法渗透仪器示例

1—进水；2—出水收集；3—试样；H—水头差

70mm，要求在试验过程中能够在试样的两侧保持恒定的水头，具备达到250mm恒定水头的能力。试验用水应采用蒸馏水或经过过滤的纯净水，水温宜控制在18~22℃，试验水温应尽量接近20℃，以减小因温度修正带来的不准确性。

（3）试验步骤

① 将试样放置于含有湿润剂的水中，轻轻搅动排出试样内可能存在的气泡，浸泡至少24h直至试样饱和，湿润剂采用体积分数为0.1%的烷基苯磺酸钠。

② 将饱和试样装入渗透仪的夹持装置内，安装过程应防止空气进入试样，有条件宜在水下装样。

③ 调节上游水头，应使其高于下游水头，水从上游流经试样至下游并溢出。

④ 待上下游水头差稳定后，测读上下游水头，精确至1mm。开启计时器，用量筒收集一定时段内的渗透水量，体积精确至10mL，时间精确至0.1s，收集水量至少1000mL或收集时间至少30s。

⑤ 调节上游水头，改变水力梯度，重复③、④步骤。作渗透流速与水力梯度的关系曲线，取其线性范围内的数据进行结果计算。对渗透性能已经基本明确的材料，为控制产品质量可以只测50mm水头差下的流速。

（4）垂直渗透系数

20℃水温下的垂直渗透系数 k_{20} 按式（2-22）计算。

$$k_{20} = \frac{v\delta}{\Delta h} R_{\mathrm{T}} \tag{2-22}$$

式中　k_{20}——20℃水温下的垂直渗透系数（mm/s）；

　　　v——垂直于土工织物平面水的流动速度（mm/s）；

　　　δ——土工织物试样厚度（mm）；

　　　Δh——对土工织物试样施加的水头差（mm）；

　　　R_{T}——水温 T 时的水温修正系数，按照表2-1取值。

常用水温修正系数　　　　　　　　　　　　表2-1

温度（℃）	R_{T}	温度（℃）	R_{T}
18.0	1.050	20.5	0.988
18.5	1.038	21.0	0.976
19.0	1.025	21.5	0.965
19.5	1.012	22.0	0.953
20.0	1.000		

（5）透水率

水温20℃时的透水率按式（2-23）计算。

$$\theta_{20} = k_{20}/\delta = v_{20}/\Delta h \tag{2-23}$$

式中　θ_{20}——水温20℃时的透水率（1/s）；

　　　k_{20}——水温20℃时的垂直渗透系数（mm/s）；

　　　δ——土工织物单层试样厚度（mm）；

　　　v_{20}——温度20℃时，垂直于土工织物平面水的流动速度（mm/s）；

　　　Δh——对土工织物试样施加的水头差（mm）。

2.4.2 水平渗透特性

水平渗透试验适用于测定一定法向压力作用下沿水平方向具有输水能力的各类土工织物和片状土工复合材料在常水头水流下的水平渗透特性，包括水平渗透系数、单宽流量和导水率。

（1）水平渗透试验仪

该试验采用定水头平面内水流仪，如图2-24所示。排水口水头不超过100mm，仪器能保持不同的恒定水头，至少能提供0.1及1.0两个水力梯度。加载装置能够对试样施加恒定的法向压力，压力值精确到±5%；仪器放置试样空间的宽度最小为0.2m，最小净水力长度0.3m，具有测试50mm厚度试样的能力，在试样两侧最大能容纳25mm厚的闭孔泡沫橡胶。仪器基本密封，在最低的法向压力和最高的水力梯度下，当加载台或压力膜与接触材料之间无试样合在一起时，渗漏速率不超过0.2mL/s，对于非常低的流量，泄漏不超过流量的10%。

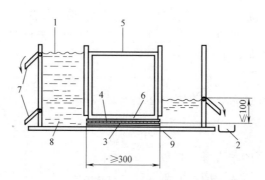

图2-24 水平渗透试验仪示意图（单位：mm）
1—水；2—集水槽；3—试样；4—闭孔泡沫橡胶；5—加压负荷；6—加压台；
7—对应水力梯度0.1和1.0的溢流口；8—水槽；9—基板

（2）试验步骤

① 按第2.2.3条规定测定试样在2kPa的压力下的名义厚度；

② 在室温下，将试样置于含湿润剂的水中，轻轻搅动赶出气泡，至少浸泡12h；

③ 在仪器的基板上放置下层闭孔泡沫橡胶，闭孔泡沫橡胶上面放置试样，以相同的方式放置上层闭孔泡沫橡胶，最后放下加压台或压力膜于试样上；

④ 向试样施加2kPa（包括加压台）的法向压力，并向进水槽注水，使水流过试样以排除空气，并采取必要的预防措施避免沿试样的边界漏水；

⑤ 将法向压力调整到20kPa，并保持此压力360s，然后向进水槽注水，使水力梯度达到0.1；

⑥ 在上述条件下使水流过试样120s，用量筒收集在一定的时间内流过试样的水，收集水量不少于0.5L，且收集时间不少于5s，重复测量得到3个水量读数，取其平均值；

⑦ 保持法向压力，根据设计需要增大水力梯度至1.0，重复步骤⑥。

（3）水平渗透系数

20℃水温下的水平渗透系数按式（2-24）计算。

$$k_{\mathrm{h},\,20} = \frac{VL}{\delta B \Delta h t} R_{\mathrm{T}} \qquad (2\text{-}24)$$

式中 $k_{h,20}$——试样20℃时水平渗透系数（cm/s）;

　　　V——渗透水量（cm³）;

　　　L——试样长度（cm）;

　　　B——试样宽度（cm）;

　　　δ——试样厚度（cm）;

　　　Δh——上下游水位差（cm）;

　　　t——通过水量V的历时（s）;

　　　R_T——水温修正系数，查表2-1，自来水供水时，水温在18~22℃之间时进行温度修正，其他水温无需修正。

（4）导水率

20℃水温下的导水率按式（2-25）计算。

$$\theta_{20} = k_{h20}\delta \tag{2-25}$$

式中 θ_{20}——试样在水温20℃时的导水率（cm²/s）。

2.4.3 等效孔径（干筛法）

（1）基本概念

孔径是土工织物水力学性能中的一项重要指标，是以通过其标准颗粒材料的直径表征的土工织物的孔眼尺寸，标准颗粒材料是洁净的玻璃珠或天然砂粒。它反映土工织物的过滤性能，既可评价土工织物阻止土颗粒通过的能力，又反映土工织物的透水性。

等效孔径（O_e）是表征土工织物孔径特征的指标，是能有效通过土工织物的近似最大颗粒直径，例如O_{90}表示土工织物中90%的孔径低于该值。

（2）试验步骤

① 将1块试样平整、无褶皱地放入能支撑试样而不致下凹的支撑筛网上。从较细粒径规格的标准颗粒中称50g，均匀地撒在土工织物表面上。

② 将筛框、试样和接收盘夹紧在振筛机上，开动振筛机，摇筛试样10min。

③ 关机后，称量通过试样进入接收盘的标准颗粒材料质量，精确至0.01g。然后振拍筛框或用刷子轻轻拭拂清除表面及嵌入试样的颗粒，若嵌入颗粒不易清出，则弃用。

④ 用下一较粗规格粒径的标准颗粒材料在同一块试样上重复①~③步骤，对于嵌入颗粒不易清出的织物，则用下一较粗规格粒径的标准颗粒材料在另一块试样上重复①~③步骤，直至取得不少于三组连续分级标准颗粒材料的过筛率，并有一组的过筛率小于等于5%。

（3）过筛率

过筛率按式（2-26）计算。

$$B = \frac{P}{T} \times 100 \tag{2-26}$$

式中 B——某组标准颗粒材料通过试样的过筛率（%）;

　　　P——某组标准颗粒材料通过试样的过筛量（g）;

　　　T——每次试验用的标准颗粒材料量（g）。

（4）土工织物等效孔径分布曲线

以每组标准颗粒材料粒径的上下限值和过筛率进行线性内插得到的颗粒直径作为横坐标（对数坐标），相应的过筛率作为纵坐标，描点绘制过筛率与粒径的分布曲线

（图 2-25）。找出曲线上纵坐标 10% 所对应的横坐标值，即为 O_{90}；找出曲线上纵坐标 5% 所对应的横坐标值，即为 O_{95}，读取两位有效数字。

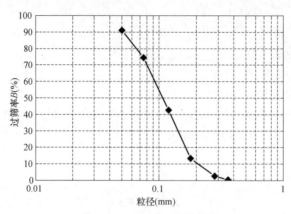

图 2-25　等效孔径分布曲线

（5）O_{90}、O_{95} 值确定

O_{90} 表示 90% 的标准颗粒材料留在土工织物上，其过筛率 B 为 100%–90%=10%，将曲线上纵坐标为 10% 点所对应的横坐标定义为等效孔径 O_{90}，单位为 "mm"。

O_{95} 表示 95% 的标准颗粒材料留在土工织物上，其过筛率 B 为 100%–95%=5%，将曲线上纵坐标为 5% 点所对应的横坐标定义为等效孔径 O_{95}，单位为 "mm"。

2.4.4　淤堵特性

（1）基本概念

土工织物及复合土工织物的淤堵特性通常是由通过土工织物水流量的减小以及进入土工织物土颗粒的增多来评估的。流量的减小用梯度比来定量表示，进入土工织物的土颗粒量用试验后土工织物单位体积的含土量来表示。

淤堵试验是用梯度比方法测定一定水流条件下土-土工织物系统及其交界面上的渗透系数和梯度比的方法。

（2）梯度比渗透仪（图 2-26）

渗透仪筒体为内径 100mm 的透明圆筒，有夹持单片或多片土工织物试样的装置，周边应密封良好，圆筒应有一定的高度，织物上方的土样高 100mm，土样上方应有一定的空间使水流均匀稳定。渗透仪圆筒侧壁的 6 根测压管，其内径不小于 3mm，接头处应设滤层，防止土样堵塞管口。进水口、排水口、排气口及 6 根管的分布如图 2-26 所示。土工织物底部应放置具

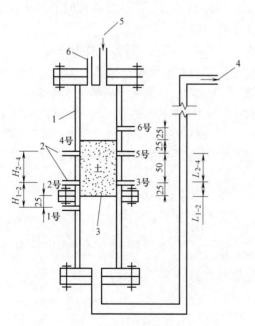

图 2-26　梯度比装置示意图（单位：mm）

1—内径 100mm 透明圆管；2—测压管；3—土工织物；4—排水口；
5—连常水头水容器；6—排气口

有一定刚度和孔径（6mm）的筛网，以支承土工织物。筛网和织物在夹持装置内密封。

（3）梯度比

梯度比GR按照式（2-27）计算。

$$GR = \frac{H_{1-2}/(L_{1-2} + \delta)}{H_{2-4}/L_{2-4}} \tag{2-27}$$

式中 GR——梯度比；

δ——土工织物厚度（mm）；

H_{1-2}——1号、2号测压管间的水位差（mm）；

H_{2-4}——2号、4号测压管间的水位差（mm）；

L_{1-2}、L_{2-4}——渗径长度（mm）。

（4）单位体积试样中的含土量

土工织物单位体积试样中的含土量按式（2-28）计算。

$$\mu = \frac{m_1 - m_0}{A\delta} \tag{2-28}$$

式中 μ——织物单位体积试样中的含土量（g/cm³）；

m_0——试验前织物试样的质量（g）；

m_1——试验后织物试样的质量（g）；

A——土工织物试样面积（cm²）；

δ——土工织物厚度（cm）。

2.5 耐久性能

土工合成材料主要以高分子材料为原材料，使用时会暴露于阳光、风雨、高温、严寒等各种各样的自然环境中，随时间推移材料会发生物理或化学变化。土工合成材料的耐久性是指在自然环境下其物理化学性能的稳定性，其耐久性可以包括多方面的内容，主要是指对紫外线辐射、温度和湿度变化，化学侵蚀，生物侵蚀，冻融变化和机械损伤等外界因素的抗御能力。

2.5.1 抗老化能力

土工合成材料的老化是指在加工贮存和使用过程中，受紫外线辐射、温度和湿度变化、化学侵蚀、生物侵蚀、冻融变化和机械损伤等外界因素的影响，加筋材料的力学性能劣化。材料的老化问题是影响材料耐久性的主要原因。

目前老化性能试验主要有自然老化试验和人工老化试验。自然老化试验方法是尽量在与实际现场接近的条件下进行，其试验周期一般较长，主要包括：阳光暴晒试验、埋地试验、仓库存储试验、海水浸渍试验、冻融交替试验等。试验结果用性能保持率R表示，按式（2-29）计算。

$$R = f/f_0 \tag{2-29}$$

式中 f_0——老化前的性能指标（如抗拉强度和延伸率等）；

f——老化后的性能指标。

人工加速老化试验主要是在室内利用气候箱，模拟近似于大气环境条件或某种特定的环境条件，通过强化某些因素而进行的老化试验，其周期比较短，老化速度比自然老化快5~6倍，甚至更高，但其可靠性比不上自然老化试验。其方法包括：人工气候试验、热老化试验、低温脆化试验、臭氧老化试验、盐雾腐蚀试验、气体腐蚀试验以及抗霉试验等。

抗氧化性能是土工合成材料耐久性能的重要指标之一。其试验原理是将试样悬挂于常规的试验室中进行自然通风，在规定温度下放置一定时间，聚丙烯材料试样在110℃下进行加热老化，聚乙烯材料试样在100℃下进行加热老化，对于起加筋加固作用的土工合成材料试样，或使用时需要长时间拉伸的试样，聚丙烯材料试样需在烘箱内老化28d，聚乙烯材料试样老化56d。对于用作其他功能的土工合成材料试样，聚丙烯材料试样需老化14d，聚乙烯材料试样需老化28d。将对照样和加热后的老化样进行拉伸试验，比较它们的拉伸强度和断裂伸长率。当试样在烘箱中达到规定的时间后，把试样取出，由于耐热试验过程中试样可能产生收缩，所以拉伸试验前应将对照样在烘箱相同温度下放置6h后，再调湿进行拉伸试验。分别计算纵、横向拉伸强度的平均值，对照样记为 T_c，老化样记为 T_e；计算纵、横断裂伸长率的平均值，对照样记为 ε_c，老化样记为 ε_e。则拉伸强度保持率、断裂伸长率保持率分别按式（2-30）、式（2-31）计算。

$$R_F = \frac{T_e}{T_c} \times 100\% \tag{2-30}$$

$$R_\varepsilon = \frac{\varepsilon_e}{\varepsilon_c} \times 100\% \tag{2-31}$$

2.5.2　抗酸碱性能

土工合成材料在工程应用中，不可避免酸碱溶液的侵蚀，抗酸碱性能是土工合成材料耐久性能的重要指标之一。其基本原理是将试样完全浸渍于试液中，在规定的温度下持续放置一定的时间，分别测定浸渍前和浸渍后试样的拉伸性能、尺寸变化率以及单位面积质量，比较浸渍样和对照样的试验结果。

浸渍前测定单位面积质量、尺寸。然后，在不受任何机械应力的情况下，分别放在盛0.025mol/L的硫酸溶液和氢氧化钙溶液的容器中进行浸渍试验。浸渍后，按照相关标准进行单位面积质量、尺寸和拉伸的测定。则质量变化率按式（2-32）计算。

$$R_G = \frac{G_e - G_c}{G_0} \times 100\% \tag{2-32}$$

式中　R_G——试样的单位面积质量变化率（%）；

　　　G_e——浸渍样的平均单位面积质量（g/cm²）；

　　　G_c——对照样的平均单位面积质量（g/cm²）；

　　　G_0——浸渍前试样的平均单位面积质量（g/cm²）。

尺寸变化率按式（2-33）计算。

$$R_d = \frac{d_e - d_c}{d_0} \times 100\% \tag{2-33}$$

式中　R_d——试样的尺寸变化率（%）；

　　　d_e——浸渍样的平均尺寸（mm）；

　　　d_c——对照样的平均尺寸（mm）；

　　　d_0——浸渍前试样的平均尺寸（mm）。

酸碱溶液浸渍后，土工合成材料拉伸强度保持率和断裂伸长率保持率分别按式（2-30）和式（2-31）计算。

2.5.3 抗生物侵蚀性能

土工合成材料一般都能抵御各种微生物侵蚀。但在土工织物或土工膜下面，如有昆虫或兽类藏匿和建巢，或者是树根的穿透，也会产生局部的破坏作用，但对整体性能的影响很小，有时细菌繁衍或水草、海藻等可能堵塞一部分土工织物的孔隙，对透水性能产生一定的影响。

2.5.4 温度、冻融及干湿的影响

在高温作用下（例如在土工合成材料上铺放热沥青时），合成材料将发生熔融，如聚丙烯的熔点为175℃，聚乙烯135℃，聚酯和聚酰胺约为250℃。有时温度较高，虽未达到熔点，聚合物的分子结构也可能发生变化，影响材料的强度和弹性模量。其试验的方法有连续加热和循环加热两种，都一直加热到破坏为止，记录热空气的温度，观测材料外观、尺寸、单位面积质量的变化，以及其他性质的改变。在特别低温条件下，有些聚合物的柔性降低，质地变脆，强度下降，给施工及拼接造成困难。

水分的影响表现在有的材料，如聚酰胺，干湿强度和弹性模量不同，应区分干湿状态进行试验。聚酯材料在水中会发生水解反应，即由于水分子作用引起长链线性分子的断裂，这种反应的过程随温度升高而加快，但试验表明，土工合成材料在工程应用期限内，水解的影响不大。此外，干湿变化和冻融循环可能使一部分空气或冰屑积存在土工织物内，影响它的渗透性能，必要时应进行相应的试验以检查性能的变化。

2.5.5 机械施工损伤

土工格栅在运输、铺设等过程中不可避免会受到一定的人为或机械施工损伤，加筋土工程施工过程中填料的碾压也会对筋材造成挤压、摩擦甚至穿刺，引起筋材力学性能的下降，设计中需考虑施工损伤对材料性质的影响。

一般采用受损伤后筋材短期拉伸强度的相对变化率作为定量评估筋材施工损伤的指标，按式（2-34）计算。

$$RF_{ID} = \frac{T_{ult}}{T_{ID-ult}} \tag{2-34}$$

式中　RF_{ID}——施工损伤折减系数；

T_{ult}——筋材的拉伸强度；

T_{ID-ult}——筋材损伤后的拉伸强度。

复习思考题

1. 简述土工合成材料测试的目的。
2. 试述测定土工织物厚度的方法，并说明其在水力学性能指标计算中的意义。
3. 表征土工合成材料抗拉强度的指标有哪些？
4. 请说明筋土界面直剪摩擦试验与拉拔摩擦试验的异同，其试验指标有何工程意义？
5. 土工合成材料的抗老化能力包括哪些方面？

参 考 文 献

[1] 《土工合成材料工程应用手册》编写委员会. 土工合成材料工程应用手册（第二版）[M]. 北京：中国建筑工业出版社，2000.

[2] 中华人民共和国交通部. 公路工程土工合成材料试验规程JTG E50—2006 [S]. 北京：人民交通出版社，2006.

[3] 中华人民共和国水利部. 土工合成材料测试规程SL235—2012 [S]. 北京：中国水利水电出版社，2012.

[4] 徐超，邢皓枫. 土工合成材料 [M]. 北京：机械工业出版社，2010.

[5] 王钊. 土工合成材料 [M]. 北京：机械工业出版社，2005.

[6] 周大纲. 土工合成材料制造技术及性能（第二版）[M]. 北京：中国轻工业出版社，2019.

[7] 杨广庆，徐超，张孟喜，等. 土工合成材料加筋土结构应用技术指南 [M]. 北京：人民交通出版社，2016.

第3章 隔 离 作 用

3.1 概　述

隔离功能是指将特定土工合成材料铺设于两种不同的岩土工程材料之间,以避免两者相互掺杂。土工织物是首选的主要隔离材料,土工织物隔离技术可以发挥的主要作用和应用领域包括以下几个方面:

(1)在铁路路基工程中,将土工织物设置于道砟和细颗粒地基土之间;在粗颗粒路基填筑层与软土地基之间铺设土工织物,这些都属于土工织物隔离的典型案例。

(2)在公路路基工程中,将土工织物置于碎石垫层与软土地基之间,或者置于排水碎石层与填土路基之间,以避免粗细两种土料的相互混杂,保证粗颗粒料层的设计厚度和整体功能。

(3)在地下水位较高的区域,土工织物隔离技术是治理道路与铁路基床翻浆冒泥的有效措施。

(4)铺设于建筑物或构筑物与软土地基之间垫层下的土工织物,可以发挥隔离作用。

(5)土工织物隔离层可以阻断毛细水运移通道,在一些地下水位较高地区,可用于防治土壤盐渍化或地基冻胀现象。

土工织物用于隔离设计时,不只是单纯的一个"隔离"问题,从上述土工织物隔离层所起的作用看,在实际工程应用中还涉及土工织物的反滤、排水和加筋方面的功能。因此,在应用土工织物隔离技术时,需要对具体工程条件进行多方面的分析,除了土工织物的物理力学特性外,还要考虑是否存在对土工织物反滤与排水方面的需求。

其他常用隔离材料包括土工膜、复合土工织物、复合土工膜以及聚氨酯与聚脲新型土工隔离层等。由机织、非机织或织物加筋相互结合制成的土工织物,称为复合土工织物。它是由两种或两种以上材料或工艺组合而成的土工织物,既保留了复合前单层材料的优点,又对其缺陷进行了不同程度的弥补,在使用时其各组分能够充分发挥功能互补的优势,可以更好地满足工程的特殊要求。

高分子材料研究的快速发展为新型土木工程隔离材料的出现建立了基础。聚氨酯高分子材料是一类在其分子主链中含有氨基甲酸酯基团的聚合物,其分子链中含有软段和硬段相间的嵌段聚合物,具有良好流变特性的聚氨酯材料固化后形成的弹性体有着良好变形协调能力、粘结性能以及抗渗透性能,并且其抗压强度高且可调控;聚脲是由异氰酸酯组分与氨基化合物组分反应生成的高分子材料,该材料疏水性极强,对环境湿度不敏感,甚至可以在水上喷涂成膜,在极端恶劣的环境条件下可正常施工。因此,在新建路基以及路基病害整治中,聚氨酯与聚脲成为一种新型的隔离层材料。

(1)有砟轨道基床聚氨酯隔离层

传统的防水土工布需要提前制作好,然后运输到所需路段,一般其厚度较薄,易因被道砟刺破而失去防水能力，导致泥浆上冒。在道床与基床的接触面，浇筑一层 3~6cm 厚聚氨酯材料，如图 3-1 所示，固化后形成的隔离防护层具有良好的防水性能，而且具有远高于传统土工布的强度和刚度，整体力学性能更为突出。

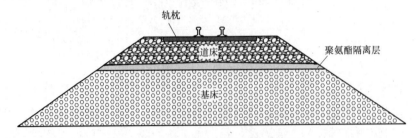

图 3-1　有砟轨道基床聚氨酯隔离层

（2）有砟轨道基床聚氨酯-聚脲复合隔离层

在基床顶面，浇筑一层 5cm 厚聚氨酯材料，固化后涂抹一层 3~5mm 厚聚脲材料，如图 3-2 所示，两种材料复合形成了隔离层。聚脲弹性层的柔性好，可以缓冲上部轨道结构的竖向应力，延长聚氨酯层的使用寿命；聚脲弹性层的耐磨性好，可以防止道砟在列车荷载作用下刺入聚氨酯层中；聚脲弹性层具有光滑、无接缝、致密分布的表面，可以弥补聚氨酯固化中可能产生的裂缝，保证隔离层的整体性。

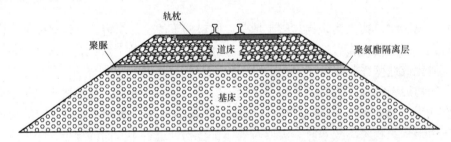

图 3-2　有砟轨道基床聚氨酯-聚脲复合隔离层

（3）无砟轨道基床表层聚氨酯隔离层

在基床表层上方，浇筑一层 1.5~2.5cm 厚聚氨酯材料，固化后形成了弹性隔离层，如图 3-3 所示。聚氨酯材料具有良好的粘结特性，作为封闭基床表层的结构层，可防止地表水渗入路基内部；同时具有良好的变形协调能力和应力扩散能力，保护基床表层处于良好的服役状态。

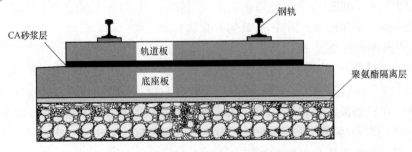

图 3-3　无砟轨道基床表层聚氨酯隔离层

3.2　隔　离　原　理

3.2.1　隔离准则

用作隔离的土工织物必须满足两方面的要求：一方面它能够阻止较细的土粒浸入较粗的粒料中，并保持一定的渗透性；另一方面，它必须具备足够的强度，以承担由于荷载产生的各种应力或应变，即织物在任何情况下不得产生破裂现象。

（1）保土准则

要求土工织物发挥挡土效果，其孔径与土的粒径之间就必须符合一定的关系。若孔径过大，土粒会穿过孔洞而流失；孔径过小，则妨碍透水且容易被堵塞。

因此，土工织物的挡土性应符合式（3-1）要求：

$$O_{95} \leqslant Bd_{85} \qquad (3-1)$$

式中　O_{95}——土工织物的等效孔径，mm；

d_{85}——土的特征粒径，mm，按土中小于该粒径的土粒质量占总土粒质量的85%确定；

B——经验系数，按工程经验确定，宜采用1~2，当土中细粒含量大及为往复水流时取小值。

对于用作隔离的土工织物，保土性是一项非常重要的特性。Dhani B.Narejo（2003）在试验的基础上提出，在一般的土层中土工织物的等效孔径小于土颗粒的特征粒径时，土工织物的挡土性能发挥最好；在淤泥质土层或黏土层中，土工织物的等效孔径小于土颗粒的特征粒径的一半时，土工织物的挡土性最佳。

（2）渗透准则

对土工织物透水性的要求，是以织物和被保护土的渗透系数的相对关系来表示的。土工织物的渗透性应符合式（3-2）的要求：

$$k_{g} \geqslant Ak_{s} \qquad (3-2)$$

式中　A——经验系数，按工程经验确定，不宜小于10；

k_{g}——土工织物渗透系数，cm/s，应按其垂直渗透系数k_{v}确定；

k_{s}——土的渗透系数，cm/s。

（3）强度准则

土工织物放在细粒土与粗粒材料之间，必须具备足够的强度，以抵抗由于两种不同材料相互挤压而产生的各种作用。按照隔离层一般的受力情况，土工织物承受四种不同类型的作用，即顶破、刺破、握持和撕裂。这四种作用，有时只有一种存在，有时几种并存；其中经常遇到的是顶破和刺破两种作用，如图3-4所示。在道路工程中，把土工织物铺放在基层与土基之间，如果基层的石料是比较圆滑的卵石，一般只核算顶破即可，如果基层是带尖锐棱角的碎石，则既需核算顶破，又需核算刺破。在一些情况下，还需核算握持拉伸及其延伸率和撕裂。具体要求如下：

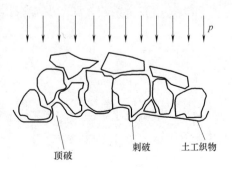

图3-4　顶破与刺破示意

1）顶破强度

土工织物上两相邻颗粒在上部压力下造成织物的变形情况，如图 3-5 所示，颗粒与织物的接触面分别为 AB 与 CD，二粒之间的孔隙为 BC，如果平均粒径为 d_{50}，平均接触面直径为 d_c，则 BC 段平均值为 $d_{50}-d_c$。织物受到地基土反力，地基土反力的最大值为地基土的极限承载力，按式（3-3）计算。

$$q_u = (\pi + 2)c_u + \gamma h \tag{3-3}$$

式中 q_u——地基土的极限承载力，kN/m^2；

       c_u——地基土的不排水抗剪强度，kN/m^2；

       γ——粒料的有效重度，kN/m^3；

       h——路基厚度，m。

而 BC 范围内的顶破力 F_g 为：

$$F_g = q_u \pi \left(d_{50} - d_c\right)^2 / 4 \tag{3-4}$$

式中 F_g——土工织物上 BC 范围内的顶破力，kN；

       d_{50}——平均粒径，mm；

       d_c——平均接触面直径，mm。

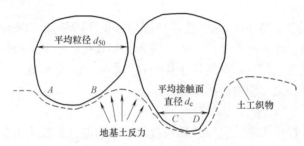

图 3-5 顶破受力示意图

假设 BC 段织物变形后呈半球形，则球周边单位长度织物中的拉力 T' 为：

$$T' = \frac{F_g}{\left(d_{50} - d_c\right)\pi} = \frac{1}{4}\left(d_{50} - d_c\right)q_u \tag{3-5}$$

与上述条件类似，针对胀破试验，该仪器的环形夹具内径为 d_M，胀破试验的环形夹具内径为 30.5mm，胀破强度为 p_M，可得到相应的单位长度织物的拉力 T_M 为：

$$T_M = \frac{1}{4} d_M p_M \tag{3-6}$$

如果考虑安全系数 F_s（至少为 3），应有

$$T_M = F_s T' \tag{3-7}$$

则

$$p_M = F_s \frac{d_{50} - d_c}{d_M} q_u \tag{3-8}$$

故用于隔离的土工织物的胀破试验胀破强度 p_M 不得低于按式（3-8）计算得到的数值，其中 d_c 值可取为：

$$d_c = \frac{1}{4} d_{50}，对于带棱角的粒料 \tag{3-9a}$$

$$d_{c} = \frac{1}{2}d_{50}，对于圆钝的粒料 \tag{3-9b}$$

2）刺破强度

当土工织物下的地基土未进入塑性状态（破坏）前，地基土反力应为地面荷载通过粒料层传递到土面的压力和粒料层重量之和，一旦达到塑性状态，该压力应等于地基土的极限强度 q_u，见式（3-3），为安全起见在刺破分析时，地基土反力 q_R 应采用 q_u 和 p 中的较小者。对于与织物接触的颗粒料，它所受向下压力 p 和向上反力 q_R 的差值应为作用于接触点处织物上的穿刺力 F_p。如图3-5所示，该值可由式（3-10）求得：

$$F_{p} = \frac{\pi}{4}\left(pd_{50}^{2} - q_{R}d_{c}^{2}\right) \tag{3-10}$$

穿刺力 F_p 由接触面周边织物的径向拉力所承担，该受力状态类似于CBR顶破试验，刺破试验的圆柱形顶杆直径 $d_{CBR}=50mm$，令两种情况下织物的拉伸强度相等，并有足够的安全系数 F_s（至少为3），则有

$$F_{CBR}/\left(\pi d_{CBR}\right) = F_{s}F_{p}/\left(\pi d\right) \tag{3-11a}$$

即

$$F_{CBR} = F_{s}F_{p}\frac{d_{CBR}}{d_{c}} \tag{3-11b}$$

故所用织物的顶破强度 F_{CBR} 不得低于式（3-11b）得出的数值。

以上两种强度分析，对于仅受静荷载和织物以上填料层较厚的情况（没有动荷载作用）安全系数 F_s 可以适当降低；相反，若受动荷载或上覆粒料较薄时一般 F_s 不得小于3，在隔离设计中，往往在粒料和土基面之间铺放薄层较细粒料，顶破或刺破的危险可大大降低。另外，织物是否会遭刺破还取决于织物本身特性。在相同强度下，织物的拉伸破坏延伸率越大，刺破的危险越小。一般认为织物抵抗刺破的能力有以下次序：无纺针刺织物>无纺热粘织物>有纺织物。

3）握持强度

把织物铺放在粒状材料与地基土之间，有时也可能产生较高的拉力。Giroud曾提出一种计算织物中拉力的模型。当地基土较软时，如图3-6所示，织物被地基土反力 p 顶入粒料的空隙之中。粒料的底部压在织物上面，阻止织物沿水平方向移动，在织物内部将产生拉伸力 T，这一模型与握持拉伸试验的受力条件相似，根据Giroud推导，拉伸力 T 可用式（3-12）估算。

$$T = pb^{2}f\left(\varepsilon\right) \tag{3-12}$$

式中　T——拉伸力，N；

　　　p——地基土反力，N/m²；

　　　b——孔隙宽度，近似等于粒料的平均直径 d_{50}，m；

　$f(\varepsilon)$——织物应变量 ε 的函数，当织物断裂时，ε 值等于织物的延伸率 ε。

$f(\varepsilon)$ 值随应变量 ε 值的变化而变化。根据薄膜受力后弯曲变形的几何关系，从 ε 值求出的相应 $f(\varepsilon)$ 值，见表3-1。

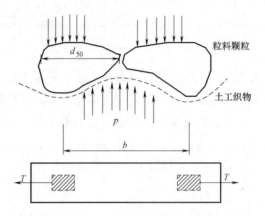

图3-6　织物中产生握持拉力的模型

与 ε 值对应的 $f(\varepsilon)$ 值　　　　　　　　　　　　　　　　表3-1

$\varepsilon(\%)$	$f(\varepsilon)$	$\varepsilon(\%)$	$f(\varepsilon)$
0	∞	30	0.53
2	1.47	40	0.51
4	1.08	45~70	0.50
6	0.90	75	0.51
10	0.73	100	0.53
15	0.64	120	0.55
20	0.58	—	—

织物所需要的握持强度为：

$$T_{\mathrm{g}} = F_{\mathrm{s}}T = F_{\mathrm{s}}pd_{50}^2 f\left(\varepsilon_{\mathrm{p}}\right) \tag{3-13}$$

式中　T_{g}——通过握持拉伸试验测得的握持强度，N；

　　　d_{50}——粒料平均直径，m；

　　　ε_{p}——在握持拉伸试验中，织物试样断裂时的延伸率，%；

　　　F_{s}——安全系数。

不同类型的织物，在握持拉伸试验中具有不同的延伸率 ε_{p}，因此所要求的强度 T_{g} 也不同。根据表3-1所列 ε 与 $f(\varepsilon)$ 的关系，可以把织物分成三种类型。

① 无纺织物和一部分延伸率较大的有纺织物，ε_{p}=25%~125%，可取

$$T_{\mathrm{g}} \geqslant 0.55pd_{50}^2 \tag{3-14}$$

② 一般有纺织物，ε_{p}=12%~20%，可取

$$T_{\mathrm{g}} \geqslant (0.6 - 0.7)pd_{50}^2 \tag{3-15}$$

③ 比较坚韧的土工织物，如玻璃丝布等，ε_{p}=2%~5%，可取

$$T_{\mathrm{g}} \geqslant (1 - 1.5)pd_{50}^2 \tag{3-16}$$

由此可见，织物越坚韧，变形模量越大，延伸率越小，要求的握持强度越大。这与前面所述织物抵御刺破的性质是一致的。

4）撕裂强度

土工织物初始平均孔径为 d_i，被穿刺后，粒料尖角插入织物，若荷载继续增加，织物

因受径向撕裂力，孔径有可能逐渐扩大至等于粒料平均粒径d_{50}，如图3-7所示。

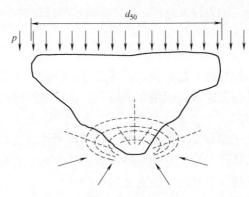

图3-7　撕裂示意图

Koerner根据一系列假设，推导出安全系数为F_s时，抵抗撕裂织物应具有的撕裂强度T_T为：

$$T_T = F_s \pi d_i d_{50} p s \tag{3-17}$$

式中　p——作用于织物上的压力，建议采用其上覆填料压力；

　　　s——粒料形状系数，颗粒圆钝形时为0，锐角形时为1。s值可以用（$1-s'$）表示，其中s'为颗粒的圆度。各种粒料的圆度近似可取为：砂取0.8，砾取0.7，碎石取0.4，带角石块取0.3。

按式（3-17）计算得到的数值为土工合成材料在撕裂试验中应具有的强度。

需要指出的是，现有核算撕裂强度的方法有好几种，但计算结果往往相差很大，而且撕裂试验方法也有多种，因此撕裂强度核算问题尚有待进一步研究。

3.2.2　设计方法

以下以公路土工合成材料应用来论述隔离设计方法，其他工程应用场景可供参考。通常的道路就其结构来说可以分为路面和路基两大部分。路面又可以分为面层（直接与轮胎接触）和基层两部分，路基是路面的基础。如图3-8所示为土工合成材料在道路中的运用。

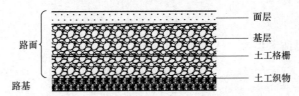

图3-8　土工合成材料在道路中的运用

当路基是软弱土层并在其上填筑粗粒材料时，由于自重和荷载的作用，粗粒材料可能陷入软土层中，从而破坏软土表层结构。此外，土中孔隙水压力可能逐步升高到足以引起液化的状态，导致土的强度降低，软土挤入粗粒材料，严重时可在粗粒材料的表面冒出，即"翻浆现象"，翻浆的出现极大地降低了路基的稳定性和增加了道路变形。因此，通常应设置一层隔离层，如铺设一层土工织物以起到隔离软土层与粗粒材料的作用，当然土工织物还同时起到加筋、反滤和排水作用。

有时对材料的强度要求较高，还要求在基层设置土工格栅，增强基层粒料的侧限作用，将荷载扩散到更大范围。

土工织物隔离层的设计，应根据材料性能的优劣及其在设计应用中各基本功能的相对重要性，并参照3.2.1节介绍的方法来进行，往往不占主导地位的功能也能发挥必要的作用。

（1）未铺砌道路的设计

未铺砌道路指路面中未掺入黏结性材料或路面仅由无黏结性粒料构成。如果在施工期，铺砌道路的非黏结性粒料底基层必须承担施工车辆荷载，那么其受力时的性状和特点将与未铺砌道路的相似。在此阶段，未铺砌道路的设计原理同样可用于这种临时结构，以确定出合理的道路结构形式。

未铺砌道路上铺放土工织物作隔离层，除起隔离作用外，还可使车辆通过该层后荷载分布均匀，传至下伏土层的压力低于地基破坏荷载，从而减小了通常所需的粒料填厚，降低了工程造价，同时可以避免粒料与下层软土相互混杂。

对铺放土工织物的未铺砌道路，现有几种不同的设计方法或图表曲线，如 Nieuwen-huis 和 Bakker（1977年）、Kinney 和 Barenberg（1980年），Giroud 和 Noiray（1981年）以及 Sellmeijer（1982年）等所提出的方法，其中应用比较广泛的为 Giroud 和 Noiray（1981）提出的方法。

如图3-9所示，Giroud 和 Noiray（1981）假设车轮作用于道路表面的等效接触面积为 B（宽）×L（长），其尺寸与轴载 P、轮胎压力 p_t 和车辆类型的关系为：

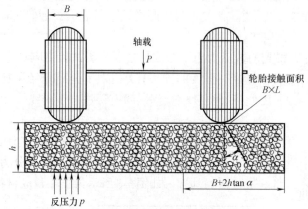

图3-9　作用于土面层的压力

对一般车辆（包括卡车）：

$$B = \sqrt{\frac{P}{p_t}}, \quad L = 0.707B$$

对宽胎或双胎的重型施工设备：

$$B = \sqrt{\frac{1.414P}{p_t}}, \quad L = 0.5B$$

则作用于下卧黏土层顶面的轴载反压力 p 为：

$$p = \frac{P}{2(B + 2h\tan\alpha)(L + 2h\tan\alpha)} \tag{3-18}$$

$\tan\alpha$ 的精确值不易求取，实测表明 $\tan\alpha$ 介于 0.5~0.7 之间，一般 $\tan\alpha$ 可取为 0.6，故有

$$p = \frac{P}{2(B + 1.2h)(L + 1.2h)} \tag{3-19}$$

该方法定义的地基弹性承载力 q_e 和极限或塑性承载力 q_p 为：

$$q_e = \pi c_u \qquad (3\text{-}20a)$$

$$q_p = (\pi + 2) c_u \qquad (3\text{-}20b)$$

式中 c_u——下卧土层的不排水剪切强度。

这两个值的意义由荷载与荷载板中心沉降的关系曲线给出，如图 3-10 所示，在未铺设织物前，地面荷载应小于 q。令 $p=q_e$，由式（3-19）、式（3-20a）得：

$$\pi c_u = \frac{P}{2(B + 1.2h)(L + 1.2h)} \qquad (3\text{-}21)$$

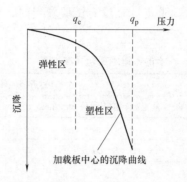

图 3-10 平板载荷试验的荷载-沉降曲线（q_e 和 q_p 的含义）

由式（3-21）求得的 h 是没有铺设隔离层织物时，防止地基破坏所需的最小粒料厚度，以 h_0 表示。该 h_0 只适用于非常小的交通量（最多通过约 20 次），当交通量大时，粒料厚度必须增加到 h_0'。

$$h_0' = \frac{\left[125\lg N - 294(r - 0.075) \right]}{c_u^{0.63}} \qquad (3\text{-}22)$$

式中 N——标准轴载（80kN）通过次数；

r——车辙深度，m；

c_u——土的不排水剪切强度，N/m²；

h_0'——粒料厚度，m。

如果通过的荷载不是标准轴载 P，而是 P'，且其通过次数为 N'，则可用式（3-23）换算成标准轴载 P 时的等效通过次数 N：

$$N / N' = (P'/P)^{6.2} \qquad (3\text{-}23)$$

当通过的车型较多时，必须分别计算各型车辆的 N' 与标准轴载相应的等效次数 N，然后相加得出总的标准轴载次数。

Giroud 等认为，在未铺砌道路基层中铺设织物有助于增加稳定性，它的主要作用有增强路基土的侧限，将荷载扩散至更大范围，织物拉伸产生上提力。

如果没有土工织物，当承载力超过土的弹性极限承载力后，土内便会产生局部剪切，导致大变形，进而加速道路恶化。织物对路基土的侧限作用控制了局部剪切破坏，因而可根据极限承载力进行设计。

研究表明，发生扰曲的土工织物产生的上提力对改善稳定性的作用不大，故可忽略不计。

织物的侧限作用在于将承载力由弹性承载力提高到极限承载力，故在式（3-19）中代入 $p = q_p = (\pi + 2)c_u$，得：

$$(\pi + 2)c_u = \frac{P}{2(B + 1.2h_G)(L + 1.2h_G)} \tag{3-24}$$

式中　h_G——有织物时所需的粒料厚度。

铺设织物后所减少的粒料厚度（Δh）可由式（3-25）计算得到。

$$\Delta h = h_0 - h_G \tag{3-25}$$

式中的 h_0 由式（3-21）得出，h_G 由式（3-24）得出。

以上计算中的 c_u 值应由试验求得。在没有试验资料时，可取表3-2中的数据进行初步设计。

土的不排水剪切强度 c_u 值

表3-2

土类	塑性指数 I_p	c_u 近似值（kN/m²）	
		从土面到地下水位大于0.6m	从土面到地下水位不大于0.6m
重黏土	70	60	30
	60	60	45
	50	75	60
	40	90	60
粉质黏土	30	150	90
粉土	—	60	30

按照 Giroud 和 Noiray（1981）的方法，即使采用形式复杂的公式考虑上提力作用，对增加织物的强度或刚度也不会带来什么好处，除非是容许非常深而不切合实际的车辙。

表3-3列出了在 $c_u = 25$kPa 地基土上，用刚度为 100~400kN/m 的织物时，未铺砌道路粒料厚度的减少值。由表3-3可见，如果限制实际车辙深度值小于或等于150mm，则改变织物的拉伸刚度或拉伸强度对未铺砌道路基层的设计几乎没有什么影响，在这种情况下，织物选型只要以顶破和胀破强度要求控制即可。

车辙深度和粒料厚度随织物刚度的变化情况

表3-3

织物刚度（kN/m）	车辙深度（mm）	粒料厚度减少值（mm）
100	75	6
200	150	20
300	225	90
400	300	185

（2）铺砌道路的设计

土工织物在未铺砌道路中已得到广泛应用。铺砌道路与未铺砌道路相比，两者容许应变值差别很大。例如，未铺砌道路基层中土工织物的容许最大应变为5%~15%，而沥青路面中的可能应变仅为0.04%~0.08%。由于铺砌道路的容许变形非常小，而土工织物必须有一定程度的应变才能发挥其强度而起到加筋作用，因此，它们在铺砌道路中的应用受到一定限制。

在铺砌道路中，土工织物可能铺在粒料底基层和路基土的交界面上；铺在道路基层与沥青面层之间；修复已开裂路面时，铺在新罩面层之下。

铺在新建道路底基层和路基土交界面上的土工织物主要起到隔离作用，可防止路基土中细粒料对底基层材料的污染，并可控制车辙，减少底基层所需厚度。其作用机理与未铺砌道路中使用的土工织物近似。

针对此情况，目前还没有被广泛接受的设计方法，对其作用也存在不同看法。有人认为，在此位置铺设土工织物，对铺砌道路的结构特性没有改善作用；另一些文献引用了实验室和野外试验结果，却表明延伸率低的土工格栅，能使底基层厚度减少。两种结论相互矛盾，有待今后在理论上和实践上进一步研究。

3.2.3　土工合成材料的选择

设计时，必须对土工合成材料的孔隙率、透水性、顶破、胀破、握持和撕裂等进行核算，以选择合适的材料。顶破、胀破、握持和撕裂可参考3.2.1节中强度准则的要求；孔隙率、透水性可参照3.2.1节中保土准则和渗透准则来确定。

3.2.4　施工技术要求

（1）土工织物的展铺和连接方法

1）土工织物的展铺

土工织物直接铺设在路基表面或路槽表面时，必须先清除路基表面和路槽中有可能损坏织物的凸出物，然后将土工织物展开铺平，尽可能无折皱地布置在路基上或路槽内。若地面很不平整或地面杂物不易清除时，可以先铺一层厚约15~30cm的垫层。若需在一个较长的距离内整块展开土工织物，则应将其固定，例如用混凝土块或石料固定，以防止四周被吹起。在承载力低的地区铺设材料时，横向也需固定。织物铺设后，为减少日光对织物的损害，应随铺随填，或采取保护措施。摊铺时一定要注意轻放，以免碎石尖部刺破织物。

在道路工程中，展铺土工织物有三种施工方法：直接铺放在路基上；布置在有垂直面的路槽内；摊铺于路槽内且用粒料嵌固。

①　直接铺放在路基上：先清除地面杂物，然后将土工织物展开，并且用木桩标出土工织物相对于道路中心线的边，以保证摊铺位置正确，如图3-11（a）所示。

②　在有垂直面的路槽内：铺放土工织物横越路槽成段展开，无需采取特殊措施，往上折的端部与路槽边垂直，如图3-11（b）所示。

③　摊铺于路槽内用粒料嵌固：土工织物横越路槽展开，两端嵌固长度由侧边粒料护道覆盖，然后土工织物折回护道上，再用第二层基层材料嵌固，如图3-11（c）所示。

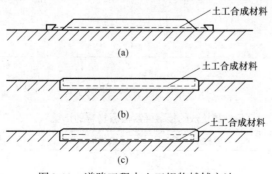

图3-11　道路工程中土工织物摊铺方法

在铁道工程中，由于新建和已有的铁道线路的铺设条件不同，因而有不同的施工方法。

① 新建铁路铺设无行车干扰，容易保证质量。施工时要注意检查基面排水坡，材料的质量、数量，在线路上打好标志桩，直接摊铺。

② 已有线路铺设施工时应特别注意行车安全和施工质量。施工方法分为慢行施工和封锁线路施工两种。

慢行施工按现行规范组织施工。开挖道砟至设计标高后，做基面横向排水坡，铺底砂拍实。然后铺土工织物或土工膜，再铺砂拍实，回填道砟，恢复线路。根据不同情况慢行施工可用扣轨、垫枕木头及吊轨等方式进行。

封锁线路施工按现行规范办理封锁线路施工。封锁开始，开挖道床，清除污砟至设计标高，修整基面，设置排水坡（不小于4%）。铺底砂拍实，然后成卷摊铺土工织物或土工膜，再铺面砂拍实，回填道砟，进行线路作业恢复线路。

在隧道工程中，隧道内施工，其方法基本上与路基相同，但注意以下几点。

① 铺设前应根据隧道情况处理好排水，即增设或加深侧沟，水沟侧壁钻凿泄水孔，部分地段加设横向盲沟。

② 施工时限速15km/h。

③ 应凿除破损底部混凝土块，必要时挖除基底软弱层，再铺砂垫层至隧道底面标高。

2）土工织物的连接方法

织物与织物的连接一般有搭接法、缝接法、加热接缝法等。

① 搭接法

搭接法是将一片土工织物的末端压在另一片的始端上，搭接宽度按照相关规范执行（如《土工合成材料应用技术规程》GB/T 50290—2014、《公路土工合成材料应用技术规范》JTG/T D 32—2012等）。搭接时应将新铺的一块压在已铺好的织物下面，并且随即沿搭接缝每隔约1m压上一堆料，防止全面铺粒料时织物边缘被掀起。搭接法耗费织物较多。

② 缝接法

缝接法用手提缝纫机将两片土工织物缝起来，其缝接量一般小于25cm，比自由搭接省材料。缝接的强度主要由缝纫机、线、缝接方法、缝口间距等因素而定。

目前缝接方法有一般缝法、丁缝法、蝶形缝法三种，如图3-12所示。各种缝接法缝接强度一般都小于原材料，经拉力测试，它们相对于原材料的比值见表3-4。

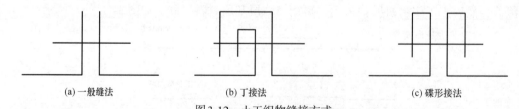

| (a) 一般缝法 | (b) 丁接法 | (c) 碟形接法 |

图3-12　土工织物缝接方式

各种缝接法的接缝强度与原材料的比值　　　　　　　　　　　　　表3-4

项目	原材料	一般缝法	丁缝法	蝶形缝法
握持拉伸强度	1	0.6	0.8~0.9	0.8~0.9
宽条拉伸强度	1	0.4	0.5~0.75	0.5~0.75

③ 加热接缝法

加热接缝法是使用加热装置，把非织造土工织物熔合起来。可以使用普通的手持式热风焊枪、热楔以及自动推进的焊接机，其基本原理是在加热与加压条件下，让搭接的织物边缘熔合起来并保持在恰当的位置上。

（2）防止土工织物破坏的施工要求

土工织物作为隔离层时，承受的荷载并不太大，对织物的强度要求不高，但是在施工中，它们却要承担各种临时性荷载，如重型机械或重型运料汽车等，有可能引起织物的破坏。

为保证在施工中土工织物能保持其完整性，表3-5与表3-6分别针对路基状态与施工机械、路堤填料与施工机械提出了施工要求，表中施工要求档次的具体指标见表3-7。

不同路基状态和施工机械时的施工要求　　　　　　　　　　表3-5

路基状态	施工机械接地压力(有15~30cm厚覆盖)		
	低接地压机械不大于28kPa	中接地压机械28~56kPa	高接地压机械大于56kPa
路基表面上的杂物除杂草、木屑外均清理掉，表面凹凸不平小于15cm	低	中	高
路基表面上的大树干、树根清理掉，保留中小树干、石块、表面不平小于15cm，填平大的洼地	中	高	超高
做最低限度的准备工作，砍伐树木，砍掉树枝，但留在现场，树根高出地面15cm以内，土工织物直接铺设在有树干、树枝、坑穴沟的凹凸不平的地表上，只去掉对铺设织物和填筑路堤有不良影响的树干和树根	高	超高	不能施工

注：1. 以上是当第一层填筑厚度为15~30cm时的推荐值，当第一层填筑厚度为30~45cm时，表中要求降低一级；当第一层填筑厚度为45~60cm时，降低二级；当第一层填筑厚度大于60cm时，降低三级。

2. 对会引起沦陷等的特殊施工法，表中要求提高一级。

3. 应注意在软基上填筑层厚过大，承载力不足的情况。

4. 要求中"高、中、低"具体指标见表3-7。

不同路堤填料和施工机械时的施工要求　　　　　　　　　　表3-6

路堤填筑第一层厚度(cm)	15~30		30~45		45~60	60以上
接地压力(kPa) / 路堤材料	低压机械小于28	中压机械28~56	中压机械28~56	高压机械大于56	高压机械大于56	高压机械大于56
细砂到中等砂砾，呈圆形或稍带角的材料	低	中	低	中	低	低
粒径可达第一层厚度的一半，形状带角的粗石料	中	高	中	高	中	低
有小颗粒，但大部分粒径达第一层的一半，粗石料	高	超高	高	超高	高	中

注：1. 采用会引起沦陷等的特殊施工方法时，表中要求提高一级。

2. 应注意在软基上填筑层厚度过大，承载力不足的情况。

对织物的要求	握持强度(最低值)(N)	顶破强度②(N)	胀破强度③(kPa)	撕裂强度④(N)	拉伸强度(宽条试验)⑤(N)	应变5%时割线模量⑥(kg/cm)
超高	1212	495	3020	308	534	178
高	810	337	2040	225	356	125
中	585	180	1480	180	89/178	53.4/89.0
低	402	135	1020	135	45/89	17.8/35.6

注：① 表中所有值均表示一批材料中的任何一卷平均值都符合或超过表中值，所有这些值都比厂家报告的代表值低20%。

② 改进的 ASTM D-751-68 CBR 顶破试验。

③ ASTM D-751-68 胀破试验。

④ ASTM D-1117 在所有方向上都应满足。

⑤、⑥ 是日本山冈一三补充的要求。

3.3　工 程 应 用

3.3.1　铁路道床与路基之间两布一膜隔离层

（1）应用概述

基床土受地面水或地下水的浸湿软化后形成的泥浆，在列车动荷载作用下沿道床道砟的空隙向表面涌出，从而导致基床翻浆冒泥病害。在道床与路基之间铺设土工合成材料（两布一膜）作为隔离层是防治翻浆冒泥的一种有效措施。复合土工膜作为一种隔水材料可以有效地防止雨水下渗，土工膜有隔离和防水的作用。在雨量较少地区、病害程度较轻时，也可采用单位质量300g/m²以上的无纺土工织物进行反滤和排水处理，土工合成材料隔离层可以有效拦截上涌泥浆中细土颗粒。

（2）施工方法及注意事项

沿线路纵向铺设，采用搭接法，两幅的搭接长度不小于0.5m，在高路堤地段应酌情加长。线路有纵坡时，保证复合土工膜（两布一膜）高端铺设在低端上边，确保接头处不渗漏；线路平坡时，将新铺的一端垫在相邻已铺好的一端之下，同时纵向铺设应向病害地段两端各延长5m以上。图3-13为基床表面铺设复合土工膜断面图。

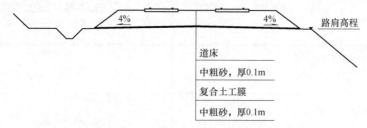

图3-13　基床表面铺设复合土工膜

土工合成材料上、下均应设置砂保护层，上部砂层厚不小于0.1m，下部砂层厚不小0.05m，总厚度应不小于0.2m，在双层道床地段可利用道床的砂垫层，在单层道床地段可将下部0.1m厚的道砟置换为砂层。

土工合成材料铺设深度不应小于道床标准厚度，铺设土工合成材料后，不应降低原有道床的标准厚度。一般地区的土工合成材料的铺设宽度，应满足轨道与列车等上部荷载作用于路基面上的应力分布宽度（即沿轨枕两端头底面起以45°扩散角传力至路基面），且不外露于道床。土工合成材料的铺设宽度与铺设深度有关，根据实际应用，单线铁路不应小于4.0m，并行等高双线铁路，不应小于线间距加4.0m。

土工合成材料直接铺设在路基表面时，必须先清除路基表面有可能损坏织物的凸出物等，然后将土工合成材料展平铺开，尽可能无折皱地布置在路基上。若需在一个较长的距离内整块展开土工合成材料，则应将其固定，如用石料固定，以防止四周被吹起。如承载力太低地段横向也需固定。

在既有线采用土工合成材料整治基床翻浆冒泥、冻害时，清除基床表面软化薄层后，即可把土工合成材料铺设在基床表面。清除基床表面后，不必恢复原梯形路拱，以线路中心原梯形路拱顶为基准，将梯形路拱改为三角形路拱。三角形路拱的排水坡应不小于4%。

3.3.2 铁路路基基床与其下部特殊土之间两布一膜隔离层

（1）应用概述

铁路线路沿线地质差异性大，不可避免地会跨越软土、硅藻土、盐渍土等特殊土区域。该类土工程性能较差，给工程带来许多病害，如路基盐胀、冻胀、翻浆冒泥、沉陷变形、边坡剥蚀等，需要采取相应的工程措施进行处理。在基床与其下部路基之间铺设土工合成材料作隔离层可以充分发挥隔离防渗功能，消除或削弱线路不均匀沉降，防止路基剪切破坏，提高路基的承载力，起到增强和稳定作用。目前此类措施已在软土、硅藻土等路基处理中取得了良好的应用效果。盐渍土路基可采用复合土工膜设置毛细水隔断层，防止路堤再盐渍化。

（2）施工方法及注意事项

路基段两布一膜隔离层铺设前应先将铺设面上杂物清除，保证铺设面的平整，二布一膜的焊接宽度不少于10cm，焊接采用现场热熔焊接，防渗膜搭接时坡面高处的膜搭接在低处的膜上面。铺设时，二布一膜应保持松弛状态，以适应变形；铺设前必须对二布一膜进行检查，若发现有破坏部位必须进行修补，保证二布一膜的完好。

3.3.3 铁路和公路路基底部隔离层

（1）应用概述

在盐渍土地区和富水软弱土地区修筑公路、铁路路基工程，路基底部铺设复合土工膜，可有效限制盐分迁移，且具有防水作用。土工膜可以形成隔断层，限制乃至完全隔断土中水体的移动通道，阻止地基中的水分向上移动到路基内。单纯的土工膜厚度薄、强度低、易刺破损伤，因此在公路路基防水、盐渍土隔离等场合主要采用与土工织物复合的土工膜。铁路工程中，有时为了保护路基材料和结构的完整性，在无水地段也有采用土工织物将路基和地基隔离开，如图3-14所示。

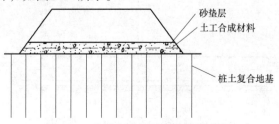

图3-14 路基与软弱地基间的隔离层

（2）施工方法与注意事项

为减少紫外线照射，增加抗老化性能，最好采用埋入法铺设。

施工中，首先要用粒径较小的砂土或黏土找平基面，然后再铺设，铺设时不宜绷得太紧，两端埋入土体部分呈波纹状，最后在所铺的两布一膜上用细砂或黏土铺一层10cm左右过渡层。施工时，应避免石块直接砸在膜上，铺膜与保护层的施工同步进行。两布一膜与周边结构物连接应采用膨胀螺栓和钢板压条锚固，连接部位要涂刷乳化沥青（厚2mm）粘结，以防该处发生渗漏。

施工接缝处理是一个关键工序，直接影响防渗效果。一般接缝方式有：①搭接：搭接宽度宜大于15cm；②热焊：宜用于稍厚的土工膜基材，焊缝搭接宽度不小于5cm。

3.3.4 公路基层与面层之间土工织物隔离层

（1）应用概述

土工织物还可应用于道路路面开裂的处理。道路的路面经常产生开裂，这种开裂日积月累，必然导致路面的严重损坏。为了减小道路路面的开裂危害，在路面面层的底部或其基层中也常铺设土工织物，以减小、减轻或推迟路面的开裂，达到延长路面使用期限的目的。

（2）土工织物在道路工程的施工方法

在路基中直接铺设土工织物，必须清除路基表面和路槽表面上对土工织物有损坏的异物，然后将土工织物展开铺平，尽可能地无褶皱地布置在路基和路槽内。若需在一个较长的距离铺设土工织物，则需将土工织物固定，比如用混凝土和石块。在承载力低的地区铺设土工织物也需固定。

道路工程三种铺设方法为：直接铺放在路基上；布置在有垂直面的路槽内；摊铺在路槽内且用粒料嵌固。

① 直接铺放（图3-15a）

先清除地面植物，然后将土工织物展开，并用木桩标出土工织物相对于道路中心的边，以保证摊铺位置正确。

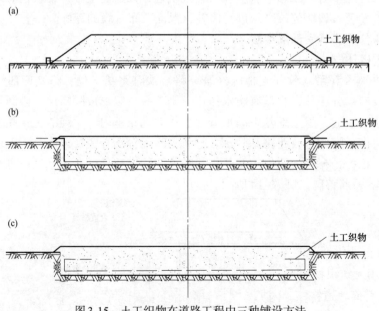

图3-15 土工织物在道路工程中三种铺设方法

② 在有垂直壁的路槽内铺放（图3-15b）

土工织物横越路槽展开，无需采取特殊措施，往上折的端部与路槽边垂直。

③ 摊铺在路槽内且用粒料嵌固（图3-15c）

土工织物横越路槽展开，两端嵌固长度由侧边粒料护道覆盖，然后土织物折回护道上，用基层材料嵌固。

（3）土工织物在道路工程的注意事项

道路工程中，土工织物隔离层施工简便，但是铺设不当也会影响隔离功能的发挥。在施工过程中，应做好准备和规划，避免土工织物起皱或施工损伤，确保隔离层发挥应有的作用。在隔离层土工织物施工过程中应注意以下事项：

① 清理场地。应清除基层表面的砂石及其他尖锐物。

② 基层平整与碾压。无论基层呈水平或一定坡度，表面应平整，无坑洼或隆起。在公路路基工程中，基层应按设计压实度进行碾压。

③ 土工织物铺设。铺设的土工织物应平整无褶皱，宜采用人工方式拉紧，必要时可采用插钉固定于基层表面。

④ 土工织物拼接。用于隔离层的土工织物，可采用搭接或缝接的方式相连接，搭接宽度不应小于30cm。

⑤ 填料的摊铺与碾压。土工织物铺设后应及时摊铺填料覆盖，间隔时间不应超过48h。填料应分层摊铺并分层压实，压实度按设计要求控制。第一层填料应采用轻型推土机摊铺，采用人工夯实，禁止一切车辆直接在土工织物上行驶。

复习思考题

1. 简述土工合成材料在工程中的隔离作用和作用原理。

2. 某公路面层由沥青混凝土与沥青碎石层组成，厚度为16cm，平均重度20.5kN/m³；基层为二灰碎石，厚度28cm，重度21kN/m³，底基层为二灰土，厚20cm，重度19.8kN/m³；隔离用土工织物位于路基的顶面。试求轴载和筑路材料自重在土工织物上产生的压力（车辆后轴每边有两个单轮，标准轴载为100kN，轮胎压力为500kPa）。

3. 习题2中土质路基的高度为2.8m，重度为17.8kN/m³，其下布置无纺织物和天然地基隔离，在织物上铺设了一层平均粒径为20mm的圆角碎石，其下铺设土工织物与地基土隔离，土工织物抗拉强度为18kN/m。土工织物下面地基土的黏聚力为30kPa，内摩擦角为10°。试校核土工织物抗顶破的安全性。

4. 习题2中沥青碎石的平均粒径为40mm，轮胎压力的设计值为500kPa，其下隔离用土工织物的胀破强度1600kPa，握持强度420N，刺破强度160N，试校核织物抗胀破、握持破坏和刺破的安全系数。

5. 在洒布乳化沥青的基层顶面布置一层玻璃纤维格栅，其上为沥青面层，试简述施工步骤，如用无纺织物代替玻璃纤维格栅，施工步骤有何变化。

6. 简述有砟轨道铁路基床发生翻浆冒泥病害的原因和隔离措施及其作用。

7. 简述土工织物在铁路路基工程建设中起到隔离作用的方式。

参 考 文 献

［1］　包承纲. 堤防工程土工合成材料应用技术［M］. 北京：中国水利水电出版社，1999.

［2］　周志刚，郑健龙. 公路土工合成材料设计原理及工程应用［M］. 北京：人民交通出版社，2001.

［3］　黄晓明，朱湘. 公路土工合成材料应用原理［M］. 北京：人民交通出版社，2001.

［4］　中华人民共和国水利部. 土工合成材料测试规程 SL 235—2012［S］. 北京：中国水利水电出版社，2012.

［5］　刘宗耀，杨灿文，王正宏，陈环. 土工合成材料工程应用手册［M］. 北京：中国建筑工业出版社，2000.

［6］　中华人民共和国住房和城乡建设部. 土工合成材料应用技术规范 GB/T 50290—2014［S］. 北京：中国计划出版社，2014.

［7］　陆士强，王钊，等. 土工合成材料应用原理［M］. 北京：中国水利电力出版社，1994.

［8］　Koerner, Robert M. Emerging and Future Developments of Selected Geosynthetic Applications［J］. Journal of Geotechnical & Geoenvironmental Engineering, 2000, 126（4）：293-306.

［9］　Narejo D B. Opening size recommendations for separation geotextiles used in pavements［J］. Geotextiles & Geomembranes, 2003, 21（4）：257-264.

［10］　中华人民共和国交通运输部. 公路土工合成材料应用技术规范 JTG/T D32—2012［S］. 北京：人民交通出版社，2012.

第4章　排水与反滤

4.1　反滤和排水概述

　　土体中有渗流时，常伴随产生渗透变形，例如管涌和流土。这在堤坝和基坑开挖中应予以重视，一方面可以通过防渗、降水或增长渗径的方法来减小水力梯度，另一方面让渗流顺利通过并在出口处设反滤层防止土粒流失，这类情况包括软土地基的排水固结和其他地下排水设施。土工合成材料的不同产品具有良好的排水与反滤（渗滤或过滤）功能，因此可以代替传统的砂、砾料建成排水和滤层结构体。当土工织物与土体相接触并存在着渗流时，土工织物的排水和反滤作用是同时存在、不可分割的两种作用。水从土体中渗出并流入土工织物时，土工织物既要畅通地排除入渗的水量，又要保护土体不至于产生有害的渗透变形。因此，排水和反滤又经常是矛盾的，例如对于滤层的孔径来说，就排水而言希望孔径大一点好，但就反滤而言则可能希望它小一些更合适。本章将对这两种作用分别加以叙述。

　　实际工程中常采用无纺织物，因无纺织物既能沿织物平面在其内部排水，又能在垂直于平面的方向反滤，因此它能更好地兼顾排水和反滤两种作用。有时为了兼顾其他作用，也会采用有纺织物。当排水能力要求高时，可用土工复合排水材料，例如塑料排水带、排水网、软式排水管和土工织物包裹塑料丝囊等材料和结构，如图4-1~图4-4所示。

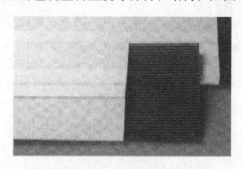

图4-1　塑料排水带

图4-2　排水网

图4-3 无纺织物包裹排水丝囊

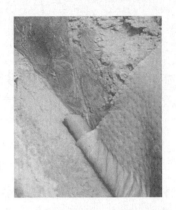

图4-4 控制地下水位排水系统

4.2 反 滤

4.2.1 土工织物反滤机理

目前工程上对反滤材料的要求是允许被保护土层中的部分细土粒进入或者流出反滤材料，但土层骨架不被破坏。只要骨架不受扰动，土层就能保持渗流作用下的稳定性。天然土层中的土粒之间形成了许多大小不一的孔隙，一类是无黏性土在大的渗透力作用下土中的颗粒不能从土层中被带走，另一类是在水流作用下可以把土层的一部分细土粒带走。现在着重讨论后一种情况，下述是目前对土工织物反滤机理的一般理解。其认为土工织物有适当大的孔径，一方面允许土中一部分细粒进入织物，另一方面其孔径的大小又不足以让构成土层骨架的较大土粒进入织物，因而保证了土层骨架的稳定性。在土工织物表面形成薄薄的一层由较粗土粒组成的拱架，又称为天然滤层，阻碍了细粒土进一步移动，但在

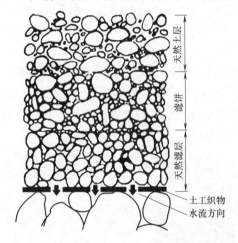

图4-5 天然滤层的示意图

天然滤层的上游侧会产生一层由于细粒土被阻挡而形成一层透水性较小的滤饼（图4-5）。在某土工织物保护粉细砂的反滤试验中，在渗流稳定维持一段时间后实测了土工织物上方被保护砂土中细粒土的含量，其分布列于表4-1中。这一结果很好地说明了图4-5中的分区是客观存在的。

细粒土的含量变化（%）   表4-1

粒组（mm）	天然砂	织物上方1cm处	织物上方7cm处
<0.006	9.72	3.69	10.35

当土工织物与土相接触时，土粒在重力作用下一般是不会进入土工织物的。土粒之所以能产生移动并进入土工织物，是因为水流渗透力的作用。如果土粒之间有着黏聚力或土粒之间传递着应力，则土粒之间有着摩擦力，这样只有较大的渗透力才能使得土粒产生相

对位移。所以对黏性土来说，产生渗透变形是较不容易的。根据目前土力学的概念，土体受荷时（外荷或土层自重）应力传播并不是均匀分布到各土粒的，而是按照应力枝传递的，应力枝经过的土粒（或土团）为受荷的骨架，而在应力枝内包含的土粒则基本上不受力，那些不受力且粒径远小于骨架孔隙的限制孔径的细粒称为自由土粒，它们容易在渗透力的推动下在骨架的孔隙中移动。对骨架土粒是均匀的土来说，不受力的土粒约占土重的30%以下，对骨架土粒是不均匀的土则约为20%以下。当然自由土粒的比例还与土体的级配、密度、受力大小和渗透力的大小有关。

在土粒与土工织物的接触面处水力梯度较大，在水流作用下该处的自由土粒会很快被水冲动，并通过织物孔隙带走或滞留在织物孔隙中。这并不影响土层的稳定性，这种冲蚀过程随着时间逐步地向远离土工织物方向的土层中发展，直到达到一个平衡状态为止。可见土工织物起到一种产生天然滤层的媒介作用。

为了定量分析粗粒天然滤层是否能形成，在各种设计规定中常用被保护土的粗粒的粒径作为其代表值，如 d_{90}、d_{85} 等，但也有用平均粒径 d_{50} 的。对土工织物来说，显然要控制其最大的孔径，如 O_{95}、O_{90} 等，使土粒不能穿过。理论上，如果土粒的尺寸稍小于土工织物的孔径，土粒就可通过织物。但实际上土粒不是单独存在的，而是许多土粒形成一定的结构排列而存在的。当土粒进入土工织物时，如果土层形成了拱架，则其他土粒不会产生位移，不会形成连续的通过状态。试验结果表明，当土粒粒径只为孔径的 1/4~1/3 时仍然会在漏过一些土粒之后形成拱架，土粒不再产生位移。实际规定应偏于安全，即规定孔径与土粒粒径的比值在 1~2 之间，则可确保土层的渗流稳定性。

土工织物滤层的淤堵问题也是工程界十分关心的，是涉及土工织物能否长期使用的大问题。学者们对淤堵有着不同的定义和理解，有着重从土工织物渗透系数的变化或与土的渗透系数的对比等来考虑问题的，但比较合适的做法是把土工织物与相邻土层（在反滤过程中其渗流性能有较大变化的部位）作为一个整体考虑，研究其透水能力的变化，如果其透水能力不断地减少，直到不能满足工程上的要求，则称为淤堵现象。淤堵从其产生的原因或机理来说可以分为三种类型：

（1）机械淤堵：是指水流带动的细粒在反滤体（土工织物和相邻土层）中沉积下来，严重地减少了反滤体的透水能力。

（2）化学淤堵：是指在化学作用下把水中的离子变为沉淀物堵塞透水通道。例如，含有的铁离子化合成为不溶于水的氧化铁。

（3）生物淤堵：是指土工织物的表面和内部有些微生物（细菌、真菌等）栖身繁殖，阻碍了水的流通。

本节中只论述与机械淤堵有关的问题。机械淤堵又可以分为三种情况：

（1）淤塞（clogging）：是指土粒淤堵在土工织物的内部减少其透水面积，在较厚的无纺织物中、在较长的通道中存在着瓶颈状的窄小的过水断面，其淤塞可能性更大。

（2）淤阻（blocking）：是指土粒与织物表层的孔径相差不大，容易堵塞进水通道的进口，减少了过水的面积。这种情况是不可避免的，情况严重时才认为是产生淤阻。

（3）淤闭（blinding）：是指细土粒可以在土层中被水冲动，在天然滤层上游侧形成一层相对不透水的滤饼，它严重影响透水时就为淤闭现象。

上述三种淤堵的情况不是截然分开的，它们可以同时存在起到一个综合的淤堵效应，但通常是以某一种情况为主。

4.2.2 土工织物的孔径

（1）孔径的定义

土工合成材料的透水性、导水性和保持性都与其孔隙通道的大小和数量有关。土工织物孔隙的大小通常以孔径（符号 O）代表，单位为"mm"。土工织物的孔径是很不均匀的，不但不同规格的产品其孔径各不相同，而且同一种织物中也存在着大小不等的孔隙通道。同时孔隙的大小随织物承受的压力而变化，因而孔径只是一个人为规定的反映织物通道大小的代表性指标。现已提出的一些表示孔径的方法有：有效孔径 O_e（Effective Pore Size），其有效地反映织物的滤层性质，即阻止土颗粒通过的粒径；1972 年 Calhaun 提出等效孔径（Equivalent Opening Size，简称 EOS），其含义相当于织物的表观最大孔径，也就是能通过土颗粒的最大粒径，这与美国陆军工程师团提出的表观孔径（Apparent Opening Size，简称 AOS）一致。不同的标准对 EOS（或 AOS）的规定有所差别，例如美国 ASTM 取 O_{95} 为 EOS，即用已知粒径的玻璃微珠在土工织物上过筛，如果仅有 5% 质量的颗粒通过织物，则该粒径即为 O_{95}。

（2）测试方法的选择

测定土工合成材料孔径的方法有直接法和间接法两种。直接法有显微镜测读和投影放大测读法，间接法包括干筛法、湿筛法、动力水筛法、水银压入法和渗透法等。其中对干筛法已积累了较多的经验，且操作简便，可以利用土工试验室已有的仪器设备，在确定 EOS 时，一般误差在允许范围内，故虽然还存在一些问题，但仍被广泛采用。该方法既适用于无纺织物，也可用于有纺织物。对孔隙尺寸较大的土工合成材料，如有纺织物和土工网，当孔隙形状比较规则时，可以考虑采用显微镜测读法，该法直观、可靠，直接给出孔隙的数量和大小，然而测读的范围较小（一般取 25.4mm×25.4mm 的试样），故代表性较差，且工作量大（1 平方英寸范围内约有 200 个孔）。

湿筛法和动力水筛法可以消除振筛时的静电吸附现象。湿筛法与干筛法基本相似，只是在筛分过程中把水喷洒在织物试样和标准砂上，最后量测通过试样的烘干砂粒的质量 M_p。动力水筛法是靠水在织物中流动的渗透力带动砂粒通过织物。在试验中水流不断地反复流动，但以某方向为主，如图 4-6 所示。四个过滤框保持铅直状态随着主轴旋转，不断浸入水中，再离开水面。共延续 20 小时以上，经过 2000 次水上、水下循环，测定通过织物集于水槽中的砂粒质量 M_p。动力水筛法的优点是试验条件比较接近于织物滤层的实际工作条件，缺点是耗时太长，且操作复杂。

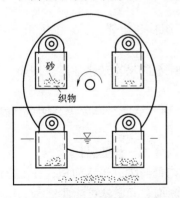

图 4-6　动力水筛法装置（引自王钊、
　　　　　陆士强，1990）

应力对织物孔径有很大影响。当织物受到沿织物平面的拉力或法向压力作用时，织物的孔径将会发生变化。目前尚无较好的方法测定应力对孔径的影响，一种间接的方法是根据织物厚度的变化推求孔径的变化，但在现阶段仍采用无压情况下测得的孔径作为土工织物滤层设计的依据，并根据大量工程中受压织物滤层应用的经验来建立相应的准则。

4.2.3 反滤准则

反滤过程是很复杂的发展过程。土工织物在工程特定的情况下能否长时间正常工作，最可靠的检验方法是进行相应的试验。试验时应尽量使得试验条件与实际接近。例如土样最好是原状的。天然无黏性土在扰动后表现为无黏性，但在天然状态下土粒之间多少都有一定的胶结作用，它对土层的抗渗透变形能力影响很大。又如土工织物和被保护土层承受的荷载和水流的水力坡降等都对土工织物的反滤特性有一定影响，进行试验时需要加以考虑。但是，反滤试验是一种较为复杂和很花时间的试验，所以国内外许多研究者根据大量试验和原理分析，建立基于较易测量参数（例如土的级配、土工织物孔径、渗透系数和水力梯度）的保土准则、透水准则和防淤堵准则。

本节首先介绍目前应用较为广泛的美国联邦公路管理局（FHWA）的设计规范，它主要依据美国陆军工程师团的指导准则；然后，介绍对土工织物有丰富应用经验的其他国家有关部门所采用的准则。

4.2.3.1 FHWA设计规范

（1）保土准则

$$O_{95} \leqslant nd_{85} \tag{4-1}$$

式中　O_{95}——土工织物的等效孔径，mm；

　　　d_{85}——被保护土的特征粒径，mm；

　　　n——与被保护土类型、级配、织物品种和水流条件有关的系数，取值标准如下：

① 在单向流条件下，保守设计时（例如重要工程的滤层），取 $n=1$；非保守设计时，n 可参照表4-2取值。

系数 n 的取值 表4-2

被保护土的细粒 （$d \leqslant 0.075$mm）含量（%）	土的不均匀系数或土工织物品种	n 值	说明
≥50 （即 $d_{50} \geqslant 0.075$mm）	$2 \geqslant C_u$ 或 $C_u > 8$	1	$C_u = \dfrac{d_{60}}{d_{10}}$
	$2 < C_u \leqslant 4$	$0.5C_u$	
	$4 < C_u < 8$	$8/C_u$	
<50 （即 $d_{50} < 0.075$mm）	有纺织物　$O_{95} \leqslant 0.3$mm	1	
	无纺织物	1.8	

② 在双向流条件下，从织物流向被保护土的水妨碍天然滤层的形成，这时应取 $n=0.5$。

③ 对于内部不稳定土，应通过反滤试验来选择合适的土工织物。

（2）透水准则

为了确保水流能顺利通过土工织物，一般认为，土工织物的渗透系数应大于土的渗透系数，而且由于土工织物不可避免地要产生一定程度的淤堵，导致渗透系数大幅度地下降，因而要求土工织物未淤堵前的渗透系数要大于土的渗透系数的若干倍，即要求：

$$k_g > \lambda_p k_s \tag{4-2}$$

式中　k_g——土工织物的渗透系数，cm/s；

　　　k_s——土的渗透系数，cm/s；

　　　λ_p——无因次系数，在次重要工程中或当过滤条件好时取1，在重要工程中或当反滤条件差时取10，在防汛抢险、治理管涌的情况，应取更大值。

还可以通过透水率ψ来判断织物是否满足透水要求，即通过将织物的允许透水率ψ_a和各种现场条件所需要的透水率ψ_r进行比较，得出一个透水安全系数，该安全系数值的大小就反映了透水安全性的好坏。该评价方法的优点在于它与现场条件联系较紧，能较好地反映不同工程的要求，缺点在于目前对最小安全系数值的取值尚无统一认识。

（3）防淤堵准则

① 对于次重要工程或反滤条件较好，当$C_u > 3$时，$O_{95} \geqslant 3d_{15}$；当$C_u \leqslant 3$时，可以选取满足保土性要求的最大O_{95}值。

O_{95}只反映了孔径的大小，而不能体现孔隙数量的多少，因此还应要求：对无纺织物要求孔隙率$n \geqslant 50\%$；对单丝或裂膜丝有纺织物要求开孔面积比$POA \geqslant 4\%$。

大多数的无纺织物孔隙率大于70%，能满足要求；大多数的单丝有纺织物也能满足开孔比的要求；而有纺裂膜织物一般不满足开孔比要求，因此不推荐使用。

② 对于重要工程或反滤条件差，当$k_s \geqslant 10^{-5}$cm/s时，要求梯度比$GR \leqslant 3$；当$k_s < 10^{-5}$cm/s时，应以现场土料进行长期淤堵试验，观察其淤堵情况。

4.2.3.2 中国《水运工程土工合成材料应用技术规范》JTS/T 148—2020

（1）保土准则

在静荷载和单向渗流条件下，非黏性土应满足式（4-3）的要求：

$$O_{95} < d_{85} \tag{4-3}$$

黏性土应满足式（4-4）的要求：

$$O_{95} < 0.21 \tag{4-4}$$

式中　O_{95}——土工织物的等效孔径，mm；

　　　d_{85}——被保护土的特征粒径，mm。

在静荷载和双向流条件下，当$d_{40} < 0.06$mm时，应满足式（4-5）的要求：

$$O_{95} < 1.3d_{90} \tag{4-5}$$

当$d_{40} \geqslant 0.06$mm时，应满足式（4-6）、式（4-7）或式（4-8）的要求：

$$O_{95} < 2d_{10}\sqrt{C_u} \tag{4-6}$$

$$O_{95} < 1.3d_{50} \tag{4-7}$$

$$O_{95} < 0.67\text{mm} \tag{4-8}$$

式中　　　　O_{95}——土工织物的等效孔径，mm；

　　　　　　C_u——土颗粒不均匀系数，$C_u = \dfrac{d_{60}}{d_{10}}$；

d_{10}、d_{40}、d_{50}、d_{60}、d_{90}——被保护土的特征粒径，mm。

（2）透水准则

土工织物的透水性能应满足式（4-9）或式（4-10）的要求：

$$O_{90} > d_{15} \tag{4-9}$$

$$k_g \geqslant \lambda_p k_s \tag{4-10}$$

式中　O_{90}——土工织物的等效孔径，mm；

　　　d_{15}——土的特征粒径，mm；

　　　k_g——土工织物的渗透系数，m/s；

　　　k_s——土的渗透系数，m/s；

　　　λ_p——系数，黏性土取10~100，砂性土取5~10。

（3）防淤堵准则

当土体级配良好，水力梯度低、流态稳定时，等效孔径应满足式（4-11）的要求：

$$O_{95} \geq 3d_{15} \tag{4-11}$$

式中　O_{95}——土工织物的等效孔径，mm；

　　　d_{15}——土的特征粒径，mm。

当土体易发生管涌或具分散性、水力梯度高、流态复杂且土的渗透系数不小于 10^{-7}m/s 时，应以现场土料和拟选土工织物进行淤堵试验，得到的梯度比不应大于3；当土的渗透系数小于 10^{-7}m/s 时，应进行室内的长期淤堵性试验，验证其防淤堵有效性。

【例4-1】　一路堤的底部有一层粗粒材料排水层，在密实填土（非黏性土）与排水层之间采用土工织物作为反滤材料。预计水力坡降小于5。土料的级配见表4-3。在单向水流条件下，试用上述准则判别表4-4中4种土工织物是否符合保土准则。

土料级配　　　　　　　　　　　　　　　　表4-3

特征粒径	d_{10}	d_{15}	d_{20}	d_{30}	d_{40}	d_{50}
粒径(mm)	0.02	0.024	0.03	0.046	0.061	0.08
特征粒径	d_{60}	d_{70}	d_{80}	d_{85}	d_{90}	d_{95}
粒径(mm)	0.10	0.14	0.18	0.21	0.29	0.39

土工织物特征表　　　　　　　　　　　　　表4-4

土工织物	质量(g/m²)	特征孔径(mm)	
		O_{95}	O_{90}
A(无纺)	210	0.294	0.215
B(无纺)	270	0.180	0.150
C(有纺)	90	0.240	0.220
D(有纺)	240	0.520	0.470

【解】

（1）美国FWHA准则

由于 $d_{50}>0.074$mm，且 $4 < C_u = \dfrac{0.10}{0.02} = 5 < 8$

则 $n = \dfrac{8}{C_u} = 1.6$，$O_{95} \leq nd_{85} = 1.6 \times 0.21\text{mm} = 0.336\text{mm}$

故A、B、C符合。

（2）中国《水运工程土工合成材料应用技术规范》JTS/T 148—2020

单向水流，被保护土为非黏性土，所以应满足式（4-3）的要求：

$$O_{95} < d_{85} = 0.21\text{mm}$$

故B符合。

4.2.4　反滤应用

土工织物作为反滤层应用于所有与土接触的排水系统中，如前面排水应用中介绍的地基固结排水、挡土墙墙背排水、路基排水和垃圾填埋场的排水等。除此之外，还用于与水接触的一些工程中，例如侵蚀控制结构和堤坝背水坡的贴坡排水等。下面举三个典型应用实例加以说明。

（1）挡土墙墙背排水

墙背排水分为两种情况：一种是通过砂砾层排水，另一种是挡土墙自排水，例如石笼墙面。土工织物反滤层可防止排水砂砾层被淤堵，或防止墙后的土通过石笼墙面的开孔进入或穿出墙体。

（2）侵蚀控制结构

土工织物用于侵蚀控制结构，如护岸工程中，在块石或预制混凝土块与被保护土坡之间铺设织物滤层。如果使用的是现浇混凝土板（或模袋混凝土）护坡，织物的大部分面积都被混凝土板直接覆盖，土坡中孔隙水的排出就很困难。曾发生因过大的孔隙水压力将混凝土板顶起，造成破坏。因此在这种情况下，应在混凝土板分缝下增铺砂垫层或土工网排水条。是否在混凝土板上增设排水滤点？这是一个有争议问题。只有被保护土坡中的地下水位总是高于坡外水位时，才应增设排水滤点，否则，增设排水滤点破坏了混凝土板的防渗性，当坡外水位较高时，水渗入坡内，抬高了地下水位，到了坡内水位较高时，水又来不及渗出（特别是一些无砂混凝土滤点，渗透系数不确定且较小），在混凝土板下产生扬压力，更糟的是如果板下有砂垫层扩大了扬压力的作用面积，可能引起大面积顶起破坏（王钊，2000）。

（3）堤坝背水坡的贴坡排水

土工织物铺设在背水坡渗流出逸的范围，以防土粒流失。在织物上也有块石或预制混凝土块覆盖层。在渗漏量较大的情况下，渗水不能全部通过织物排出，而是沿背水坡面在织物下面向下流动，因渗流被掩盖而更显其严重性。可以从两方面入手解决问题：一是研制透水性更大的土工织物或替代材料；二是建立放宽孔径要求的更合适的反滤准则。而设计中应重视渗流的计算，并对土工织物的透水率进行验算。

4.3 排 水

4.3.1 排水基本概念

为了将土体中的水排出，降低并控制水流渗出的位置，工程中往往需要在土体中或其边沿位置设置一些排水结构，其主要目的在于增加土体的稳定性。例如坝体内的竖式排水体和公路边的排水盲沟。过去的排水材料一般采用无黏性的砂石料，现在可以用土工合成材料来代替或两者结合使用。因为土工合成材料与传统的排水材料相比有其优越性，如性能更好（包括质量上的保证），价格更低和运输、施工方便等。在进行土工合成材料的排水设计前，应对其排水和渗透性能有所了解。

土工织物用作排水材料时，水在织物内部沿织物平面方向流动。土工织物在内部孔隙中输导水流的性能用沿织物平面的渗透系数或导水率表示。

沿织物平面的渗透系数定义为水力坡降等于1时的渗透流速，即：

$$k_t = \frac{v}{i} = \frac{vL}{\Delta h} \tag{4-12}$$

式中 k_t——沿织物平面的渗透系数，cm/s；

v——沿织物平面的渗透流速，cm/s；

i——渗透水力坡降；

L——织物试样沿渗流方向的长度，cm；

Δh——L 长度两端测压管水位差，cm。

渗透流速 v 根据在一定时间内的输导水量，用下式计算：

$$v = \frac{Q}{tB\delta}$$

(4-13)

式中　Q——t 时间内沿织物平面输导的水量，cm³；

　　　t——测定输导水量的时间，s；

　　　B——试样宽度，cm；

　　　δ——试样厚度，cm。

土工织物输导水流的特性还可以用导水率表示。导水率等于沿织物平面的渗透系数与织物厚度的乘积，即：

$$\theta = k_{t} \cdot \delta$$

(4-14)

式中　θ——导水率，cm² / s。

将式（4-12）和式（4-13）代入式（4-14），可以推导出：

$$\theta = \frac{q}{iB}$$

(4-15)

式中　q——沿织物平面输导水流的流量，cm³ / s。

因此，导水率是水力坡降等于1时，单位宽度织物沿织物平面输导的流量。

土工织物的导水率和沿织物平面的渗透系数与织物的原材料、织物的结构有关。此外，还与织物平面的法向压力、水流状态、水流方向与织物经纬向夹角、水的含气量和水的温度等因素有关。

4.3.2　排水特性参数及其影响因素

（1）排水特性参数

土工合成材料本身有着良好的排水性能，在进行排水计算和选用土工合成材料时首先要知道它们的渗透性能及其相应的指标。它们是垂直于织物平面的渗透系数 k_{n}、透水率 ψ，平行于织物平面的渗透系数 k_{t} 和导水率 θ。渗透系数 k_{n} 和 k_{t} 的定义和常用土的渗透系数相同，因而具有可比性，但在实际计算中不便应用。排水设计中主要是计算排水量，下列公式分别给出垂直于织物平面（透水性）和平行于织物平面在织物内部（导水性）两种渗流条件下流量的计算公式。

垂直织物平面：

$$q = k_{n} \cdot \frac{\Delta h_{gn}}{\delta} \cdot A$$

(4-16)

$$q = \psi \Delta h_{gn} A$$

(4-17)

$$\psi = \frac{k_{n}}{\delta}$$

(4-18)

平行织物平面：

$$q = k_{t} \cdot \delta \cdot \frac{\Delta h_{gt}}{L_{g}} \cdot B$$

(4-19)

$$q = \theta \frac{\Delta h_{gt}}{L_{g}} B$$

(4-20)

$$\theta = k_t \delta \qquad (4\text{-}21)$$

式中 q——排水流量，m^3 / s；

   ψ——土工织物的透水率，$1/s$；

   θ——土工织物的导水率，m^2 / s；

k_n、k_t——分别为垂直和平行于织物平面的渗透系数，m / s；

Δh_{gt}——沿土工织物表面的上游和下游计算点的水头差，m；

   δ——土工织物的厚度，m；

L_g——沿土工织物表面上游和下游计算点间的距离，m；

Δh_{gn}——土工织物上游面和下游面的水头差，m；

   A——垂直于渗流方向的土工织物渗水面积，m^2；

   B——垂直于导水方向的土工织物的导水宽度，m。

（2）排水能力的影响因素

① 厚度

式（4-16）和式（4-19）中都涉及织物的厚度 δ。δ 是一个很不容易确定的量，因为它和所受的压力有关，随着压力的增大而减小，其变化幅度大且不易确定。若引进透水率 ψ 和导水率 θ，则无论在试验室确定这两个指标或在排水计算中，都可以避开土工织物的厚度 δ（式4-17和式4-20），因而能提高计算上的精度。另外，土工织物的 k_n、k_t 和 δ 均与其透水能力有关，由这两者组合而得的 ψ 和 θ 更能反映它的透水能力。水是通过土工织物中的孔隙流动的，所有影响土工织物中孔隙的大小和分布的因素都将影响土工织物的透水能力。例如，土工织物的纤维粗细及其密度（如单位面积的质量）就直接影响制成时织物孔隙的大小和分布情况，因而影响它的透水能力。土工织物的孔隙大小和分布情况不是一成不变的，在实际应用中它随受到的垂直于织物平面的压力的变化而变化，从而其透水能力也会随之改变。

② 流态

式（4-16）和式（4-19）假定了水流流态为层流，即达西定律 $v = ki$ 成立。当采用土工织物排水时，该假定一般来说是正确的，但如果所采用的土工织物很厚且水头很高时，流态则可能是紊流或介于两种流态间的过渡阶段，即 $v = ki^n$，当 $n=1$ 时为层流，当 $n=0.5$ 时为紊流。Sluys 曾做了39种土工织物的试验，得到 n 的平均值为0.7（Sluys，1987）。同样地，对于土工网排水和土工复合材料排水的情况，水流流态一般也都是紊流。采用式（4-17）和式（4-20）避开了流态的影响，这是采用透水率 ψ 和导水率 θ 描述土工合成材料的排水能力并进行设计的另一个原因。

③ 压力

土工合成材料的排水能力还与作用于其上的压力有关：随着压力的增加，排水能力逐渐下降。对于土工织物，压力的影响尤其明显，图4-7中给出两种无纺织物的透水率和导水率随正应力变化的曲线。A 试样是聚酯针刺、质量为270g / m^2 的无纺织物；B 试样是聚丙烯热粘、质量为200g / m^2 的无纺织物。

从图4-7中可以看到，小压力范围透水率改变大一些，同时导水率的改变值又比透水率的大一些。当压力达到50kPa时，土工织物的渗透系数与无压时相比减小一半左右；当压力达到300kPa时，渗透系数为无压力时的1/6左右。塑料排水带和排水网的排水能力受压力的影响比土工织物要小，主要表现在排水网截面的压缩和外包织物压入排水网的孔隙中。

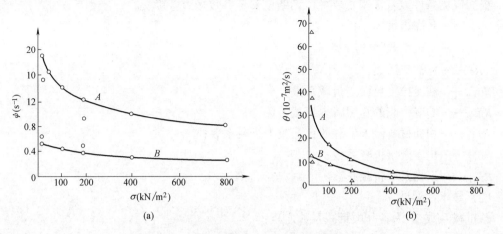

图4-7　两种织物排水性能与压力的关系

④ 淤堵

土工织物作为反滤材料，在被使用初期，人们所关心的问题是能否起到挡土的作用，但随后即要考虑淤堵问题了。土工织物的渗透性能不是随时间的延续而固定不变的，通常的渗透试验只是对织物本身透水性能的检验，除了由于试验条件不够理想而引起织物透水性能波动外，更重要的是土工织物与土体相接触时必然产生淤堵现象，一些土粒滞留在织物中会引起土工织物的渗透能力下降，而与土工织物相邻的上游土层因细小颗粒流失，渗透能力却在逐渐增加，这一特殊的织物反滤层的渗透性能才是设计计算中所应当采用的参数。土工合成材料的工程性能必须与土联系在一起，在实际工作条件下进行测定，才能得到较符合实际的结果。

4.3.3　排水设计

在排水设计中，与允许抗拉强度确定的方法相似，也采用折减系数（Reduction Factor，简称 RF）来反映现场工作条件对土工合成材料排水能力的影响。将实验室测得的透水率和导水率除以折减系数得到允许值，而允许值除以工程要求的透水率或导水率即为透水或导水设计的安全系数。

（1）透水性设计

总折减系数 RF 为各分项折减系数之积：

$$RF = RF_{SCB} \times RF_{CR} \times RF_{IN} \times RF_{CC} \times RF_{BC} \tag{4-22}$$

允许透水率 ψ_a 为：

$$\psi_a = \frac{\psi_u}{RF} \tag{4-23}$$

根据现场实际情况计算要求的渗流量 q_r，按式（4-24）计算需要的透水率 ψ_r：

$$\psi_r = \frac{q_r}{\Delta hA} \tag{4-24}$$

比较 ψ_a 和 ψ_r，得透水安全系数为：

$$F_s = \frac{\psi_a}{\psi_r} \qquad (4-25)$$

根据现场条件以及工程重要性，判断该安全系数是否可接受。

式中　ψ_a——允许透水率，s^{-1}；

　　　ψ_u——实验室测得的透水率，s^{-1}；

　　　RF——总折减系数；

　　RF_{SCB}——被保护土粒淤堵折减系数；

　　RF_{CR}——蠕变引起的孔隙减少折减系数；

　　RF_{IN}——相邻材料侵入引起的孔隙减少折减系数；

　　RF_{CC}——化学淤堵折减系数；

　　RF_{BC}——生物淤堵折减系数。

（2）导水性设计

总折减系数 RF 为各分项折减系数之积：

$$RF = RF_{CR} \times RF_{IN} \times RF_{CC} \times RF_{BC} \qquad (4-26)$$

允许导水率 θ_a 为：

$$\theta_a = \frac{\theta_u}{RF} \qquad (4-27)$$

根据现场实际情况计算要求的排水量 q_r，按式（4-28）计算需要的导水率 θ_r：

$$\theta_r = \frac{q_r L_g}{\Delta h_{gt} B} \qquad (4-28)$$

比较 θ_a 和 θ_r，得导水安全系数：

$$F_s = \frac{\theta_a}{\theta_r} \qquad (4-29)$$

式中　θ_u——实验室测得的导水率，m^2/s。

由式（4-28）可见 θ_r 是单位水力梯度和单位宽度排水材料的要求排水量，故式（4-27）~式（4-29）是针对平面状的土工织物、土工网和土工复合排水材料的，对条带状的土工复合排水材料（例如塑料排水带），宽度一定，就不一定用导水率，可直接用通水量来描述排水能力，须将式（4-27）和式（4-29）改写为：

$$q_a = \frac{q_u}{RF} \qquad (4-30)$$

$$F_s = \frac{q_a}{q_r} \qquad (4-31)$$

式中　q_u——实验室测得的产品通水量，m^3/a；

　　　q_a——允许通水量，m^3/a（$1m^3/a=3.17\times10^{-2}cm^3/s$）；

　　　q_r——工程要求的排水量，m^3/a。

根据现场条件以及工程重要性，判断该安全系数是否可接受。

因土工织物的导水性较差，多用作透水材料，表4-5给出土工织物在各种工程应用中的透水率折减系数，表4-6和表4-7分别给出土工网和土工复合排水材料在各种工程应用中的导水率折减系数。

土工织物透水率折减系数（引自 Koerner，1998）　　　表4-5

应用类型	折减系数取值范围				
	RF_{SCB}^*	RF_{CR}	RF_{IN}	RF_{CC}^+	RF_{BC}
挡土墙滤层	2.0~4.0	1.5~2.0	1.0~1.2	1.0~1.2	1.0~1.3
地下排水滤层	5.0~10	1.0~1.5	1.0~1.2	1.2~1.5	2.0~4.0
侵蚀控制滤层	2.0~10	1.0~1.5	1.0~1.2	1.0~1.2	2.0~4.0
填土滤层	5.0~10	1.5~2.0	1.0~1.2	1.2~1.5	5~10$^\$$
重力排水	2.0~4.0	2.0~3.0	1.0~1.2	1.2~1.5	1.2~1.5
压力排水	2.0~3.0	2.0~3.0	1.0~1.2	1.1~1.3	1.1~1.3

注：* 如果抛石或混凝土块覆盖了织物表面，应取该项折减系数的上限值；

　　+ 特别对碱性地下水，该项值可以取得更大一些。

土工网导水率折减系数（引自 Koerner，1998）　　　表4-6

应用类型	RF_{IN}	RF_{CR}^*	RF_{CC}	RF_{BC}
体育场	1.0~1.2	1.0~1.5	1.0~1.2	1.1~1.3
毛细水阻断	1.1~1.3	1.0~1.2	1.1~1.5	1.1~1.3
屋面和广场的盖板	1.2~1.4	1.0~1.2	1.0~1.2	1.1~1.3
挡土墙、渗水岩石和土坡	1.3~1.5	1.2~1.4	1.1~1.5	1.0~1.5
排水毡	1.3~1.5	1.2~1.4	1.0~1.2	1.0~1.2
填埋场覆盖层排除地表渗透水	1.3~1.5	1.1~1.4	1.0~1.2	1.2~1.5
填埋场沥滤液收集	1.5~2.0	1.4~2.0	1.5~2.0	1.5~2.0

注：* 这些值对土工网制造中所使用的树脂的密度很敏感，密度越大，折减系数越小，包裹用土工织物的蠕变应有产品说明。

土工复合排水材料导水率折减系数（引自 Koerner，1998）　　　表4-7

运用领域	RF_{IN}	RF_{CR}^*	RF_{CC}	RF_{BC}
体育场	1.0~1.2	1.0~1.2	1.0~1.2	1.1~1.3
毛细水阻断	1.1~1.3	1.0~1.2	1.1~1.5	1.1~1.3
屋面和广场的覆盖层	1.2~1.4	1.0~1.2	1.0~1.2	1.1~1.3
挡土墙、透水岩石和土坡	1.3~1.5	1.2~1.4	1.1~1.5	1.0~1.5
排水毡	1.3~1.5	1.2~1.4	1.0~1.2	1.0~1.2
填埋场覆盖层排除地表水	1.3~1.5	1.2~1.4	1.0~1.2	1.2~1.5
填埋场沥滤液收集	1.5~2.0	1.4~2.0	1.5~2.0	1.5~2.0
软基竖向排水$^\$$	1.5~2.5	1.0~2.5	1.0~1.2	1.0~1.2
公路路边排水	1.2~1.8	1.5~3.0	1.1~5.0	1.0~1.2

注：* 表中值假定试验结果是在近似1.5倍的现场最大压力值的条件下获得的，如果不是的话，该项折减系数值应提高；

　　$\$$ 对于混浊或微生物含量超过5000mg/L的情况，可以取更大值。

4.3.4　排水应用

4.3.4.1　挡土墙和防渗心墙后的排水

这里主要介绍挡土墙墙背的排水和坝体内的排水，并比较土工织物、土工网和土工复合排水材料的排水能力（Koerner，1998）。

（1）墙背的排水

用例题来说明排水体的设计过程。

【例4-2】 有一个8m高的混凝土悬臂挡土墙，墙后回填土为粉质黏土，其容重为18kN/m³，渗透系数$k=4.5\times10^{-6}$m/s，有效内摩擦角为22°，墙后地下水位与填土面平，拟用土工织物、土工网和土工复合排水材料作为排水材料，计算并比较它们的导（排）水安全系数。

【解】 ①计算每米宽排水材料中要求排出的最大流量q_r

可在填土中绘制流网，如图4-8所示，流槽数$M=5$，等势线间隔数$N=5$，水头损失$\Delta h=8$m。

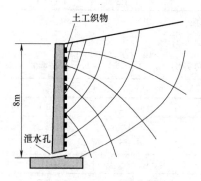

$$q_r = k\Delta h \frac{M}{N}$$
$$= 4.5\times10^{-6}\times8\times\frac{5}{5}$$
$$= 3.6\times10^{-5}\text{m}^3/\text{s}$$

要求土工织物的导水率可由式（4-20）计算：

$$\theta_r = \frac{q_r}{iB} = \frac{3.6\times10^{-5}}{1\times1}$$
$$= 3.6\times10^{-5}\text{m}^2/\text{s}$$

图4-8 挡土墙后的排水体和流网
（引自Koerner，1998）

②确定排水材料的使用条件和排水能力

竖向布置，水头损失等于渗径，则水力坡降$i=1$。

估算作用在排水材料上的最大正应力

$$\sigma_h = K_0\gamma H$$
$$= (1-\sin\phi')\gamma H$$
$$= (1-\sin22°)\times18\times8$$
$$= 90\text{kPa}$$

在压力为100kPa和水力坡降$i=1$的条件下，测得单位面积质量为500g/m²的无纺织物，导水率$\theta_n = 1.2\times10^{-5}$m²/s。

每米宽土工网的排水能力$q_u = 1.56\times10^{-3}$m³/s

每米宽土工复合排水材料的$q_u = 3.6\times10^{-3}$m³/s

③计算允许的导水率θ_a和排水流量q_a

土工织物允许的导水率借助透水率公式（4-22）和式（4-23）计算。

$$\theta_a = \frac{\theta_u}{RF} = \frac{1.2\times10^{-5}}{2\times1.5\times1.1\times1.1\times1.1}$$
$$= 0.3\times10^{-5}\text{m}^2/\text{s}$$

每米宽土工网和土工复合排水材料的排水能力q_a用式（4-30）计算。

土工网：

$$q_a = \frac{q_u}{RF} = \frac{1.56\times10^{-3}}{1.4\times1.3\times1.2\times1.2} = 0.60\times10^{-3}\text{m}^3/\text{s}$$

土工复合排水材料：

$$q_a = \frac{q_u}{RF} = \frac{3.6\times10^{-3}}{1.4\times1.3\times1.2\times1.2} = 1.37\times10^{-3}\text{m}^3/\text{s}$$

④计算导排水的安全系数

对土工织物,由式(4-29)得:

$$F_s = \frac{\theta_a}{\theta_r} = \frac{0.3 \times 10^{-5}}{3.6 \times 10^{-5}} = 0.08$$

对土工网,由式(4-31)得:

$$F_s = \frac{q_a}{q_r} = \frac{0.60 \times 10^{-3}}{3.6 \times 10^{-5}} = 16.7$$

对土工复合排水材料,由式(4-31)得:

$$F_s = \frac{q_a}{q_r} = \frac{1.37 \times 10^{-3}}{3.6 \times 10^{-5}} = 38$$

从以上的例子中可以看出,土工复合排水材料的安全系数最高,而土工织物不能满足排水要求。虽然土工织物的渗透系数很大,是一种优良的透水材料,但作为排水材料,由于其厚度较小,且受压后进一步变薄,故一般不选作排水材料。

(2)坝体内竖式排水体

竖式排水体可以用于黏土心墙堆石坝中,铺设于心墙的下游侧,其主要作用是将渗入防渗心墙的水全部沿竖式排水体向下引入坝底水平排水体,然后从下游坡脚排出坝体,起到排水减压的作用,不让心墙后坝体中出现渗流,以提高坝体的稳定性。

坝体内竖式排水体的排水设计和挡土墙墙背的排水设计基本相同,只是因心墙的下游侧是倾斜的,例如与水平面呈 α 角,则水力坡降 $i = \sin\alpha$。至于坝底水平排水体的水力坡降应根据排水体长度和两端的水头差确定。在特定的水力坡降下测量排水材料的排水能力。

4.3.4.2 填埋场中的排水

在垃圾填埋场中,一般采用土工膜将垃圾与外部土层隔离开来。但除此之外,还应考虑设置排水系统。排水系统在填埋场中的作用主要有两个方面:一是设置在填埋垃圾上部的防渗层之上,用于排除地表入渗水;二是设置在填埋垃圾下部的防渗层之下,用于排除可能透过防渗层的沥滤液。为了同时考虑防渗隔离和排水两种作用,目前的隔离层一般采用两层土工膜内夹土工网,或者土工织物和土工膜内夹土工网的土工复合排水材料。下面各举一例说明这两个方面的排水应用。

【例4-3】 上层土工织物,下层土工膜,中间夹一层土工网的土工复合排水材料被用作一废料填埋场的覆盖层。如图4-9所示,排水体坡度为10%,覆盖填土厚1.25m,坡长120m。验证排水层的安全性。

【解】 ①确定土工复合排水材料的排水能力

作用于土工复合排水材料上的总正应力=土重+设备荷载≈50kPa,水力坡降=坡度=10%=0.1。

因此在 $i = 0.1$,$\sigma_n = 50$kPa 条件下,对土工网做短期平面导水试验,测得导水率 $\theta_u = 2.5 \times 10^{-4}$ m²/s。据式(4-27)和

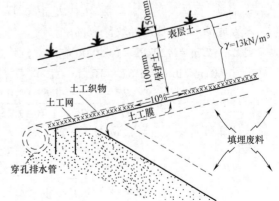

图4-9 填埋场覆盖层的防渗排水(引自Koerner,1998)

表4-6得允许导水率为：

$$\theta_a = \frac{\theta_u}{RF} = \frac{2.5 \times 10^{-4}}{1.4 \times 1.25 \times 1.1 \times 1.35}$$
$$= 0.96 \times 10^{-4} \text{m}^2/\text{s}$$

②所需导水率 θ_r 与当地的降雨量、土的储水能力和入渗能力等因素有关。可应用降雨过程模型计算，如美国的填埋场特性水文评估模型（Hydrologic Evaluation of Landfill Performance，HELP）。本例取 $\theta_r = 0.17 \times 10^{-4} \text{m}^2/\text{s}$。

③计算排水安全系数，由式（4-29）得：

$$F_s = \frac{\theta_a}{\theta_r} = \frac{0.96 \times 10^{-4}}{0.17 \times 10^{-4}} = 5.6$$

这个安全系数应该是可以接受的。因为作用于填埋场最终覆盖层上的渗透压力是一个很难把握的参数，这就要求有很高的 F_s 值。上述安全系数最终能否接受，应根据现场情况而定。

【例4-4】 一个垃圾填埋场的底宽为400m，底部坡降为6%，填埋层厚35m，垃圾容重为12kN/m³。填埋场底部的隔离排水系统采用双层土工膜内夹土工网的土工复合排水材料。两层土工膜均为1.5mm厚的HDPE土工膜，土工网厚6.5mm，验证排水能力是否足够。

【解】①确定需要导水率

需要排除的流量来自于填埋区中可能透过土工膜防渗隔离层的渗出量，它取决于设计隔离作用时对土工膜最大渗出量的要求。所谓最大渗出量是指不对人类健康和环境构成威胁的最大允许污物渗出量。它与现场的许多因素有关，如：污水成分的毒性、成分的扩散能力、生物降解能力等。目前，对各种污物的最大渗出量尚无一个明确的规范，但美国环保局EPA认为：填埋物的总体渗出量应不超过每英亩每天1加仑，约折算为每公顷每天10L。在本例中，需要的导水率取100倍的美国EPA规定最大渗出量为每公顷每天10L。

$$\theta_r = \left[\frac{10 \times 10^{-3}}{10000(24 \times 60 \times 60)} \times 100 \right] \times 400 = 4.63 \times 10^{-7} \text{m}^2/\text{s}$$

②确定排水能力

作用于土工复合排水材料上的正压力，由填埋垃圾的重力所产生，则：

$$\sigma_n = \gamma_{\text{waste}} h = 12 \times 35 = 420 \text{kPa}$$

水力坡降=填埋场底部坡降=6%

因此，在 $\sigma_n = 420$kPa， $i = 0.06$ 条件下，作短期平面流试验，测得：
$\theta_u = 0.01 \text{m}^2/\text{min} = 1.67 \times 10^{-4} \text{m}^2/\text{s}$。由式（4-27）和表4-6得允许导水率为：

$$\theta_a = \frac{\theta_u}{RF} = \frac{1.67 \times 10^{-4}}{1.75 \times 1.7 \times 1.75 \times 1.75} = 0.183 \times 10^{-4} \text{m}^2/\text{s}$$

③计算排水安全系数，由式（4-29）得：

$$F_s = \frac{\theta_a}{\theta_r} = \frac{0.182 \times 10^{-4}}{4.67 \times 10^{-7}} = 39.2$$

安全系数相当高，排水能力大大超出了要求值，集漏排水安全性好。

比较以上两个算例可以看出防渗排水层和集漏排水层，二者所处的位置不同，一个在填埋层之上，一个在填埋层之下，排水的目的不同，因此对排水能力的要求也不同。在以上算例中，要求排除的地表入渗水为$1.7×10^{-5}m^2/s$，而要求排除的填埋层渗漏量为$4.67×10^{-7}m^2/s$，二者相差两个数量级，因此在实际应用中应根据隔离排水层的不同位置、不同作用，正确确定其排水能力要求，以便选择合适的排水材料。

4.3.4.3 道路排水

水在道路系统中的不利影响是显著的，它是引起道路损坏的主要原因之一。据1993年美国州公路和运输管理人员协会（AASHTO）报道：

（1）沥青中的水分会引起潮湿损害，使其模量减小，失去抗拉强度。被水饱和的沥青弹性模量比干沥青的降低30%，甚至更多。

（2）水分增加会引起基层和底基层的刚度减小50%或更多。

（3）引起沥青面层下的基层模量下降30%，使水泥或石灰处理的基层侵蚀敏感性增大。

（4）使饱和细粒路床土的模量减小50%以上。

由此可见道路排水对提高道路的使用寿命十分重要，有良好排水系统的道路，其使用寿命是不排水道路的2~3倍。

AASHTO（1993）推荐了一个关于路面（柔性或刚性）设计中排水能力好坏的分类标准，见表4-8。该分类是基于对排水时间的估计，即在任何显著的浸润事件发生的情况下（如降雨、洪水、融雪、毛细水上升），50%的自由水排出路面所需的时间。该定义不考虑材料有效孔隙吸收的水量。

AASHTO关于路面排水系统好坏的分类 表4-8

排水能力	优	好	一般	差	很差
排水时间	2小时	1天	1周	1月	不排

道路排水一般包括基层排水和路边排水两部分，基层排水将渗入的水输送至与它相连的路边排水系统，而路边排水系统则负责收集来水，并通过一定间距的排水口，将水排出。以下分别介绍土工复合排水材料在基层排水和路边排水中的应用。

（1）基层排水

1）基层排水体的布置

基层排水一般是采用均匀级配的粒料排水层，但也可以运用土工复合排水材料，即在面层以下的一定位置设置土工复合排水材料，并使其两端与路边排水相连，主要有三种运用形式，如图4-10所示。

设于基层粒料下的复合排水网的作用主要有（图4-10a）：

① 缩短有效排水路径，加快排水速度。由于土工复合排水材料的排水阻力远小于粒料基层，因此从粒料基层到土工复合排水材料所需的时间，就是排水时间的控制因素。这样，有效排水路径就等于基层厚度，而在单纯粒料基层排水时，有效排水路径等于路宽，相比之下，有效排水路径大大缩短。

② 防止路基的细粒土进入基层（即隔离作用）。隔离作用和排水作用提高了稳定性和地基承载力，从而允许在软土地基（即 CBR<3）上铺砌道路。

③ 改善排水条件，使软土地基可以逐步固结。

④ 可以在一定程度上限制基层粒料的水平移动，起到了一定的类似于加筋的效果。

随着使用时间增长，路面可能出现裂纹，因而水就可能透过这些裂纹进入基层和路基。在这种情况下，设于沥青或水泥混凝土面层（PCC）以下的土工复合排水材料将这部分水排走以阻止其下渗（图4-10b）。为了防渗，有时还在土工复合排水材料底加一层土工膜。

将复合排水网设于路基中，可以取代传统的砂砾水平排水层，配合垂直排水带或碎石桩等，能够很快排走地基土的固结排水，以及路面渗透到路基的水（图4-10c）。复合排水网可以隔离上层填料和地基土层，防止地基的软土和填料的混合污染，同时，对地基有一定的加固作用。在北方冰冻地区，作为毛细水阻断，降低地下水位，还可以减轻冻胀的影响；限制地基土中冰晶体的发展，减轻冻胀引起的路面损害；在寒冷地区春季冰融时，不用对交通荷载进行限制。

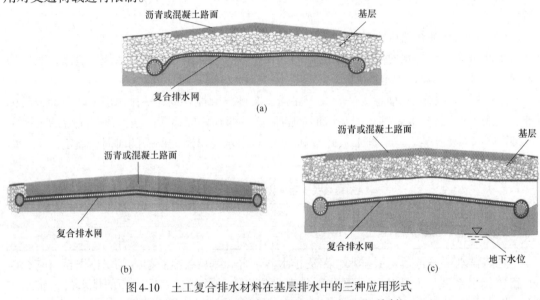

图4-10 土工复合排水材料在基层排水中的三种应用形式
（根据Christopher B.C. and Aigen Zhao（2001）绘制）

2）排水时间的计算

所有的道路排水系统都是为了尽快地排水。为了评价一个道路排水系统的好坏，就必须计算排水时间。对于交通量最大的最高等级道路，推荐使用的排水时间是1小时，即在1小时之内排除可排出水量的50%（FHWA，1992）；对于其他大部分频繁使用的主道路，推荐的排水时间是2小时，次道路的最长排水时间推荐值为1天（美国陆军工程师团）。

所需的排水时间可以根据下式计算：

$$t = 24Tm \qquad (4-32)$$

式中 t——所需的排水时间，h；

　　T——时间因子；

　　m——m因子，d。

时间因子 T 与排水的几何条件和排水份额 u（这里取50%）有关，其中，几何条件可用坡度因子 S_i 描述。

$$S_l = \frac{L_R i}{\delta} \tag{4-33}$$

式中 S_l——坡度因子；

i——排水坡度；

L_R——排水路径的长度，m；

δ——排水层厚度，m。

图4-11给出了 $u=50\%$ 的时间因子 T_{50} 与坡度因子 S_l 的关系曲线。

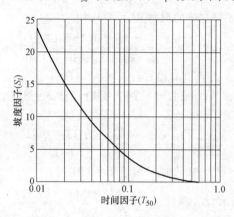

图4-11 $T_{50}\sim S_l$ 关系曲线（$u=50\%$）（引自FHWA，1992）

m 因子由下式计算：

$$m = \frac{n_e L_R^2}{k\delta} = \frac{n_e L_R^2}{\theta_a} \tag{4-34}$$

式中 k——排水层的渗透系数，m/d；

θ_a——排水层的允许导水率，m^2/d；

n_e——排水层有效孔隙率，它与通常所说的孔隙率 n 的区别在于，n 是孔隙体积与排水材料总体积的比值，而 n_e 则是指完全饱和的材料在重力作用下所能排出的孔隙水的体积与材料总体积之比。

不同排水层布置方式，上述参数应按如下方法取值：

① 不设土工复合排水材料，单纯粒料基层排水的情况：L_R=路宽（单侧路边排水），δ=基层厚度，i=基层沿公路横向的坡度，k=粒料基层的渗透系数。

② 直接设于面层以下的单纯土工复合排水材料的情况：L_R=路宽（单侧路边排水），δ=土工复合排水材料厚度，i=土工复合排水材料沿公路横向的坡度，θ_a=土工复合排水材料的允许导水率。

③ 设于粒料基层之下的土工复合排水材料与基层粒料共同排水的情况：

在这种情况下，排水时间由两部分组成：一是从基层到土工复合排水材料，二是从土工复合排水材料到路边排水系统将水排出。如前所述，从基层到土工复合排水材料所需时间为排水时间的控制因素，因此可只考虑从基层到土工复合排水材料的排水时间。这样就有：L_R=基层厚度，k=粒料基层的渗透系数。由于水流垂直穿过粒料基层，进入土工复合排水材料，因此可取 $i=1$。δ 可沿着路面取单位长度。

【例4-5】 一双车道的公路，路面宽7.32m，单侧路边排水，路面横向的坡度为2%。

计算比较上述三种排水层布置方式所需的排水时间。已知粒料基层厚度为30cm、有效孔隙率 n_e 为0.15、渗透系数 k=30cm/d，拟采用的土工网排水层厚度为6mm、有效孔隙率 n_e= 0.69、允许导水率 θ_a=418.28m²/d。

【解】 ①粒料基层排水

计算坡度因子，由式（4-33）得：$S_L = \dfrac{L_R i}{\delta} = \dfrac{7.32 \times 0.02}{0.30} = 0.488$

查图4-11得，S_l=0.488相对应的时间因子 T=0.40。

计算 m 因子，由式（4-34）得：$m = \dfrac{n_e L_R^2}{k\delta} = \dfrac{0.15 \times (7.32)^2}{0.30 \times 0.30} = 89.3$d

计算所需的排水时间，由式（4-32）得：
$$t = 24Tm = 24 \times 0.40 \times 89.3 = 857\text{h}$$

②面层下排水网排水

计算坡度因子，由式（4-33）得：$S_L = \dfrac{L_R i}{\delta} = \dfrac{7.32 \times 0.02}{0.006} = 24.4$

查图4-11得，S_l=24.4相对应的时间因子 T=0.01。

计算 m 因子，由式（4-34）得：$m = \dfrac{n_e L_R^2}{\theta_a} = \dfrac{0.69 \times (7.32)^2}{418.28} = 0.088$d

计算所需的排水时间，由式（4-32）得：
$$t = 24Tm = 24 \times 0.01 \times 0.088 = 0.02\text{h}$$

③土工网设于粒料基层之下

计算坡度因子，由式（4-33）得：$S_L = \dfrac{L_R i}{\delta} = \dfrac{0.3 \times 1}{1} = 0.3$

查图4-11得，S_l=0.3相对应的时间因子 T=0.42

计算 m 因子，由式（4-34）得：$m = \dfrac{n_e L_R^2}{k\delta} = \dfrac{0.15 \times (0.3)^2}{0.30 \times 1} = 0.045$d

计算所需的排水时间，由式（4-32）得：
$$t = 24Tm = 24 \times 0.42 \times 0.045 = 0.45\text{h}$$

通过以上的比较可以看出，在土工网中的排水时间（0.02h）很短，可以忽略不计，可见使用土工复合排水材料可以显著减少排水时间。

3）对土工复合排水材料的要求

土工复合排水材料必须具有较高的抗压强度和足够的导水率，铺设于基层底下时，要求抗压强度约为239~478kPa；直接铺设于沥青面层下时，要求抗压强度大于1435kPa。虽然大多数的土工复合排水材料强度足够，但因为产生显著的变形，往往不能符合压力下的排水要求。这在设计和选材时应予以重视。

（2）路边排水（引自Koerner，1998）

1）应用概况

路边排水可以采用土工织物包裹排水盲沟或穿孔管的形式，也可以采用土工复合排水材料。排水材料与公路方向平行，且每隔一定间距就有一排水口将水导出公路。根据公路等级及水力条件，排水口间距一般在50~150m之间。土工复合排水材料在路边排水中的应用如图4-12所示。

待排水流主要来自于碎石基层，一般来说，没有或很少有水流会来自于基层下的土质路基或路肩下的土层。如果碎石基层下没有水平布置排水材料，从路面入渗的雨水沿碎石基层水平向路边流动；如果碎石基层下布置了排水材料，来自于碎石基层的水向下透过土工复合排水材料的土工织物滤层，落入芯板底部，然后将水传输至路边排走，碎石基层只起到一个收集来水的作用。

若采用土工织物包裹穿孔排水管的形式进行路边排水，美国公路局（FHWA）推荐最小管径为4英寸（约103mm），排水口间隔为250英尺（约76m），以便于清扫或检修。

另一个更大的水流来自公路表面，在没有布置路边排水明沟的情况下，设计土工复合排水材料路边排水能力时，必须考虑汇入和排出表面水流。

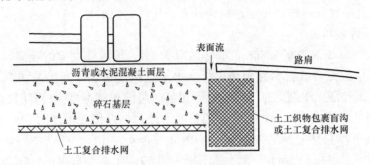

图4-12　土工复合排水材料在路边排水中的应用（引自Koerner，1998）

2）设计

进入土工复合排水材料的待排水量与现场的许多因素有关，如路面的类型、条件和使用时间；碎石基层的类型、厚度和堵塞程度；边界连接条件、降雨和融雪、温度、路肩类型、水力梯度、排水口间距、排水类型、法向压力等。待排水量还可以根据降雨强度和入渗系数计算（不计表面水流）：

$$q_r = \beta r B L \tag{4-35}$$

式中　q_r——待排水量，L/h；

β——入渗系数；

r——降雨强度，mm/h；

B——路宽（单侧路边排水）或路宽的一半（双侧路边排水），m；

L——排水口间距，m。

入渗系数β的推荐值（FHWA，1992）为：

沥青混凝土面层：$\beta=0.33\sim0.50$

硅酸盐水泥混凝土面层：$\beta=0.50\sim0.67$

为了简化设计，FHWA建议β值统一取0.5，降雨强度r的取值则与设计暴雨频率和降雨历时有关，建议取重现期为2年的小时降雨量。

复习思考题

1. 影响土工织物透水性的因素有哪些？

2. 在堤基下面设土工织物水平排水层，堤的高度和软土地基的厚度如何影响其导水率？

3. 一软土地基采用预压及塑料排水带处理，预压工期只有200天，要求预压后土层的平均固结度达80%，试进行塑料排水带的布置。已知软土的水平固结系数为 $8.5 \times 10^{-7} \text{m}^2/\text{s}$ 和塑料排水带的断面为100mm×4mm。

4. 某软土地基采用预压及塑料排水带加固处理。塑料排水带垂直排水系统使得软土的固结速率提高5倍。已知软土的 m_v 值为 $0.003 \text{m}^2/\text{kN}$，$C_v$ 值为 $2.5 \times 10^{-8} \text{m}^2/\text{s}$，预压荷载 120kN/m^2，荷载宽度为20m，试求地基表面土工织物排水层应有的导水率。

5. 某10m高的混凝土悬臂挡土墙，墙后回填土为粉质黏土，其重度为 18kN/m^3，渗透系数 $k=4.5 \times 10^{-6} \text{m/s}$，有效内摩擦角为22°，墙后地下水位与填土面平，拟用土工织物、土工网和土工复合排水材料作为排水材料，计算并比较它们的导（排）水安全系数（可沿用例4-2的材料特性参数）。

6. 某垃圾填埋场的底宽为80m，底部坡降为5%，填埋场底部的隔离排水系统采用一层土工膜和一层土工合成材料黏土垫层，内夹土工网作排水体，土工网厚6mm，所受压力为400kPa，试验证土工网的排水能力是否足够（可沿用例4-4的材料特性参数）。

7. 某高速公路路面宽16m，两侧路边排水，路面向两侧的坡度为2%。沥青混凝土面层厚16cm，其下粒料基层厚度为48cm、有效孔隙率 n_e 为0.15、渗透系数 $k=30 \text{cm/d}$，拟采用的土工网排水层厚度为6mm、有效孔隙率 $n_e=0.69$、允许导水率 $\theta_a=418.28 \text{ m}^2/\text{d}$，已知当地的最大降雨强度为114mm/h，沿公路行进方向的排水口间隔为75m。试验算土工网排水的安全系数并计算所需的排水时间。

8. 根据表4-2，以均匀系数 C_u 为横坐标，n 为纵坐标，绘制 C_u-n 曲线，观察 n 的变化范围，并和保守设计时 $n=1$ 作比较。

参 考 文 献

[1] 曾锡庭，刘家豪，等.塑料排水法加固软基的试验研究报告.天津软土地基［M］.天津：天津科技出版社，1987.

[2] 龚晓南.地基处理手册（第三版）［M］.北京：中国建筑工业出版社，2008.

[3] 曾国熙，谢康和.砂井地基固结理论的新发展［A］.第五届全国土力学及基础工程学术会议论文选集［C］.北京：中国建筑工业出版社，1990.

[4] 陆士强，王钊，刘祖德.土工合成材料应用原理［M］.北京：中国水利电力出版社，1994.

[5] 华南理工大学，东南大学，浙江大学，湖南大学.地基及基础（第三版）［M］北京：中国建筑工业出版社，1998.

[6] 余玲，王育人.农田水利工程.土工合成材料工程应用手册［M］北京：中国建筑工业出版社，2000.

[7] 王钊.水利工程应成为土工合成材料应用的典范.全国第五届土工合成材料学术会议论文集［C］.香港：现代知识出版社，2000.

[8] 王钊.国外土工合成材料应用研究［M］.香港：现代知识出版社，2002.

[9] 金亚伟，张岩，吴连海，乔斌，李辉，别学清，贾胜娟.太湖、天津淤泥固结施工中的淤堵问题［A］.第十一届全国土力学及岩土工程学术会议论文集［C］.2011.

[10] 中华人民共和国交通运输部.公路土工合成材料应用技术规范JTG/T D32—2012［S］.北京：人民交通出版社，2012.

[11] 中华人民共和国水利部.土工合成材料测试规程SL 235—2012［S］.北京：中国水利水电出版社，2012.

[12] 中华人民共和国交通运输部.水运工程土工合成材料应用技术规范JTS/T 148—2020［S］.北京：人民交通出版社，2020.

［13］ 束一鸣，吴海民，姜晓桢.中国水库大坝土工膜防渗技术进展［J］.岩土工程学报，2016，38（S1）：1-9.

［14］ 张立乾，徐学文，闫晶，陈红.土工合成材料创新应用研究［A］.2020年工业建筑学术交流会论文集（中册）［C］.2020.

［15］ Carroll Jr.R.G. Determination Of permeability Coefficients for geotextiles［J］. Gcotechnical Testing Journal，1981，4（2）：83-85.

［16］ Hansbo S. et al. Consolidation by Vertical drains［J］. Geotechnique，1981，31（1）：45-66.

［17］ Lawson C R. Filter criteria for geotextiles：relevance and use［J］. Journal of the Geotechnical Engineering Division，1982，108（GT10）.

［18］ Van der Sluys L，Dierickx W. The applicability of Darcy's law in determining the water permeability of geo-textiles［J］. Geotextiles and Geomembranes，1987，5（4）：283-299.

［19］ Bergado D T，Singh N，Sim S H，et al. Improvement of soft Bangkok clay using vertical geotextile band drains compared with granular piles［J］. Geotextiles and Geomembranes，1990，9（3）：203-231.

［20］ Transportation Officials. AASHTO Guide for Design of Pavement Structures，1993［M］. AASHTO，1993.

［21］ Koerner R M. Designing with geosynthetics［M］. Xlibris Corporation，2012.

［22］ Holz，R. D.，Barry Rodney Christopher，and Ryan R. Berg. Geosynthetic design and construction guidelines［R］. No. FHWA HI-95-038. 1998.

［23］ Standard Practice for Determining the Number of Constrictions "m" of Non-Woven Geotextiles as a Complementary Filtration Property［S］. ASTM D7178-06，2011.

［24］ Bourgès-Gastaud S，Stoltz G，Sidjui F，et al. Nonwoven geotextiles to filter clayey sludge：an experimental study［J］. Geotextiles and Geomembranes，2014，42（3）：214-223.

［25］ Cuelho E V，Perkins S W. Geosynthetic subgrade stabilization-Field testing and design method calibration［J］. Transportation Geotechnics，2017，10：22-34.

［26］ King D J，Bouazza A，Gniel J R，et al. Serviceability design for geosynthetic reinforced column supported embankments［J］. Geotextiles and Geomembranes，2017，45（4）：261-279.

［27］ Hack W，Sousa R，Zannoni E. The design of a geocomposite drainage layer to collect contaminated leachate from coal stockpiles：water engineering［J］. Civil Engineering，2019，27（5）：29-31.

第5章 加 筋 作 用

5.1 加筋土的历史及应用

土作为一类碎散、无胶结或弱胶结的颗粒堆积物，在缺乏足够约束的情况下其强度和刚度是比较低的。作为人类生存及发展必不可少的一类工程材料，数千年来人们采用各种方法提高土的强度与刚度，以使土体能承受各类荷载。其中一大类技术是在土体中加入格网状、条带状、片状、蜂窝状或纤维状的抗拉材料，增强对土体的约束作用，提高其抵抗荷载的能力。这一大类技术即可归为土体加筋（soil reinforcement）技术。

土体加筋具有非常悠久的历史。早在5000~7000年前，我国良渚文化的先民们即采用茅草裹泥、芦苇捆绑制作修坝筑墙的块体；4000多年前，大禹治水期间的先民们应用竹笼和土石料制作"息壤"，用以建堤、筑坝与护岸；长城的建设中，大量采用了一层土石、一层柴草的夯实加筋土，现存的河西走廊汉长城遗址即可见到这种土工构筑物，历经千年，屹立不倒。在国外，5000多年前，英国的先民在沼泽地用木排修筑道路，这是国外报道的最早加筋土应用例子。古代的加筋土技术所采用的加筋材料主要为天然有机材料，如草、木、竹等，而且这些加筋土技术的使用完全依靠经验指导，缺乏必要的力学分析与设计。

国际承认的现代加筋土技术是由法国工程师 Henri Vidal 于20世纪60年代提出的，并于1965年在法国应用该技术建成了第一座现代加筋土挡墙。最初的加筋土挡墙应用金属条带作为加筋材料，20世纪60年代后期开始，土工织物（20世纪60年代后期在法国）、土工格栅（20世纪70年代后期在欧洲和日本）、土工拉筋带（20世纪80年代初在我国）、土工格室（20世纪70年代中期在美国和法国）、土工纤维（20世纪70年代中期在法国和瑞士）、土工加筋格宾（20世纪90年代在马来西亚）、土工编织袋（20世纪80~90年代在日本）等各类土工合成材料被陆续应用于加筋土工程中，建造加筋土挡墙、边坡、地基、垫层、护坡等。50多年来，现代加筋土技术突飞猛进，加筋土技术的应用领域越来越广，加筋土挡墙、加筋土边坡、加筋土垫层等各类加筋土结构的设计分析及施工技术水平也日趋合理。据不完全统计，截至2018年，全球已建成土工合成材料加筋土挡墙达20万座。现代土工合成材料于20世纪70年代后期传入我国。20世纪70年代末，我国铁路部门开始应用土工织物防治基床冒浆。1979年，云南煤矿设计院在云南田坝矿区建成我国第一座加筋土挡墙。从20世纪80年代开始，土工合成材料加筋土技术在我国得到迅速推广，公路、铁路、水运、煤炭、林业、水利、城建等行业均建设了大量的土工合成材料加筋土结构，并相继推出相关应用技术规范。在中国土工合成材料工程协会的组织下，《土工合成材料加筋土结构应用技术指南》于2016年出版发行。土工合成材料加筋土技术在我国内地的应用多年来呈快速增长的态势。根据2018年《中国土工合成材料行业发展研究报告》，我国内地加筋用土工格栅的需求量近年来一直快速增长，2017年达到13亿m²，预计2023年需求量将达到22.75亿㎡。

土工合成材料加筋土技术的应用范围很广。常见的加筋土结构包括加筋土挡土墙、加筋土边坡、加筋土垫层、加筋地基等。近年来，在这些加筋土结构的基础上衍生出了加筋土路堤、加筋土桥台、加筋土桥墩、加筋土路桥过渡段等新型加筋土结构，这些加筋土结构充分利用了土工合成材料加筋土的抗压缩变形能力，可承受较大的交通荷载，在铁路、公路领域逐渐得到推广应用。道路加筋是另外一种土工合成材料加筋技术的应用，可分为未铺装道路加筋和铺装道路加筋两类，土工合成材料加筋可铺设于路床中，也可用于路面中以提高路面的抗裂性能。

土工合成材料加筋土技术快速发展和推广应用源于该技术的三个主要特点。首先是性能优越。加筋土结构强度高、刚度适当且适应地基变形能力强；加筋土挡墙、加筋土边坡、加筋土路堤、加筋土桥台等还具备非常优越的抗震性能；数十年国内外的实践表明，加筋土结构也具备非常良好的长期服役性能，在各行业的基础设施建设中具有广阔的应用前景。其次是经济性。加筋土结构可充分利用工程弃渣或原位填料，可减小占地面积，大大降低水泥钢筋等建材用量，从而大幅度降低工程造价。其三是低碳。近10年来多国学者的研究表明，土工合成材料加筋土结构的能耗低、整体碳排放量小，因此土工合成材料加筋是解决气候变暖问题的一类可持续工程方案。

本章介绍土工合成材料加筋作用。首先介绍主要的加筋土工合成材料，其次分析基本的加筋机理，然后分别讨论加筋土挡墙、加筋土边坡以及加筋土垫层三类主要的加筋土结构，介绍这些结构的受力特点、破坏模式、基本的设计计算方法以及施工要点等。最后给出一些工程案例，以提高读者对这些加筋土结构的认识。

5.2 加 筋 材 料

土工织物：用于加筋的土工织物主要为有纺土工织物。土工织物通过与土体接触面的摩擦抗力及自身的抗拉能力为土体提供加筋补强作用，适用于粉土或低塑性黏土的加筋与加固。它的加筋性能主要决定于其抗拉强度、筋土界面摩阻强度参数、材料蠕变折减系数、老化折减系数，以及施工损伤折减系数等力学及耐久性能参数，土工织物在长期荷载作用下的刚度是影响其加筋性能的另外一个关键参数，它直接决定了筋土复合体的抗变形能力。有纺土工织物的抗拉强度及延伸率决定于高分子材料组成、纤维形态、编织形式以及土工织物的厚度等。在其他参数相同的条件下，土工织物的抗拉强度及刚度决定于其单位面积质量。土工织物一般延伸率较大（>20%），具备优良的透水性。

土工格栅：按照平面形态及应用分类，土工格栅可分为单向、双向以及多向土工格栅，其中单向土工格栅主要应用于加筋土挡墙及加筋土边坡等土工结构，其拉伸荷载主要沿纵肋方向；双向格栅及多向格栅主要应用于地基及路面加固，其受力方向不定。土工格栅通过格栅孔眼与土体的咬合作用、格栅肋条表面与土体接触面的摩擦作用、格栅肋条的抗拉能力，以及格栅肋条间节（结）点的抗拉能力为土体提供加筋补强作用，一般适用于粗粒土的加筋与加固。与土工织物类似，土工格栅的加筋性能主要决定于其抗拉强度、筋土界面摩阻强度参数、材料蠕变折减系数、老化折减系数、施工损伤折减系数，以及拉伸刚度等力学及耐久性能参数。土工格栅的力学性能主要决定于原材料、肋条与孔眼尺寸，以及肋条与孔眼结构等。

土工加筋带：采用土工合成材料拉筋带的想法应该是源于金属加筋带。土工加筋带通过自身抗拉能力以及条带与土体界面摩阻力为土体提供加筋补强作用，其加筋性能主要决定于其抗拉强度、抗拉刚度、筋土界面摩阻强度参数、材料蠕变折减系数、老化折减系数，以及施工损伤折减系数等。工程中常用的土工加筋带一般刚度、强度较大，延伸率较低（<10%），适用于加筋土挡墙及加筋土边坡等土工结构。

土工格室：蜂窝状土工格室展开后，在其中填入土石填料，通过塑料片材及其连接为填料提供侧向限制，达到加固土体的目的；而一组格室展开后，经填入土石填料，成为整体，具备较大的表观黏聚力以及一定的抗弯能力，可作为垫层加固地基，也可作为坡面防护加固边坡，近年来也被逐渐应用于建造加筋土挡墙。土工格室的力学性能决定于格室高度、连接距离、格室片材料、格室片厚度以及格室连接方法等，其力学参数包括格室片拉伸强度、连接处抗拉强度、格室组间连接处抗拉强度、格室片的刚度等，其中格室片的长期拉伸强度及刚度均受格室片材的蠕变及老化性能影响。

其他土工合成材料如土工加筋纤维、土工加筋格宾、复合土工合成材料等也可以用于加筋土。土工加筋纤维对土体的加筋作用主要来自于土体中彼此交错连接的纤维网状结构对土体的空间约束作用，除了能够提高土体强度以外，还能够增强土体的延性、降低膨胀土的收缩变形、增强砂土的抗液化性能等。三维土工网垫可铺设于边坡表面，发挥固土护坡的作用，可与活性植物相结合，形成一个具有自身生长能力的坡面防护系统，通过植物的生长对边坡进一步加固和绿化作用。土工加筋格宾加筋土挡墙的面墙为格宾网箱，内填石料，拉筋与面墙为同一钢丝网制成，在面墙钢丝网内可铺设可降解生物垫，形成墙面绿化，从加筋结构工作机理上看，土工加筋格宾挡墙与其他土工合成材料加筋土挡墙是类似的。土工编织袋内充填素土、矿渣、建筑垃圾等，形成土工袋复合体，可广泛应用于岸坡防护、抗洪抢险、冲刷防治等工程，也可应用于填筑路基、堤防、丁坝、挡墙等，编织袋对土体的加固原理与土工格室有很多相似之处。复合土工合成材料为两种或多种土工合成材料的复合，可用于土体加筋或加固的复合土工材料主要包括复合土工格栅与复合土工织物两大类，可用于排水性能较差填土的加筋补强。

5.3 加筋作用机理

在各类岩土工程建设中，土体往往只具有一定的抗压强度与抗剪强度，其抗拉强度很低。通过在土体中埋设具有一定抗拉强度的筋材，形成加筋土结构，依靠筋材与周围土体的相互作用，筋材的抗拉特性得以发挥，进而使得加筋土结构既能承受压力与剪切力，同时又能承受拉力。

土工合成材料加筋土的研究和实践使人们认识到，通过加筋可以提高土体的强度和加筋土结构的稳定性；筋土之间的相互作用限制了土体的变形，从而改善土体的应力场和应变场；与非加筋土结构相比，相同条件下加筋土结构的破坏模式会发生改变。

由于加筋材料存在空间几何特征上的差异，不同形式的加筋材料与土体之间的应力传递机制也不同，大致可归纳为两种模式：筋土之间的摩擦阻力和筋材对土体的被动阻力。

（1）摩擦阻力

当某一局部土体和筋材界面存在相对剪切变形和切应力时，则会产生摩擦阻力。摩擦阻力的表现形式如图5-1所示。当土工织物、土工拉筋带作为加筋材料时，筋土之间主要靠摩擦阻力来传递荷载。

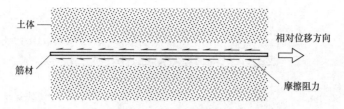

图5-1　筋材与土体之间的摩擦阻力示意图

（2）被动阻力

在筋土之间发生相对位移时，除了筋土界面产生摩擦阻力外，土工格栅横肋或土工格室片材等也会产生限制土体位移的阻力，称为被动阻力。被动阻力通常被认为是土工格栅、土工格室等加筋材料荷载传递的主要方式，如图5-2所示。

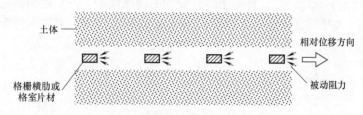

图5-2　筋材对土体的被动阻力示意图

然而，由于加筋材料种类繁多和填土类型及状态的差异，在各类加筋土结构工程中加筋材料的受力机制和筋土之间的相互作用原理十分复杂，土工合成材料的加筋原理还需要进一步的研究和探索。本节简要论述几种筋土之间的相互作用原理。

5.3.1　筋土界面摩擦作用机理

筋土界面摩擦作用理论是指当筋土界面存在相对剪切变形和剪应力时，土体与筋材之间的摩擦阻力和被动阻力可以防止两者间产生相对位移，从而减少了土体的侧向位移。如图5-3所示，滑移面之外的筋土界面摩擦力可提供抗力，限制滑移面内土体的滑动。根据这一理论，可以用一个摩阻力代表加筋土中筋材的作用，然后仍按常规（未加筋）的情况进行稳定计算。接触面摩擦力的大小则可以根据作用的正应力和接触面摩擦系数求得。

图5-3的筋土界面摩擦理论中的加筋作用仅限于接触面，虽然简单，但不全面。实际上筋材的加筋作用不仅发生在筋土界面上，而且还发生在界面以外的土体内。加筋材料通过筋土界面的摩擦阻力和被动阻力约束了相邻土单元的侧向变形，增大了土体的刚度，改变了土体的变形性质和应力状态。这种变化会进一步影响筋

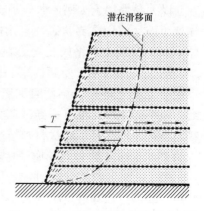

图5-3　筋土界面摩擦作用机理示意图

土界面的正应力，从而影响接触面摩擦力。因此，若忽略筋材对界面以外土体的影响，就会使计算结果不能反映加筋的实际效果。因此，不仅要考虑筋土之间的摩擦作用，还要考虑加筋对接触面以外土体的限制作用，即网格状筋材的网孔内土体与网孔外土体之间的摩擦力，如图5-4所示。

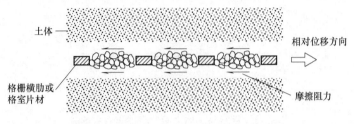

图5-4　网孔内外土体之间的摩擦力示意图

5.3.2　约束增强作用机理

约束增强作用理论源自加筋土试样的三轴试验研究结果。该理论认为：由于土与筋材界面之间存在剪切力，从而对土的侧向变形产生约束作用，使两层加筋层之间土单元的侧向应力增大。相比于未加筋土，加筋土试样受到的围压增大，若要使加筋土体破坏，则需要施加更大的 σ_1。如图5-5所示，可以用Mohr-Coulomb强度理论来说明约束增强理论所阐述的土工合成材料加筋机理。

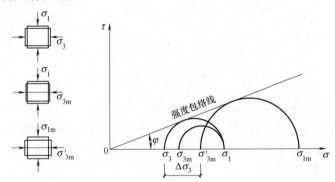

图5-5　约束增强理论示意图

以无黏性填土为例，假设填土单元受到 σ_1 和 σ_3 的作用发生剪切变形，未加筋时该试样处于破坏时的临界状态，可用应力圆表示单元体的应力状态，如图5-5所示，应力圆（σ_1，σ_3）与强度包络线相切。在加筋土中，由于加筋材料与填土之间的摩擦和咬合作用，填土的侧向变形受到约束和限制，相当于给单元体施加一个约束应力 $\Delta\sigma_3$，使其最小主应力增大到 σ_{3m}，则此时加筋土试样的应力圆为（σ_1，σ_{3m}），该应力圆远离强度包络线，说明砂土单元没有达到破坏临界状态。假定加筋材料具有足够的抗拉强度，加筋材料不会被拉断，且加筋材料与填土之间的摩擦与咬合强度也足够，则增加大主应力，填土的侧向变形随着增大，加筋材料对填土变形的约束也随着增强，约束应力 $\Delta\sigma_3$ 因而随着上升。σ_1 增大到 σ_{1m}，得到应力圆为（σ_{1m}，σ'_{3m}）。可见，由于土工合成材料加筋的约束作用，加筋土试样破坏时的大主应力较未加筋土试样得到了显著提高，即提高了加筋土的抗剪强度和承载能力。

从上面的分析可知，加筋材料对填土的约束增强作用取决于三个关键因素。一个是加筋材料与填土之间的摩擦和咬合强度，如该强度不足，则约束应力$\Delta\sigma_3$的上升会受到限制，加筋土的强度也不可能很高；第二个关键因素是加筋材料的强度，如加筋材料在$\Delta\sigma_3$上升的过程中断裂，则加筋材料的约束增强作用消失；第三个关键因素是填土侧向变形性质与加筋材料拉伸变形性质的关系，填土的侧向变形越大，加筋材料的刚度越大，则加筋材料的约束增强作用更强。

5.3.3 膜效应作用机理

当填土在荷载作用下产生下沉时，铺设于填土下方或埋设于填土中的加筋材料会发生向下的弯曲变形，如图5-6所示。此时，筋材的张力作用会承担一部分竖向荷载，从而减小下部地基中的应力。筋材张力膜效应发挥作用的前提条件是筋材的周边可以提供足够的锚固力。因此，筋材的锚固长度应有一个合理的取值范围，锚固长度过短，起不到加筋效果；锚固长度过长，会造成材料的浪费。一般认为，当筋材具有一定的抗拉强度、复合模量和挠曲刚度时，土工合成材料才能发挥张力膜作用，提高加筋土体承载能力与稳定性，使基底压力均匀，调整和减小沉降。

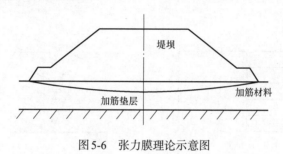

图5-6 张力膜理论示意图

5.4 加筋土挡墙

5.4.1 加筋土挡墙的组成

加筋土挡墙和加筋土边坡的分界坡角为70°，坡角大于70°的加筋土结构归为加筋土挡墙。加筋土挡墙主要由墙面、加筋材料和墙体填土三部分组成，如图5-7所示。

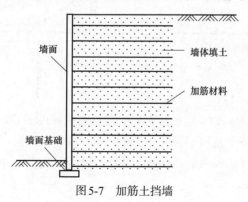

图5-7 加筋土挡墙

加筋土挡墙墙面可分为预制混凝土模块式墙面、土工合成材料包裹式墙面、整体现浇混凝土墙面、预制钢筋混凝土板块式墙面和格宾墙面等几种类型。加筋材料主要通过其与填料间的摩阻力对挡墙起到加固作用。加筋材料按其空间结构分为立体加筋材料和平面加筋材料两类。立体加筋材料主要为土工格室，平面加筋材料主要有土工格栅、土工布和土工带。土工格栅特殊的网眼结构可以与填料产生较大的摩阻力，且具有抗拉强度高、质量轻、耐腐蚀和耐老化性能好等优点，因此大部分加筋土挡墙采用土工格栅作为加筋材料。加筋土挡墙的填料宜选用透水性较好的中粗砂、砂砾和碎石等粗粒土。出于经济和环境方面的考虑，我国加筋土挡墙工程中墙体填料就地取材的情况较常见，如采用黏性土、粉煤灰、改良土等。选用这类填料应做好填料防水和排水，考虑雨水入渗对墙体稳定性的影响，以及土中成分对筋材耐久性的影响。

5.4.2 加筋土挡墙的破坏模式

加筋土挡墙的破坏模式主要包括外部稳定性破坏模式和内部稳定性破坏模式。

（1）外部稳定性破坏模式

加筋土挡墙外部稳定性破坏指挡墙作为一个整体而发生的破坏，其力学行为与重力式挡墙相似。外部稳定性破坏模式主要有水平滑动、倾覆、地基承载力不足和深层滑动，如图 5-8 所示。

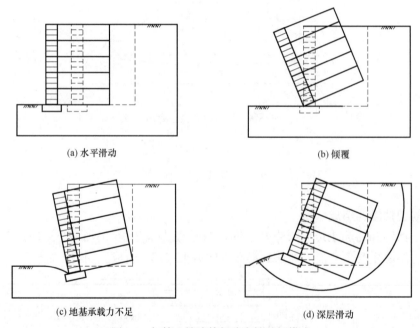

(a) 水平滑动　　　　　　　　　　　(b) 倾覆

(c) 地基承载力不足　　　　　　　　(d) 深层滑动

图 5-8　加筋土挡墙外部稳定性破坏模式

（2）内部稳定性破坏模式

加筋土挡墙内部稳定性破坏主要表现为加筋材料的拉断或拔出破坏（图 5-9a、b）。对于模块式墙面加筋土挡墙，还可能发生沿筋材表面的滑动破坏（图 5-9c），以及因筋材与面板连接强度过低而导致的面板脱落（图 5-9d）、因筋材竖向间距过大而导致的面板鼓出甚至脱落等破坏（图 5-9e）。

在实际工程中，加筋土挡墙的破坏往往表现为综合性的破坏，既有内部稳定性破坏也有外部稳定性破坏，且各种破坏形式互相交叉、互相转化，同时或者先后发生。

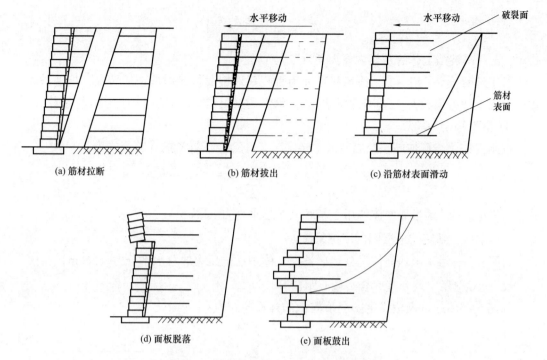

(a) 筋材拉断　　　　　(b) 筋材拔出　　　　　(c) 沿筋材表面滑动

(d) 面板脱落　　　　　(e) 面板鼓出

图5-9　加筋土挡墙内部稳定性破坏模式

5.4.3　加筋土挡墙的设计与施工

加筋土挡墙设计主要包括外部稳定性验算、内部稳定性验算和排水设计。

1. 外部稳定性验算

在进行加筋土挡墙外部稳定性分析时，将加筋范围内的土体视为刚性体，即相当于厚度为加筋长度的重力式挡墙。加筋挡墙的外部稳定性验算包括抗滑稳定性验算、抗倾覆稳定性验算（基底合力偏心距验算）、地基承载力验算以及深层滑动验算等。

当墙背垂直或近于垂直（墙面倾角不小于80°）、填料顶面水平时，挡墙外部稳定性土压力按图5-10所示的计算简图进行计算，被挡土体的主动土压力系数 K_{ab} 取朗肯土压力系数：

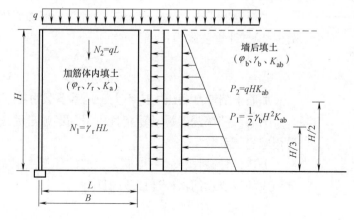

图5-10　挡墙外部稳定性土压力计算简图

$$K_{ab} = \tan^2\left(45° - \frac{\varphi_b'}{2}\right)$$ (5-1)

式中 φ_b'——被挡土体的有效内摩擦角（°）。

对于墙背倾角小于80°，或填料顶面为直线斜坡型或折线斜坡型的情况，挡墙被挡土体的主动土压力系数K_{ab}取库仑主动土压力系数，具体计算简图见相关土力学参考书。

① 抗滑稳定性验算

按刚性挡墙验算加筋土挡墙的滑动稳定时，其安全系数K_c的计算公式为：

$$K_c = \frac{\sum N \cdot f}{\sum P}$$ (5-2)

式中 $\sum N$——每延米加筋体作用于基底上的总垂直力（kN/m）；

f——基底与地层间的摩擦系数；

$\sum P$——每延米加筋体受到墙后被挡土体主动土压力的总水平分力（kN/m）。

② 抗倾覆稳定性和基底合力偏心距验算

加筋土挡墙的抗倾覆稳定安全系数K_0的计算公式为：

$$K_0 = \frac{\sum M_y}{\sum M_0}$$ (5-3)

式中 $\sum M_y$——稳定力系对墙趾的总力矩（kN·m/m）；

$\sum M_0$——倾覆力系对墙趾的总力矩（kN·m/m）。

基底合力偏心距e为加筋体合力作用点距加筋体中心的距离（见图5-11），按以下公式验算：

$$e = \frac{B}{2} - \frac{\sum M_y - \sum M_0}{\sum N}$$ (5-4)

式中 B——挡墙基底宽度（m），即底层筋材长度L与墙面厚度之和。

偏心距e需满足：对土质地基不应大于$B/6$；对岩石地基不应大于$B/4$。对加筋土挡墙，抗倾覆稳定性可以通过偏心距e来校核，不满足时可增加筋材长度。

③ 地基承载力和深层滑动验算

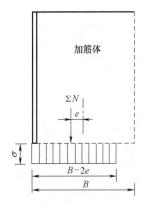

采用迈耶霍夫（Meyerhoff）法计算挡墙加筋体基底压力（见图5-11），计算公式为：

$$\sigma = \frac{\sum N}{B - 2e}$$ (5-5)

加筋土挡墙基底压力应不大于地基承载力特征值。

加筋土挡墙深层滑动稳定性可采用圆弧滑动法进行验算，获得相应安全系数。

上述各种破坏模式下加筋土挡墙的外部稳定安全系数均应满足相应的行业和结构设计规范的规定。

图5-11 基底合力偏心距和基底压力图示

2. 内部稳定性验算

加筋土挡墙的内部稳定性分析是要解决筋材的设置问题，包括筋材的强度验算和抗拔稳定性验算。设计过程包括：确定潜在破裂面位置、确定合适的筋材间距、计算每层筋材的最大拉力和锚固抗拔力。为了保证加筋体的整体性和稳定性，加筋土挡墙筋材最大竖向间距不应超过800mm。筋材间距应与面板的形式相协调，如对于模块式面板加筋土挡墙，筋材竖向间距应为模块高度的倍数。

① 潜在破裂面位置

对于采用土工合成材料这种柔性筋材的加筋土挡墙，其潜在破裂面为朗肯破裂面，即破裂面与水平面的夹角为$45°+\varphi_r'/2$（φ_r'为填土的有效内摩擦角），如图5-12所示。

② 筋材强度验算

第i层单位墙长筋材承受的水平拉力T_i（见图5-13）按下式计算：

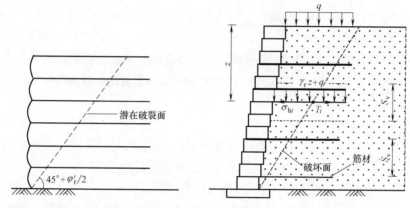

图5-12　加筋土挡墙潜在破裂面形状　　　图5-13　第i层筋材水平拉力

$$T_i = \sigma_{hi} \cdot S_h \cdot S_v \tag{5-6}$$

式中　σ_{hi}——作用于墙面背部的侧向土压应力（kN/m²）；

　　　S_h——筋材之间的水平间距（m），筋材满铺时$S_h=1$；

　　　S_v——筋材竖向间距（m），当筋材非等竖向间距布置时，S_v应为本层筋材与上下层筋材竖向间距的平均值。

侧向土压力σ_{hi}按下式计算：

$$\sigma_{hi} = K_a \left(\gamma_r \cdot z + q \right) \tag{5-7}$$

式中　K_a——墙面背部侧向土压力系数，如挡墙近于直立，采用朗肯主动土压力系数，

　　　　即$K_a = \tan^2 \left(45° - \dfrac{\varphi_r'}{2} \right)$，$\varphi_r'$为加筋体填料有效内摩擦角，否则可采用库仑

　　　　土压力系数的水平分量；

　　　γ_r——加筋体填土重度（kN/m³）；

　　　z——筋材埋深（m）；

　　　q——墙顶荷载（kPa）。

每层筋材均应进行强度验算。筋材拉力T_i应不大于筋材的容许抗拉强度T_{al}。当筋材拉力T_i大于筋材的容许抗拉强度T_{al}时，应调整筋材竖向间距或改用具有更高抗拉强度的筋材。筋材的容许抗拉强度T_{al}按下式计算：

$$T_{al} = \frac{T_{ult}}{RF} \qquad (5-8)$$

式中 T_{ult}——由拉伸试验测得的极限抗拉强度（kN/m）；

RF——考虑筋材施工损伤、蠕变、化学作用、生物破坏等因素时的总强度折减系数。

③ 筋材抗拔稳定性验算

第 i 层筋材的锚固抗拔力 T_{pi} 按下式计算：

$$T_{pi} = 2\sigma_{vi}aL_{ei}f' \qquad (5-9)$$

式中 σ_{vi}——筋材所在位置的垂直应力（kN/m²），其值为填土自重与加筋体顶面荷载产生的压力之和（不考虑交通荷载及其他可变荷载）；

a——筋材宽度（m），片状筋材满铺时 $a=1$；

L_{ei}——筋材的有效锚固长度（m），即潜在破裂面以外的筋材长度（图5-14），其值不得小于1m；

f'——筋材与填土之间的摩擦系数，应根据筋材拉拔试验确定。

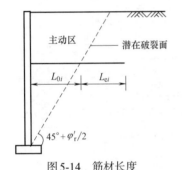

图5-14　筋材长度

筋材抗拔稳定性安全系数按下式确定：

$$K_p = \frac{T_{pi}}{T_i} \qquad (5-10)$$

K_p 应不小于1.5。不能满足时，应加长筋材或增加筋材用量，并重新进行抗拔稳定性验算。

④ 筋材长度设计

由内部稳定性确定的加筋土挡墙所需的筋材长度 L_i 由下式计算：

$$L_i = L_{0i} + L_{ei} + L_{wi} \qquad (5-11)$$

式中 L_{0i}——第 i 层筋材主动区内的筋材长度（m）；

L_{ei}——计算确定的筋材有效长度（m），即锚固长度；

L_{wi}——第 i 层筋材外端包裹土工袋所需长度（m），或筋材与墙面连接所需长度。

筋材在填土中的长度（即 $L_{0i}+L_{wi}$）在满足内部稳定性要求的情况下，还应不小于0.7倍墙高。

3. 排水设计

加筋土挡墙排水设计的目的是使水分不受阻碍地流过墙体或在水分进入墙体前收集并排出而不影响墙体稳定，加筋土挡墙墙体水分来源如图5-15所示。设计内容包括内部排水设计和外部排水设计。

内部排水设计主要是防止墙顶或墙体后的水分渗入加筋土体内，内部排水效果主要取决于填料的特性。内部排水系统主要有两种形式：一是靠近墙面的排水系统，用于排除靠近墙面的渗水；二是加筋体后及加筋体下的排水系统，用于排除地下水。外部排水设计主要防止墙体范围之外的水流进入墙体内，外部排水效果主要取决于墙体所在位置的水文地质条件。外部排水方式主要有：在墙顶地面做防水层（如不透水夯实黏土层或混凝土面板）；向墙外方向设散水坡和纵向排水沟，将集水远导。

典型的加筋土挡墙排水设计示意图如图5-16所示。

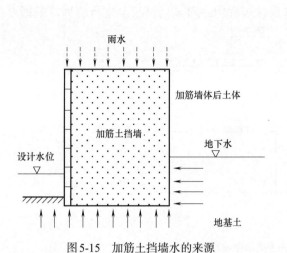

图5-15　加筋土挡墙水的来源　　　　图5-16　典型的加筋土挡墙排水设计示意图

4. 加筋土挡墙施工要点

加筋土挡墙施工主要包括地基处理、基础施工、面板施工、筋材铺设与固定、填土摊铺压实、填土压实质量检测等步骤。墙面板安装应保证标高及轴线准确。在已经整平夯实的地基上，裁剪并安放底层土工合成材料，根据面板的形式，按照设计及材料厂家的规定做好面板与筋材的连接；相邻加筋层应有足够的搭接或用连接棒进行连接。按图纸要求的标高、长度和方向来铺设土工合成材料，一般应平铺、拉直，不得重叠，不得卷曲、扭结。应对加筋层铺设长度、平展度、连接方式、与面板连接处的松紧情况等进行质量检验。

为了避免土工合成材料在施工中受到损伤，摊铺填土时应按前进方向摊铺，机械履带与格栅之间应保持有150mm厚的填土层。应用诸如斗式挖掘机或是带有铲斗的推土机等机械设备来进行填土施工。用于填土施工的机械设备应与边坡坡面保持至少2m的距离。填土应分层压实，压实机械与反包土袋坡面距离不得小于2m，在此范围内优先选用透水性良好的填土，用小型压路机轻压或用人工夯实，严禁使用大、中型压实机械。碾压时，应避免压轮与土工合成材料接触，以防筋材损坏。

5.4.4　设计算例

设计一加筋土挡墙，高度 H=6m，墙面竖直，填土表面水平，上有均布荷载 q=10kPa，填土重度 γ_r=19.6kN/m³，内摩擦角 φ'_r=34°，墙后被挡土体重度 γ_b=19.6kN/m³，内摩擦角 φ'_b=30°，地基土内摩擦角 φ'_f=30°，承载力特征值为320kPa。筋材采用极限抗拉强度 T_{ult}=60kN/m 的聚酯土工格栅，考虑筋材蠕变、施工损伤和老化等因素时的总强度折减系数 R_f=3.0。各稳定性安全系数要求见表5-1。

稳定性安全系数　　　　　　　　　　　　　　　　表5-1

抗滑稳定性	抗倾覆稳定性	筋材抗拔稳定性
1.3	1.6	1.5

【解】　1. 外部稳定性验算

（1）荷载计算

墙面拟采用混凝土模块式面板，模块尺寸为 0.42m×0.3m×0.2m（长×宽×高），填土中

筋材长度 L 初步拟定为 $0.7H$（即 4.2m），在设计过程中会对该筋材长度进行验算。根据设计的基本资料，加筋土挡墙截面尺寸如图 5-17 所示。

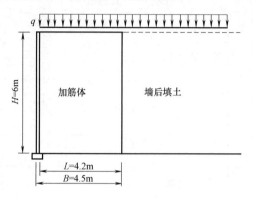

图 5-17　加筋土挡墙截面尺寸

加筋体作用于地基上的总垂直力：

$$\sum N = N_1 + N_2 = \gamma_r HL + qL = 19.6 \times 6 \times 4.2 + 10 \times 4.2 = 535.92 \text{kN/m}$$

墙后被挡土体作用于加筋体上的总水平土压力：

$$\sum P = P_1 + P_2 = \frac{1}{2}\gamma_b H^2 K_{ab} + qHK_{ab} = \left(\frac{1}{2}\gamma_b H^2 + qH\right) \cdot \tan^2\left(45° - \frac{\varphi_b'}{2}\right)$$

$$= \left(\frac{1}{2} \times 19.6 \times 6^2 + 10 \times 6\right) \cdot \tan^2\left(45° - \frac{1}{2} \times 30°\right)$$

$$= 137.6 \text{kN/m}$$

（2）抗滑稳定性验算

抗滑稳定性安全系数：

$$K_c = \frac{\sum N \cdot f}{\sum P} = \frac{\sum N \cdot \tan\varphi_r'}{\sum P} = \frac{535.92 \times \tan 30°}{137.6} = 2.25 > 1.3$$

因此，满足抗滑稳定性。

（3）抗倾覆稳定性验算

抗倾覆力稳定性安全系数：

$$K_0 = \frac{\sum M_y}{\sum M_0} = \frac{\sum N \cdot \dfrac{L}{2}}{P_1 \cdot \dfrac{H}{3} + P_2 \cdot \dfrac{H}{2}} = \frac{\dfrac{1}{2} \times 535.92 \times 4.2}{\dfrac{1}{3} \times 117.6 \times 6 + \dfrac{1}{2} \times 20 \times 6} = 3.8 > 1.6$$

因此，满足抗倾覆稳定性。

（4）基底合力偏心距验算

基底合力偏心距：

$$e = \frac{B}{2} - \frac{\sum M_y - \sum M_0}{\sum N} = \frac{1}{2} \times 4.5 - \frac{1125.43 - 295.2}{535.92} = 0.7\text{m} < \frac{B}{6} = 0.75\text{m}$$

因此，基底合力偏心距满足要求。

（5）地基承载力验算

加筋体基底压力：

$$\sigma = \frac{\sum N}{B - 2e} = \frac{535.92}{4.5 - 2 \times 0.7} = 172.88\text{kPa} < 320\text{kPa}$$

因此，地基承载力满足要求。

2. 内部稳定性验算

（1）潜在破坏面位置

该土工格栅加筋土挡墙的潜在破坏面为朗肯面，其与水平面的夹角 $\alpha = 62°$。

（2）筋材竖向间距

筋材竖向间距选取模块高度的 3 倍（即 $S_v = 0.6\text{m}$），等竖向间距布置，第 1 层（即最底层）筋材距地基高度为 0.2m，则总筋材层数为 10 层。

（3）筋材强度验算

第 i 层筋材水平拉力：

$$T_i = \sigma_{\text{hi}} \cdot S_{\text{h}} \cdot S_{\text{v}} = K_{\text{a}}\left(\gamma_r z + q\right) S_{\text{h}} S_{\text{v}} = \tan^2\left(45° - \frac{\varphi_r'}{2}\right) \cdot \left(\gamma_r z + q\right) S_{\text{h}} S_{\text{v}}$$

$$= \tan^2\left(45° - \frac{34°}{2}\right) \times (19.6Z + 10) \times 1 \times S_{\text{v}}$$

$$= (5.49 \times z + 2.8) \times 1 \times S_{\text{v}}$$

根据各层筋材的埋深 z 和竖向间距 S_v 的值，将各层筋材水平拉力列于表 5-2。

各层筋材水平拉力值 表 5-2

层数 i	埋深 z(m)	竖向间距 S_v(m)	水平拉力 T_i(kN/m)
1	5.8	0.5	17.3
2	5.2	0.6	18.8
3	4.6	0.6	16.8
4	4.0	0.6	14.9
5	3.4	0.6	12.9
6	2.8	0.6	10.9
7	2.2	0.6	8.9
8	1.6	0.6	7.0
9	1.0	0.6	5.0
10	0.4	0.7	3.5

筋材的容许抗拉强度：

$$T_{\text{al}} = \frac{T_{\text{ult}}}{RF} = \frac{60}{3.0} = 20\text{kN/m}$$

各层筋材水平拉力均小于容许抗拉强度，满足要求。

（4）筋材抗拔稳定性验算

第 i 层筋材的锚固抗拔力：

$$T_{\text{pi}} = 2\sigma_{\text{vi}} a L_{\text{ei}} f' = 2\left(\gamma_r z + q\right) a L_{\text{ei}} \tan \varphi_r' = 2 \times (19.6Z + 10) \times 1 \times L_{\text{ei}} \times \tan 34°$$

$$= (26.44z + 13.49) L_{\text{ei}}$$

第 i 层筋材的抗拔稳定性安全系数：

$$K_{\text{p}} = \frac{T_{\text{pi}}}{T_i} = \frac{(26.44z + 13.49) L_{\text{ei}}}{T_i}$$

根据各层筋材的埋深 z 和有效锚固长度 L_{ei} 的值，将各层筋材锚固抗拔力和抗拔稳定性安全系数列于表5-3。

各层筋材锚固抗拔力和抗拔稳定性系数值 表5-3

层数 i	埋深 z (m)	有效锚固长度 L_{ei} (m)	锚固抗拔力 T_{pi} (kN/m)	抗拔稳定性系数 K_p
1	5.8	4.09	683.0	39.5
2	5.2	3.77	569.9	30.3
3	4.6	3.46	466.9	27.8
4	4.0	3.14	374.0	25.1
5	3.4	2.82	291.3	22.6
6	2.8	2.50	218.7	20.1
7	2.2	2.18	156.2	17.5
8	1.6	1.86	103.8	14.8
9	1.0	1.54	61.6	12.3
10	0.4	1.22	29.4	8.4

由表5-3可见，各层筋材抗拔稳定性安全系数均大于1.5，满足要求。

（5）筋材长度设计

由表5-3可见，各层筋材的锚固长度均大于1m，因此最初拟定的填土中筋材长度满足要求。筋材总长度为主动区内筋材长度 L_{0i}、筋材锚固长度 L_{ei} 和筋材与墙面连接长度 L_{wi} 之和，为筋材与墙面连接预留出0.3m，故该加筋土挡墙筋材总长度选为4.5m。

5.5 加筋土边坡

5.5.1 加筋土边坡的结构与应用

在填方工程中，为了改善填土的抗剪性能，可在分层填土中铺设土工合成材料等加筋体，以此来提高填方边坡的稳定性。这种由分层填土和加筋体形成的边坡，称为加筋土边坡。一般来说，加筋土边坡的坡角小于70°，但大于填土的内摩擦角。加筋土边坡可用于新建高陡填方边坡、路堤的扩宽改造、坍塌边坡的修复治理、传统挡墙的替代，以及各种形式的护坡、护岸工程。因此，加筋土边坡在公路、铁路、水利、市政、房建等行业得到了广泛应用。

加筋土边坡主要是由填土和筋材组成，必要时可增设面层。加筋土边坡中筋材可选用土工格栅、土工织物、土工格室等，并应沿边坡高度方向按照设定的垂直间距呈层状水平铺设。根据边坡坡率和结构物工作要求，筋材的长度可以是等长的或非等长的，筋材在坡面边缘处既可水平铺设，也可回折包裹土体，这样对侧向变形的约束效果更好。面层系统一般为柔性护面与植被相结合的形式，也可不设。图5-18给出了几种典型的加筋土边坡的结构形式。

5.5.2 加筋土边坡的破坏模式

根据破坏面与所埋设筋材的关系，加筋土边坡的破坏模式可归纳为以下三类：

（1）内部破坏。破坏面穿过加筋填土区域，与水平布置的筋材相交，破坏原因包括筋材拔出、断裂以及土体沿加筋界面滑动等（图5-19）。

（2）外部破坏。破坏面绕过加筋填土区域，任意位置都不与筋材相交。与非加筋土边坡相同，加筋边坡的外部破坏可能发生在地基表面，也可能深入到地基内发生深层滑动，具体表现为沿地基表面的侧向滑移（开裂）、深层整体滑动、软基侧向挤出（坡脚承载力不足）以及过度沉降破坏等（图5-20）。

（3）混合型破坏。即仅部分破坏面通过加筋土体的破坏模式。

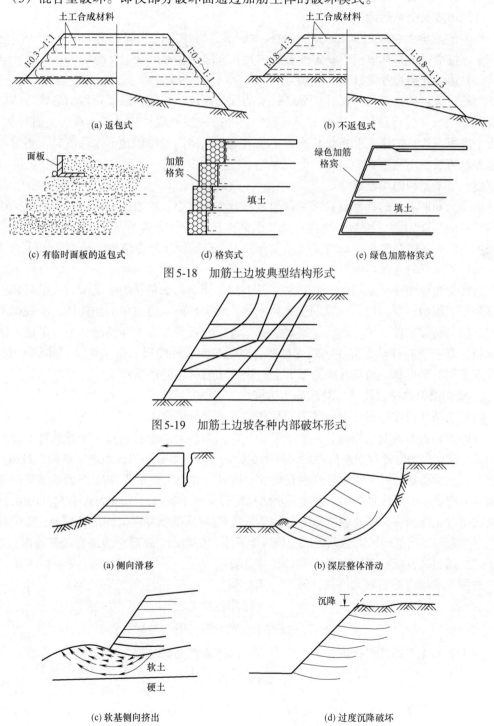

(a) 返包式　　　　　　　　　　(b) 不返包式

(c) 有临时面板的返包式　　　(d) 格宾式　　　(e) 绿色加筋格宾式

图5-18　加筋土边坡典型结构形式

图5-19　加筋土边坡各种内部破坏形式

(a) 侧向滑移　　　　　　　　(b) 深层整体滑动

(c) 软基侧向挤出　　　　　　(d) 过度沉降破坏

图5-20　加筋土边坡的外部破坏形式

5.5.3 加筋土边坡的设计与施工

1. 加筋土边坡设计内容

加筋土边坡的设计要素一般包括四个部分：边坡安全系数、边坡几何尺寸及荷载、地基土和回填土材料、加筋材料。

（1）边坡安全系数确定

边坡的安全系数应根据相关行业的技术标准，考虑实际工程的类别和等级、工况条件、土体抗剪强度指标取值、稳定性分析内容和方法等多种因素综合确定。

（2）边坡几何尺寸设计及荷载确定

加筋土边坡的几何尺寸设计主要是针对边坡的高度、坡度，以及边坡的形状、结构形式及其相关尺寸进行设计。边坡所受荷载主要考虑坡顶静载、临时活荷载、交通荷载等，其大小应根据边坡的用途及所处状态确定。若遇到强降雨入渗或地下水渗流时，还需考虑渗流力对边坡的不利影响。

（3）地基土和回填土特性

地基土和回填土的特性直接关系到地基承载力的大小及边坡的稳定性，是决定工程安全和成本的重要因素。加筋土边坡应建在承载性能良好的地基上，所选填料应易于压实，且经压实后其强度和变形指标均能满足工程要求，以确保加筋土结构的长期稳定性。

（4）加筋材料选择与设计

加筋土边坡中通常采用的加筋材料多种多样，简单的如条状的土工带，二维的如土工格栅和土工织物，复杂的如三维的土工格室等。对于加筋土边坡中的加筋体，应根据工程结构类型、荷载条件、填土性质、环境影响、施工方式等工程实际情况，充分考虑不同加筋材料具有不同的静动力特性、蠕变性能、老化与耐久性能以及抵抗施工损伤的性能等，在保证工程安全可靠、经济环保的基础上，进行加筋材料的选择和设计。

2. 根据筋材总拉力设计计算加筋土边坡

（1）未加筋边坡稳定性分析及需要加筋的临界区范围确定

在确定是否需要对土坡进行加筋处理前，应对未加筋的土坡进行稳定性验算，分析加筋的必要性。当确定进行加筋处理后，需确定稳定性安全系数临界区范围。如图5-21（a）所示边坡，在没有加筋时，假设任意潜在滑动面所对应的稳定性系数为F_{SU}，而且最危险滑动面所对应的最小稳定性系数小于设计要求的稳定性安全系数F_{SR}，如果将所有$F_{SU} \approx F_{SR}$的潜在滑动面用外包线围住，则此包线即为与安全系数F_{SR}对应的临界区范围。特别地，若坡脚下部也存在着临界区范围，则意味着此土坡可能发生深层滑动，需进一步进行地基处理。

（2）筋材允许抗拉强度与最大筋材拉力计算

按照下式确定的筋材允许抗拉强度T_{al}选择筋材：

$$T_{al} = \frac{极限强度 T_{ult}}{折减系数 RF (蠕变、施工损伤与耐久性)} \tag{5-12}$$

对于加筋土坡的临界区内每一个潜在滑动面所需的筋材总拉力应按下式计算：

$$T_s = \left(F_{SR} - F_{SU}\right)\frac{M_D}{D} \tag{5-13}$$

式中　T_s——沿宽度方向（如图5-21所示，宽度方向为垂直纸面方向）每延米所需的筋材总拉力（kN/m），筋材长度需穿过滑动面；当筋材为独立条带时取$D=Y$，

T_s 的作用点可设定在坡高的 1/3 处；

M_D——滑动面内单位厚度滑体重量 W 对滑动面圆心的力矩（kN·m/m）；

D——每延米筋材总拉力对滑动面圆心的力臂（m）；

F_{SR}——加筋土坡要求的稳定性安全系数；

F_{SU}——土坡未加筋时的稳定性系数。

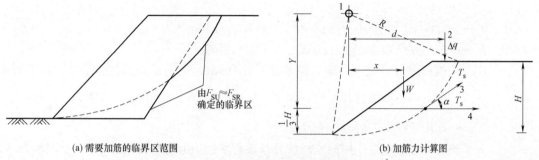

图 5-21　加筋边坡设计示意图

1—圆心；2—超载；3—延伸性筋材满铺拉力（D=R）；4—独立条带筋材拉力（D=Y）；H—边坡高度；Y—临界滑动面圆心至筋材的垂直距离；R—临界滑动面圆弧半径；d—临界滑动面对应圆心至坡顶超载的水平距离；Δq—坡顶超载；x—边坡滑动体形心至临界滑动面对应圆心的水平距离；W—边坡滑动体重量；T_s—拉筋拉力

值得注意的是：①在搜索滑动面计算筋材总拉力 T_s 时，滑动面对应的稳定性系数越小不代表其对应的筋材总拉力越大，因此应搜索尽可能多的滑动面，得出所需的最大的筋材总拉力 T_{smax}；②考虑不同的土工合成材料加筋具有不同的刚度，它与加筋结构中填料的变形协调特性也因此有所差异，故加筋的实际受力方向十分复杂。一般认为刚度大的条带式加筋，受力方向可设置为筋材铺设方向；对于土工织物等柔性片状筋材，由于滑移体可能出现较大滑移量，相应滑移面上的剪切变形较大，其受力方向宜取滑动面切向。

（3）筋材分布的确定

当坡高小于等于 6m，则沿坡高按单一间距将最大筋材总拉力 T_{smax} 均匀分配给各加筋层。

若坡高大于 6m，则沿坡高分成 2~3 个加筋区，每个加筋区内加筋拉力均匀分配，其总和为 T_{smax}，具体分配如下：

2 个分区时，顶部拉力 $T_t = \dfrac{1}{4} T_{smax}$，底部拉力 $T_b = \dfrac{3}{4} T_{smax}$；

3 个分区时，顶部拉力 $T_t = \dfrac{1}{6} T_{smax}$，中部拉力 $T_m = \dfrac{1}{3} T_{smax}$，底部拉力为 $T_b = \dfrac{1}{2} T_{smax}$。

已知筋材的允许抗拉强度 T_{al} 及单位宽度最大拉力 T_{smax}，则可通过下式求得加筋间距 S_v 及加筋层数 N，实际工程中加筋间距 S_v 不宜大于 0.8m。

$$N = \frac{T_z}{T_{al} R_c} \tag{5-14}$$

$$S_v = \frac{H_z}{N} \tag{5-15}$$

式中　T_z——某分区内单位宽度坡体所需分配的加筋力（kN/m）；

H_z——某分区的坡高（m）；

R_c——加筋覆盖率（%），对于连续片状的筋材取 $R_c = 1.0$；对于条带状筋材，R_c 为筋材的宽度b除以水平间距S_h。

（4）筋材长度的确定

筋材布设时应越过滑动面之外伸出一定的长度，从而保证筋材在受力后不被拔出，此长度即为筋材的锚固长度L_e，可按下式确定：

$$L_e = \frac{T_a F_s}{2F^* \alpha \sigma_v' R_c} \tag{5-16}$$

式中　T_a——分区某层中的单位筋材分配到的拉力（kN/m）；

　　　　F_s——抗拔安全系数，粗粒土取1.5，黏性土取2.0；

　　　　F^*——抗拔阻力系数（界面摩擦系数），应由试验测定；若无试验结果，可近似根据土的长期抗剪强度指标φ_r（一般取黏聚力$c_r = 0$）确定，即$F^* = \frac{2}{3}\tan\varphi_r$；

　　　　σ_v'——作用于筋材上的垂直有效应力（kPa）；

　　　　α——筋材与土相互作用的非线性分布效应系数，土工格栅取0.8，土工织物取0.6；

　　　　R_c——加筋覆盖率，对于连续分布的土工格栅和土工织物可取1.0。

一般规定锚固长度L_e不应小于1.0m。筋材的长度为滑动面内长度与锚固长度之和，但为了方便工程应用，可沿边坡高度将筋材长度简化为两段或三段相同长度的配筋。

（5）外部稳定性与地基承载力验算

加筋边坡的外部稳定性分析主要包括四个方面，分别是抗滑移稳定验算、深层滑动稳定验算、坡趾局部承载力验算及地基沉降验算。对于高度较大，分区布筋的加筋边坡，应沿不同长度筋材分界面验算抗滑移稳定性。

深层滑动稳定验算结果需满足设计要求，验算方法可采用瑞典条分法、毕肖甫（Bishop）法、简布（Janbu）法等。

当边坡下存在有限深度D_s的软弱土层时，如图5-22所示，可按式（5-17）计算局部侧向挤出稳定性系数F_{sq}。当稳定性系数F_{sq}未达到规范要求时，则需进行地基处理。当软弱土层厚度D_s大于边坡宽度时，还应验算地基承载力。地基沉降可采用经典的沉降计算方法进行计算，并验算地基总沉降量、差异沉降与沉降速率。

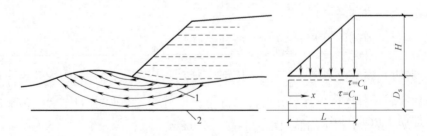

图5-22　坡趾地基承载力验算

1—软土层；2—硬土与软土交界面

$$F_{sq} = \frac{2C_u}{\gamma D_s \tan\theta} + \frac{4.14C_u}{H\gamma} \tag{5-17}$$

式中　θ——坡角（°）；

　　　　γ——土的重度（kN/m³）；

D_s——软弱土层厚度（m）；

H——坡高（m）；

C_u——软弱土层的不排水强度（kPa）。

3. 加筋土边坡施工要点

铺设加筋材料时，筋材主强度方向应垂直于坡面，筋材上应插防滑钉。采用土工织物筋材时，如坡面处要包裹，相邻织物搭接至少15cm；如不需包裹则平接。若筋材为土工格栅，则两相邻片边缘应卡紧或扎紧。填土压实时，借助机械填土时车轮与筋材间的距离至少应保持15cm。砂土用振动碾或夯板，黏性土用气胎碾或平碾压密，近坡肩处用轻碾。碾压时，注意防止筋材移动，压实机械底面与筋材间的土料厚度不应小于30cm，并应将土料压实至要求密实度。

坡面缓于1∶1时，如果筋材垂直间距不大于40cm，坡面处筋材端部可不回折包裹；否则应予包裹，将筋材在坡面处折回使其压在上一层填土之下，长度应不短于1m。若坡面很陡，可采用土袋、格宾或金属网坡面，其中金属网制成有支撑的角型体。如筋材为土工格栅，在坡面处包裹需要加设细孔土工网或土工织物，防止填土漏失。为防止雨水与径流冲蚀坡面，坡面应植草或采取其他防护措施。

5.5.4 加筋土边坡的防排水与坡面防护

加筋土边坡的防排水措施主要包括两部分，地表水防治与地下水防治。针对地表水常见的排水措施主要是在坡面设置排水孔或排水体，将坡内水分引流出边坡外，除此之外也可设置截水防渗措施，截断外界水分的补给通道。针对地下水，需要根据地层中含水带的厚度、位置、补给来源等条件，设置边坡截渗沟阻断地下水来源，也可设置水平排水孔排出内部含水。

常见的排水结构根据其在坡体上的位置可分为坡面排水结构和坡体内排水结构。坡面排水结构主要为排水沟（图5-23），可分为纵向排水沟、横向排水沟及坡面贴坡排水沟等，能够防止边坡上的雨水冲刷、漫流，起到防止边坡发生渗流破坏的作用。坡体内排水结构主要有水平排水孔、地下排水孔或排水管等（图5-24），其有利于边坡内部孔隙水压力的消散，排出坡体内部的水分，降低地下水位。

坡面防护分为工程防护和植物防护两大类。工程防护，即通过设置结构达到限制坡面损害，起到加固坡体的作用。常见的工程防护措施有喷射混凝土护坡、干砌片石护坡、浆砌片石护坡、锚杆钢丝网护坡等。对于较缓的边坡可采用植物防护或三维植被网防护，在边坡表面栽种植物，固定表层土壤，减少水土流失，这更切合人与自然和谐相处的思想。现在的边坡防护工程大多数将两种防护类型结合起来使用，既稳定也美观。但对于易受水流冲刷的加筋土边坡工程，应以工程防护为主，尤其是陡坡，可采用土工袋坡面、格宾坡面、金属网坡面等防护形式。

5.5.5 设计算例

某高速公路路堤边坡的高度为12m，坡比为1∶1.5，现对其进行改扩建，需要在顶部拓宽22m。根据工程和场地条件，扩宽的路堤边坡拟采用坡比为1∶0.75的加筋填方边坡。下面对该加筋土边坡进行设计计算。

（1）确定加筋土边坡尺寸、荷载及土的工程性质

如图5-25所示，加筋填方边坡坡比为1∶0.75（坡角53°），坡高12m，坡顶交通荷

载简化为均布静载12.5kPa。现场土的有效应力强度参数指标c_1'=20kPa、φ_1'=30°，重度γ_1=20.0kN/m³。填料的有效应力强度参数指标c_2'=5kPa、φ_2'=32°，重度γ_2=18.6kN/m³。设计要求加筋土边坡外部和内部稳定性安全系数为1.3。

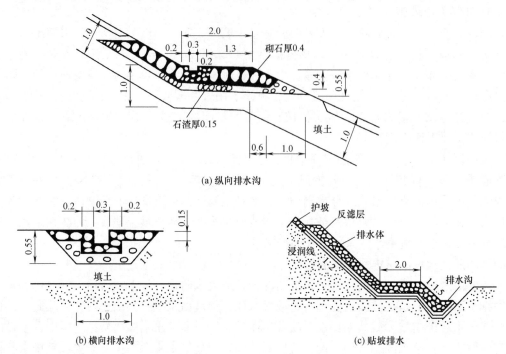

(a) 纵向排水沟

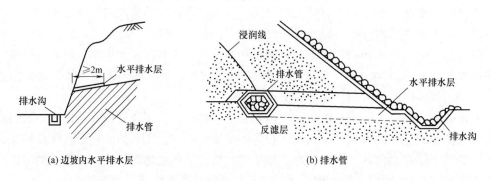

(b) 横向排水沟

(c) 贴坡排水

图5-23　坡面排水系统示意图（尺寸单位：m）

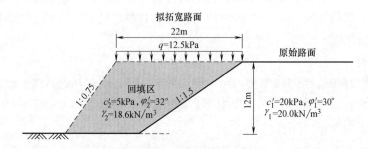

(a) 边坡内水平排水层

(b) 排水管

图5-24　坡体内排水系统示意图

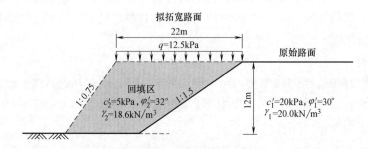

图5-25　加筋边坡设计算例工程示意图

（2）加筋材料参数

加筋材料采用极限抗拉强度为50kN/m的土工格栅，取耐久性折减系数RF_D=1.25，施工损伤折减系数RF_{ID}=1.2，蠕变折减系数RF_{CR}=3.0。

因此，筋材的允许抗拉强度为$T_{al} = \dfrac{50}{1.25 \times 1.2 \times 3.0} = 11$kN/m。

对于粗粒土，界面抗拔安全系数为F_s=1.5，最小锚固长度为1.0m。

（3）未加筋边坡稳定性分析及需要加筋的临界区范围确定

首先假定填方边坡无加筋，采用瑞典条分法分析无加筋边坡的稳定性，得到其最危险滑动面的稳定性系数F_{SU}=0.772，小于设计要求的稳定性安全系数1.3，该边坡需要进行加筋处理。绘出所有滑动面，以安全系数为1.3的滑动面包线为临界加筋区域（图5-26），该区在坡底处宽9m，坡顶处宽11m。

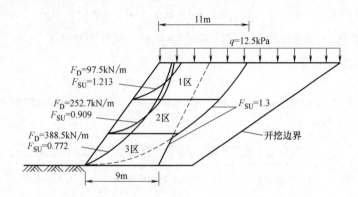

图5-26　未加筋边坡算例稳定性分析及临界区范围确定

（4）计算加筋最大总拉力及确定筋材分布

根据图5-21所示滑动面以及公式$T_s = \left(F_{SR} - F_{SU}\right)\dfrac{M_D}{D}$计算加筋最大总拉力为：

$$T_{smax} = (1.3 - 0.772) \times \frac{7462.7}{19.2} = 205.2\text{kN/m}$$

本算例中坡高为12m，根据规范要求，坡高大于6m需要按照三个分区进行拉力分配，每个分区高度为4m，则有：

顶部分区1分得的拉力为$T_t = \dfrac{1}{6}T_{smax} = 34.2$kN/m；中部分区2分得的拉力为$T_m = \dfrac{1}{3}T_{smax} = 68.4$kN/m；底部分区3分得的拉力为$T_b = \dfrac{1}{2}T_{smax} = 102.6$kN/m；最少加筋层数为$N = \dfrac{T_{smax}}{T_{al}} = \dfrac{205.2}{11} = 18.7$层。其中，分区1设置最少加筋层数为$N_1 = \dfrac{34.2}{11} = 3.1$层，设为4层；分区2的最少加筋层数为$N_2 = \dfrac{68.4}{11} = 6.2$层，设为7层；分区3的最少加筋层数为$N_3 = \dfrac{102.6}{11} = 9.3$层，设为10层。

总加筋层数为21层，大于设计的18.7层，筋材分布可行。接下来进一步确定筋材垂直间距：分区1的筋材间距为 $S_{V1} = \dfrac{4}{4} = 1m$，采用1m的布筋间距；分区2的筋材间距为 $S_{v2} = \dfrac{4}{7} = 0.57m$，采用0.6m的布筋间距；分区3的筋材间距为 $S_{v3} = \dfrac{4}{10} = 0.4m$，采用0.4m的布筋间距。

筋材设置过密，将可能带来施工困难，可考虑在顶部分区中设置主筋和辅筋。在本算例中，因为边坡上部分区1主筋层之间间距大于0.6m，还应布置辅筋以保证边坡稳定，辅筋长度可取1.2~2.0m，强度可略小于主筋。

（5）计算筋材锚固长度

边坡自顶部以下 Z 处，筋材的被动区抗拔长度 L_e 根据式（5-16）确定，其中由拉拔试验确定出界面调整系数 $\alpha=0.66$，加筋覆盖率为 $R_c=1.0$，抗拔阻力系数 F^* 为0.4，因此有：

$$L_e = \frac{T_a F_s}{2F^* \alpha \sigma'_v R_c} = \frac{11 \times 1.5}{2 \times 0.4 \times 0.66 \times 18.6Z} = \frac{1.68}{Z}$$

各分区筋材锚固长度的计算值、设计值以及筋材总长度见表5-4。

（6）校核外部稳定性

通过电算程序，计算出加筋土边坡沿每种长度筋材分界面处抗滑移稳定性系数，它们均符合要求。深层滑动稳定验算采用毕肖甫（Bishop）法对加筋土边坡进行计算，得其稳定性系数为1.8，符合要求。

各分区筋材锚固长度计算值、设计值及筋材总长度   表5-4

分区	最大自由段长度 L_f(m)	加筋土层深度 Z(m)	锚固长度计算值 L_{e1}(m)	锚固长度设计值 L_{e2}(m)	总长度设计值 L(m)
1	11.00	1.00	1.68	2.00	13.00
		2.00	0.84	2.00	13.00
		3.00	0.56	2.00	13.00
		4.00	0.42	2.00	13.00
2	11.00	4.20	0.40	1.00	12.00
		4.80	0.35	1.00	12.00
		5.40	0.31	1.00	12.00
		6.00	0.28	1.00	12.00
		6.60	0.25	1.00	12.00
		7.20	0.23	1.00	12.00
		7.80	0.22	1.00	12.00
3	9.00	8.20	0.20	1.00	10.00
		8.60	0.20	1.00	10.00
		9.00	0.19	1.00	10.00
		9.40	0.18	1.00	10.00
		9.80	0.17	1.00	10.00

分区	最大自由段 长度 L_f(m)	加筋土层 深度 Z(m)	锚固长度计 算值 L_{e1}(m)	锚固长度设 计值 L_{e2}(m)	总长度设 计值 L(m)
3	9.00	10.20	0.16	1.00	10.00
		10.60	0.16	1.00	10.00
		11.00	0.15	1.00	10.00
		11.40	0.15	1.00	10.00
		11.80	0.14	1.00	10.00

5.6 加筋土垫层

5.6.1 加筋土垫层的作用及种类

1. 加筋土垫层的作用

加筋土垫层是指直接铺设土工合成材料于软土地基之上或将原持力层一定深度内的软弱土层挖去再逐层铺设土工合成材料与土料等组成的加筋持力层。加筋土垫层中的土工合成材料，主要包括土工织物、土工格栅、土工格室等。加筋土垫层主要用于提高地基稳定性，并减小地基变形。

土工合成材料对地基的加筋作用主要有以下三个方面：（1）增强垫层的整体性和刚度，减少不均匀沉降；（2）扩散应力，使压应力分布均匀；（3）约束软弱土的侧向变形。

2. 加筋土垫层的种类

根据处理地基上构筑物的不同种类，加筋土垫层主要包括条形浅基础的加筋土垫层和软弱地基上的加筋堤。

当天然地基土体具有承载能力不足等问题时，最经济有效的地基处理措施为在基础下方设置加筋垫层，垫层中可铺设一层或多层土工合成材料，提高地基的承载能力，以适应上部荷载的需要。典型的条形浅基础加筋土垫层如图5-27所示。

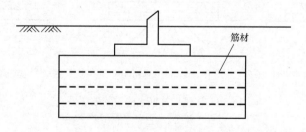

图 5-27 浅基础加筋土垫层

软土地基上的加筋堤包括公路、铁路路堤以及水利堤坝。在软土地基上修建路堤，容易产生地基失稳、过大沉降或不均匀沉降的问题，其加筋土地基主要有两种结构形式：一是在软弱土地基表面平铺一层土工织物或土工格栅，然后直接进行路堤填土；二是挖除部分软土，按一定的层间距设置两层或多层平面型加筋材料，各层筋材间铺设砂砾料构成加筋土垫层（图5-28）。加筋土垫层可提高软土地基上路堤的填土高度，能有效约束侧向位移和侧向挤出量，增强地基抗滑稳定性，可有效减少地基最终沉降量和不均匀沉降。

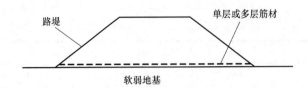

图5-28　软弱地基上的加筋路堤

5.6.2　加筋土垫层破坏模式

1. 条形浅基础加筋土垫层的破坏模式

条形浅基础加筋土垫层的破坏模式与垫层加筋层数、层间距、筋土界面摩擦系数、土体抗剪强度等参数密切相关，可能的破坏模式如图5-29所示。

如图5-29（a）所示的浅层破坏是在基础底部和第一层筋材的距离过大或垫层材料强度过低时容易发生；如图5-29（b）所示加筋材料层间破坏多发生于筋材间距过大时；如图5-29（c）所示垫层内整体破坏一般在垫层厚度较大且加筋层数较多的情况下可能产生；若垫层厚度较薄，或垫层下土体强度过低时，则产生图5-29（d）所示的应力扩散型破坏；当垫层下部土体强度过低，则有可能发生如图5-29（e）所示的冲切破坏；若加筋垫层区宽度过窄，则整个加筋垫层有可能发生整体冲切破坏，如图5-29（f）所示。

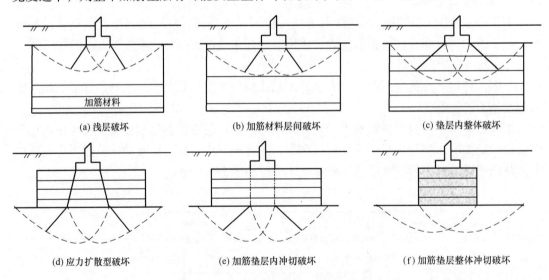

图5-29　浅基础加筋土垫层的破坏模式

2. 软土地基上的加筋路堤破坏模式

软弱土地基上加筋垫层路堤的破坏模式与筋材的抗拉强度和延伸率、加筋土垫层的刚度和完整性、软土层的厚度及其工程性质等因素有关，可能产生的破坏模式有：（1）地基承载力破坏（图5-30a），多发生于路堤高度过高或坡度较陡，下部地基软弱时；（2）路堤和地基整体滑动破坏，常伴随着筋材的拉断或拔出等情况（图5-30b）；（3）堤坡沿加筋材料滑动破坏，当筋材与路堤材料之间的界面摩擦不足时，则可能出现路堤堤坡沿筋材界面平面滑动的破坏模式（图5-30c）；（4）侧向挤出破坏，当软弱土地基下伏有较硬的岩土层时，则介于填方路堤与该岩土层之间的软土层可能会发生侧向挤出破坏（图 5-30d）。

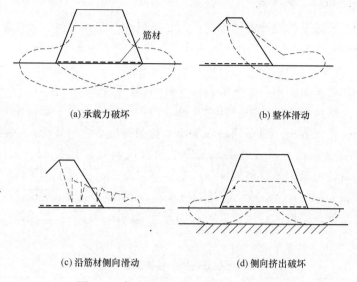

(a) 承载力破坏   (b) 整体滑动

(c) 沿筋材侧向滑动   (d) 侧向挤出破坏

图 5-30 软土地基上的加筋路堤破坏模式

当加筋土垫层的筋材拉伸变形过大，无法约束路基侧向变形，或者地基的固结沉降过大，超出了工后沉降的要求时，软土地基上的加筋土垫层路堤也可能发生路基沉降变形过大的失效模式，如图 5-31 所示。

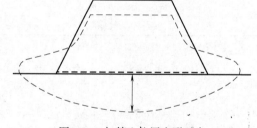

图 5-31 加筋土垫层变形过大

5.6.3 垫层中土工合成材料加筋作用分析

加筋土垫层中土工合成材料的加筋作用机理主要包括侧向约束作用、膜效应作用和承载力提高作用。其中侧向约束作用和膜效应作用机理与 5.3.2、5.3.3 节的加筋作用机理相类似。此外，对于加筋土垫层，土工合成材料筋材还具备提高承载力的作用。基础下方的土在沉降的同时向两侧扩张，地基土破坏时，基础两侧的地表隆起。因此基础下方土体存在着一个拉伸变形区域，将土工合成材料布置于此，一方面筋材通过界面的咬合、摩擦等作用限制了土体的侧向移动；另一方面，筋材的存在将产生拉力，进一步约束了基础两侧土体的隆起，使得加筋垫层的承载力得到提高。非加筋地基与加筋垫层地基承载力的对比如图 5-32 所示。

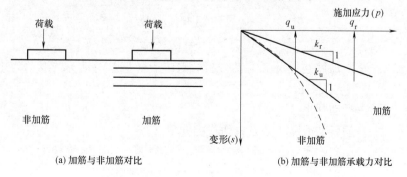

(a) 加筋与非加筋对比   (b) 加筋与非加筋承载力对比

图 5-32 承载力提高作用

5.6.4 加筋路堤设计与施工

1. 设计资料与设计计算内容

软土地基上加筋路堤的设计资料包括：（1）路堤的形态和几何尺寸（路堤高度、边坡坡度、地基土分布）；（2）路堤填土性质（重度、黏聚力、内摩擦角）；（3）路基土的性质（重度、黏聚力、内摩擦角）；（4）筋材的铺设位置和长度；（5）筋材的工程特性（容许抗拉强度、与填料和路基土的界面摩擦系数）；（6）上覆荷载。

软土地基上加筋路堤的设计主要针对其破坏形式，采用极限平衡总应力分析法进行设计计算。首先应按常规方法对典型的路堤断面进行圆弧滑动稳定分析，得到未设置加筋垫层时路堤的最小安全系数为 F_{su}。与要求的安全系数 F_{sr} 对比，当 $F_{su}<F_{sr}$ 时，应铺设加筋垫层。加筋垫层的设计包括加筋材料的铺设层数、铺设方式、铺设范围等内容。加筋垫层路堤设计验算应包括：（1）地基的承载力验算；（2）加筋垫层地基的深层抗滑稳定性验算；（3）加筋垫层地基的浅层抗滑稳定性验算；（4）地基的沉降计算。加筋路堤的安全系数要求见表5-5。

加筋路堤的性能要求　　　　　　　　　　　　　　　　　　表5-5

破坏模式	安全系数要求
地基承载力破坏	F_{sr}=1.3~2.0
整体滑移破坏	F_{sr}=1.3~1.5
侧向平面滑动破坏	$F_{sr}>1.5$
沉降与差异沉降	按照项目要求而定

2. 地基承载力验算

（1）当地基软土层较深，软土厚度远大于堤底宽度时，地基极限承载力按下式计算：

$$q_{ult} = C_u N_c \tag{5-18}$$

式中　C_u——地基土的不排水抗剪强度（kPa）；

N_c——软基上条形基础下地基承载力因数，取5.14。

（2）当地基软土层深度有限时，应进行坡趾处的抗挤出分析，参见图5-22及式（5-17）。

3. 地基深层抗滑稳定性验算

当软弱土层较深时，滑动面可能贯穿路基和堤身，产生深层圆弧滑动破坏。抗滑稳定性验算时首先针对未设加筋垫层的深层软土地基及其上土堤进行深层圆弧滑动稳定分析。如果算得的安全系数大于或等于 F_{sr}，则无需铺设加筋层。如果安全系数低于 F_{sr}，则需要铺设加筋层，加筋材料的抗拉强度 T_g（图5-33）应按下式计算：

$$T_g = \frac{F_{sr}(M_D) - M_R}{R\cos(\theta - \beta)} \tag{5-19}$$

式中　M_D、M_R——未加筋垫层圆弧滑动分析时对应于最危险滑动圆的滑动力矩和抗滑力矩（kN·m）；

　　　R——滑动圆半径（m）；

　　　θ——筋材与滑弧相交点处切线的仰角（°）；

　　　β——原来水平铺放的筋材在圆弧滑动时其方位的改变角度（°）。地基软土或泥炭等可采用 $\beta = \theta$，$\beta = 0$ 为最保守情况。

采用双层或多层筋材时，相邻两层筋间应隔以砂、碎石等粒料。

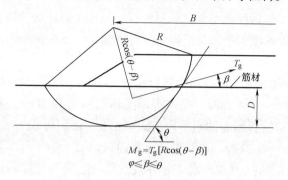

图5-33　地基深层抗滑稳定性验算

4. 地基平面抗滑稳定性验算

未设置加筋土垫层的浅层软土地基及其上土堤浅层抗滑稳定分析（图5-34）按下式计算：

$$F_s = \frac{L \tan \varphi_f}{K_a H} \tag{5-20}$$

式中　φ_f——堤底与地基土间的摩擦角（°）；

　　　K_a——堤身土的主动土压力系数。

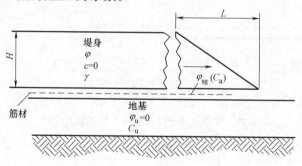

图5-34　地基平面抗滑稳定性验算

如果算得的安全系数大于（等于）F_{sr}，则无需铺设加筋材料。

如果安全系数低于F_{sr}，则需铺设加筋垫层。要求的筋材抗拉强度T_{ls}（图5-34b）应按下式计算：

$$F_{sr} = \frac{2\left(LC_a + T_{ls}\right)}{K_a \gamma H^2} \tag{5-21}$$

式中　C_a——地基土与筋材间的黏着力（kPa），由不排水试验测定。对极软地基土和低
　　　　　堤，可设$C_a = 0$。

路堤沿筋材顶面的抗滑稳定分析仍按式（5-20）和图5-34进行，但公式中的φ_f应改用
φ_{sg}（堤底与底筋面间的摩擦角）。

筋材的抗拉强度设计值时，选取式（5-19）和式（5-21）计算结果中的最大值作为筋
材需要提供的拉力值。另外，选择筋材时还应考虑筋材的变形限制及筋材的拉伸模量。

地基沉降量与沉降速率可采用未加筋时的常规方法估算。

5.加筋土垫层施工要点

加筋土垫层的施工包括场地平整、筋材铺设、填土与碾压等步骤，很多技术要求跟加筋土挡墙及加筋土边坡的施工要求是类似的，可参照5.4、5.5节的施工要点。

5.6.5 设计算例

某淤泥质软土地基上的黏土堤如图5-35所示，堤高4m，坡度35°，填土重度γ_1=18kN/m³，内摩擦角φ=0°，黏聚力c_1=24.3kPa，堤的滑动土体面积为12.80m²，最危险滑动圆弧半径为8.2m，重心距最危险滑弧圆心的水平距离x_1=4.61m，淤泥质软土的重度γ_2=19kN/m³，内摩擦角φ=0°，黏聚力c_2=11.2kPa，地基滑动土块面积为11.88m²，土工格栅的允许抗拉强度为23.2kN/m，假设格栅的拉力方向水平，并且在滑弧后面有足够的锚固长度。试确定①没有土工合成材料加筋；②沿堤基一层土工格栅加筋；③从堤基向上间距0.5m三层土工格栅加筋三种情况的抗滑安全系数F_s。

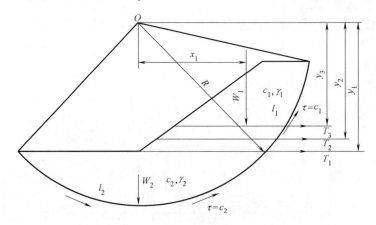

图5-35 饱和软黏土堤基上堤的整体滑动分析

解：从已给的条件可知

$$W_1 = 12.80 \times 18.0 = 230.4\text{kN/m}$$
$$W_2 = 11.88 \times 19 = 225.7\text{kN/m}$$
$$l_1 = 2.5\text{m}, \quad l_2 = 5.29\text{m}$$

（1）无土工合成材料加筋时

$$F_s = \frac{R\left(c_1 l_1 + c_2 l_2\right)}{W_1 x_1 + W_2 x_2}$$

$$= \frac{8.2(24.3 \times 2.5 + 11.2 \times 5.29)}{230.4 \times 4.61 + 225.7 \times 0}$$

$$= \frac{983.98}{1062.14}$$

$$= 0.93$$

则原堤坡不能保持稳定。

（2）沿堤基一层土工格栅加筋时，从图5-35中测得$y_1 = 6.55\text{m}$

$$F_s = \frac{983.98 + 23.2 \times 6.55}{1062.14} = 1.07$$

则刚好处于边坡稳定临界状态，安全系数不够。

（3）沿堤基向上三层土工格栅加筋时

$$F_s = \frac{983.98 + 23.2 \times (6.55 + 6.05 + 5.55)}{1062.14} = 1.32$$

则满足整体抗滑稳定安全系数要求。

5.7 加筋土结构工程案例

5.7.1 青藏铁路拉萨段加筋挡墙工程

青藏铁路格尔木至拉萨段，2001年6月29日正式开工，于2006年7月正式交付运营，2007年7月通过国家验收。青藏铁路沿线生态环境具有原始、独特、脆弱、敏感等特点，如何有效地保护生态环境，是青藏铁路建设的重要任务。该地区海拔高、冻土范围大、自然条件复杂，地基条件很差，承载力低。加筋土挡墙属柔性结构，对地基承载力要求不高，且具有良好的抗震性能；其次，加筋土挡墙造型新颖、美观，占地少，保护耕地，能有效减少对周边生态环境及耕地资源的破坏；同时方案的经济性比较明显，因此加筋土挡土墙是青藏铁路重要的环境保护措施之一，分别位于错那湖（4处/743m）、那曲（2处/1025m）、桑雄（1处/1130m）、拉萨（4处/1753m），共计11处/4651m设计加筋土挡土墙。

拉萨段加筋挡墙的K1997+272~DK1997+535、DK1997+616~DK1998+152两段路基位于拉萨市郊县堆龙德庆县城团结路两侧，是进出拉萨市的门户地带。为节约用地，减轻对生态环境的破坏，同时美化城市环境，该段均设计为加筋土挡土墙路基，共计799m。加筋挡墙最大高度为10.5m，坡度为1：0.2，按层间距30cm铺设整体拉伸单向塑料土工格栅构造拉筋和回裹拉筋。图5-36为加筋土挡墙典型横断面图。

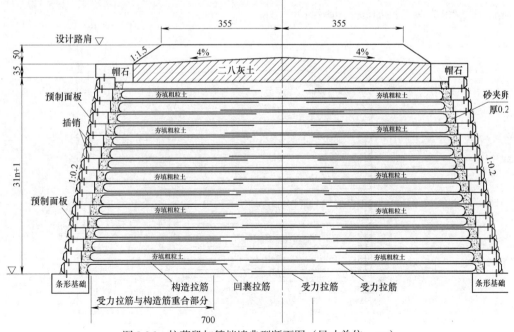

图5-36　拉萨段加筋挡墙典型断面图（尺寸单位：cm）

图 5-37 拉萨段加筋挡墙竣工后照片

该结构在青藏铁路拉萨市郊段自2005年10月15日开始已投入使用，使用后列车行车速度在80~90km/h时，行车平稳，加筋土挡土墙路基无沉降，无侧位移，动力性能良好，工程结构满足行车安全、使用功能和寿命要求。图5-37为竣工后挡墙照片。2008年10月6日16时30分，在西藏自治区拉萨市当雄县（北纬29.8度，东经90.3度）发生6.6级地震，震源深度8km。震中距拉萨市约82km。据了解，震中的地震烈度为8度，而土工格栅加筋挡墙处的地震烈度为7度，震感强烈。但从现场的观测情况来看，加筋结构体面板无明显裂缝。这再次证明了加筋挡墙的良好抗震性能。

5.7.2 京包高速公路加筋土挡墙

京包高速公路K26+550~K26+968段路基通过苗圃，两侧为居民住宅集区，地基为一般黏性土。为避免拆迁，降低造价，设计中采用了加筋土路肩挡土墙，可减小占地。在进行加筋土挡墙工程前，对苗圃种植区的松软地基采用CFG桩复合地基进行加固处理，然后再在桩顶设置土工格栅加筋碎石垫层。本工程采用干砌式预制混凝土模块的加筋挡土墙，挡墙最大高度为11m，墙顶为3m放坡，总高为14m。图5-38为典型的加筋土挡墙断面，上部、下部采用两种不同强度的单向土工格栅，极限抗拉强度分别为54.5kN/m及136kN/m，填料设计内摩擦角为28°，拉筋长度$L \geqslant 1.1H$（H为挡墙高度），筋材层竖向间距0.4m。图5-39为竣工后加筋土挡墙照片。

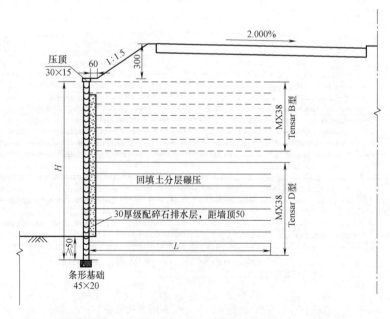

图 5-38 京包高速公路加筋土挡墙典型断面（单位：cm）

图5-39 京包高速公路加筋土挡墙竣工后照片

5.7.3 宜巴高速公路庙湾段加筋土高陡边坡

该段路基呈东西向展布，中间段落为陡坡上的高填方路基，两端属浅挖区，路基填土高度约10~52m。右侧路基下部为雾渡河支线河流，自然放坡坡脚会覆盖河流。由于地质条件复杂，且路基填土高度大，为保证高路堤的稳定性，设计采用土工格栅加筋土路基，坡率为1∶0.5或1∶1，边坡最下一级采用片石混凝土挡土墙，在K73+015处附近设置一道盖板涵，加筋边坡最高处高达51.5m。

在进行本项目的加筋土边坡设计时，道路车辆荷载考虑为10kPa。筋材为高密度聚乙烯（HDPE）单向拉伸格栅，抗拉强度选用130kN/m与90kN/m；填土就地取材，重度γ=20kN/m³，黏聚力c=0kPa，内摩擦角ϕ=35°。由于地形复杂多变，设计中采取了灵活应变措施。筋材长度依据挡墙分级及高度不同取12~32m，竖向间距为0.3~0.6m，陡坡的高度

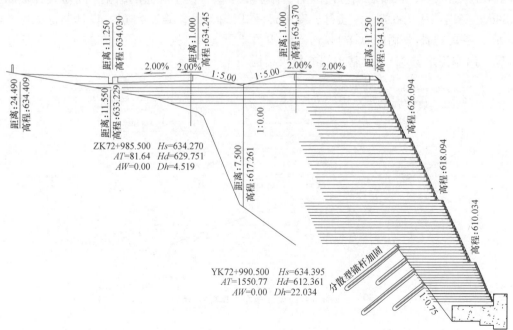

图5-40 宜巴高速公路庙湾段加筋土高陡边坡典型设计断面

为10.0~51.5m。加筋土陡坡的关键断面如图5-40所示。加筋土边坡的坡面采用筋材反包系统，由植草土袋和加筋材料土工格栅回折部分组成，其坡面倾角可以根据土袋堆砌方式调节。图5-41为工程刚竣工时的照片。

图5-41　工程刚完工时的照片

5.7.4　浙江绍诸高速绿色加筋格宾陡坡

本项目位于绍兴至诸暨的高速公路K38+325～K38+485段右侧，由于占地受限，右侧紧邻省道绍大公路，为收坡护脚，节省征地，避免老路改建，这一路段采用了绿色加筋格宾陡坡方案，边坡高达9.88m。项目浅层堆积厚层坡积土，岩性为含角砾粉质黏土与含黏性土碎石，厚约9.8～15.1m，砾石多风化强烈，地基承载力180~220kPa。

绿色加筋格宾系统采用镀锌覆塑双绞合六边形金属网作为筋材，其抗拉强度等于50kN/m。施工时，在面墙钢丝内侧铺垫椰棕植生垫，便于墙面的绿化。初步设计坡高为9.88m，竖向间距为0.76m，筋材长度7m，采用满铺式，共计13层，设计断面如图5-42所示。考虑道路车辆荷载10kN/m，结构填土就地取材，重度γ=19kN/m³，黏聚力c=0kPa，内摩擦角ϕ=35°。地基土的参数与结构填土一致。

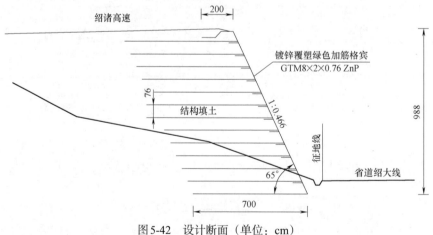

图5-42　设计断面（单位：cm）

图5-43为该项目竣工1年后拍摄的全景照片。竣工1年后，稍加养护，坡面绿化即可自然形成，与周围环境融为一体，非常协调美观。

图5-43　加筋土边坡竣工1年后的照片

5.7.5　意大利某高速公路软基上加筋土垫层路堤

533高速公路项目位于意大利S.Marco Argentano境内，区域表层存在约2.5m厚的淤泥层，淤泥层呈灰色，饱和，流塑状，土质柔软，刀切面细腻、有光泽，缩孔严重，底部含砂，覆盖面积约8000m²。软土地基加筋路堤方案的设计、计算均严格按照BS 8006规范执行，要求土工格栅短期应变控制在5%之内，长期应变控制在6%之内。整个流程设计需满足强度极限状态和功能极限状态要求。本项目路堤高度约7m，设计边坡坡比约为1：1.5，

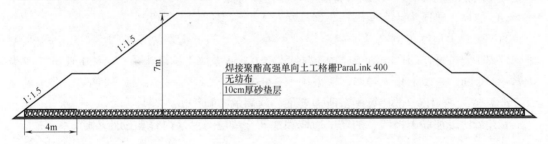

图5-44　设计典型断面图

最终的加筋土垫层路堤方案为：从下到上10cm砂垫层+无纺布+焊接聚酯高强单向土工格栅ParaLink 400，设计典型断面如图5-44所示。10cm砂石垫层可以快速排出路堤的积水、防止地下水位的升高，土工布主要起隔离作用，焊接聚酯高强土工格栅可以约束路堤和软基的侧向变形，减小地基的不均匀沉降，保证路堤的整体稳定性。项目于2003年实施，施工过程照片见图5-45。

图5-45　加筋土垫层施工

复习思考题

1. 土工合成材料的加筋机理包括哪几个方面？

2. 简述筋土界面的摩擦作用机理，并说明土工格栅-土之间的相互作用与土工织物-土之间的相互作用有什么不同？

3. 试按填土与筋材变形的关系及 Mohr-Coulomb 强度理论说明筋土之间的约束增强作用机理，并讨论筋材约束增强作用跟填土的变形模量、筋材的刚度以及筋土接触面的摩擦强度的关系。

4. 加筋土挡墙由哪几部分组成？

5. 加筋土挡墙外部和内部破坏模式有哪些？

6. 设计一座预制混凝土板块式墙面，筋材为土工带的加筋土挡墙，墙高8m，墙面竖直，填土表面水平，上有均布荷载15kPa，墙后填土重度为17kN/m³，内摩擦角为36°，墙后被挡土体重度为16kN/m³，内摩擦角32°，地基土承载力特征值为480kPa，地基土与墙后填土摩擦系数为0.5。

7. 加筋土边坡常见的结构形式与破坏模式有哪些？

8. 某公路路堤边坡的高度为9m，坡比为1：1.5，现对其进行改扩建，需要在顶部拓宽10m。根据工程和场地条件，扩宽的路堤边坡拟采用坡比为1：0.8的加筋填方边坡，坡顶交通荷载简化为均匀静载12kPa。试对该加筋土边坡进行设计计算。

9. 加筋土垫层的破坏模式有哪些？各有什么特点？

10. 加筋土垫层为什么能够提高地基承载力？请叙述其作用机理。

11. 某软土地基上的高速公路路堤高4.5m，软土为淤泥质黏土，厚度1.5m，下覆基岩。路基软土的黏聚力 c_1=10kPa，内摩擦角 ϕ_1=0。路堤填土的填土重度 γ_2=20kN/m³，黏聚力 c_2=24.3kPa，内摩擦角 ϕ_2=34°。拟采用土工格栅加筋垫层方法加固处理路基，要求的设计安全系数为 F_s=1.5，试计算确定所需要加筋材料的抗拉强度。

12. 请比较加筋土挡墙、加筋土边坡和加筋土垫层的设计内容和设计步骤。

参 考 文 献

［1］ 包承纲. 土工合成材料界面特性的研究和试验验证［J］. 岩石力学与工程学报，2006，25（9）：1735-1744.

［2］ 包承纲. 土工合成材料应用原理与工程实践［M］. 北京：中国水利水电出版社，2008.

［3］ 包承纲，丁金华. 纤维加筋土的研究和工程应用［J］. 土工基础，2012，26（1）：80-83.

［4］ Berg RR, Christopher BR, Samtani NC, et al. Design of mechanically stabilized earth walls and reinforced soil slopes［M］. Washington, D.C.: Federal Highway Administration, 2009.

［5］ 重庆交通科研设计院有限公司. 公路土工合成材料应用技术规范JTG/T D32—2012［S］. 北京：人民交通出版社，2012.

［6］ Dewar S. The oldest roads in Britain［J］. The Countryman, 1962, 59（3）：547-555.

［7］ Dixon N, Fowmes G, Frost M. Global challenges, geosynthetic solutions and counting carbon［J］. Geosynthetics International, 2017, 24（5），451-464.

［8］ 桂波. 高速铁路新型桩承式加筋低路堤承载机理与变形特征研究［D］. 西南交通大学，2018.

［9］ Han J. Principles and practice of ground improvement［M］. Hoboken：John Wiley & Sons, 2015.

［10］ Koerner RM, Soong TY. Geosynthetic reinforced segmental walls［J］. Geotextiles and Geomembranes, 2001, 19（6）：359-386.

［11］ Koerner RM. Designing with Geosynthetics （6th Edition）［M］. Bloomington：Xlibris Corporation, 2012.

［12］ Koerner RM, Koerner GR. An extended data base and recommendations regarding 320 failed geosynthetic reinforced mechanically stabilized earth（MSE）walls［J］. Geotextiles and Geomembranes, 2018, 46：904-912.

［13］ 李广信.地震与加筋土结构［J］.土木工程学报, 2016, 49（7）：1-8.

［14］ 李广信.从息壤到土工合成材料［J］.岩土工程学报, 2013, 35（1）：144-149.

［15］ 刘宗耀.近代土工合成材料的发展［J］.岩土工程学报, 1988, 10（2）：87-96.

［16］ 刘华北, 汪磊, 王春海, 张垭.土工合成材料加筋土挡墙筋材内力分析［J］.工程力学, 2017, 34（2）：1-11.

［17］ 乔丽平, 王钊.土工袋加筋技术及其应用［J］.全国第六届土工合成材料学术会议论文集, 2004, 363-368.

［18］ 施有志.加筋垫层应用浅析［J］.低温建筑技术, 2006（2）：95-96.

［19］ 唐善祥, 王曙光, 伍光本.使用聚丙烯土工带应注意的几个问题［J］.公路, 1993,（3）：36-37.

［20］ 《土工合成材料工程应用手册》编委会.土工合成材料工程应用手册（第二版）［M］.北京：中国建筑工业出版社, 2000.

［21］ 徐超, 邢皓枫.土工合成材料［M］.北京：机械工业出版社, 2010.

［22］ 徐日庆, 王景春.土工合成材料应用技术［M］.北京：化学工业出版社, 2005.

［23］ 杨广庆, 李广信, 张保俭.土工格栅界面摩擦特性试验研究［J］.岩土工程学报, 2006, 28（8）：948-952.

［24］ 杨广庆, 徐超, 等.土工合成材料加筋土结构应用技术指南［M］.北京：人民交通出版社股份有限公司, 2016.

［25］ 王珏, 李键.土挡墙新技术：绿色加筋格宾［J］.建设科技, 2007,（Z1）：69.

［26］ 王钊.土工合成材料［M］.北京：机械工业出版社, 2005.

［27］ 张卫兵, 唐莲.土工格室的制备及工程应用［J］.工程塑料应用, 2006, 34（9）：45-48.

［28］ 曾革, 周志刚.桩承式加筋垫层路堤地基承载力计算方法［J］.中南大学学报（自然科学版）, 2010, 41（3）：1158-1164.

［29］ 中华人民共和国住房和城乡建设部.土工合成材料应用技术规范GB/T 50290—2014［S］.北京：中国计划出版社, 2015.

［30］ 周志刚, 郑健龙.公路土工合成材料［M］.北京：人民交通出版社, 2001.

第6章 防渗作用

6.1 防渗应用概况

6.1.1 发展概况

防渗是土工合成材料六项基本功能中最主要的一项，一般将其布置在建筑物的表面或内部用于防止液体或气体的渗透和渗漏。用于防渗的土工合成材料主要包括土工膜、复合土工膜和土工合成材料膨润土垫（简称"GCL"）。与黏土、混凝土和沥青混凝土等传统防渗材料相比，土工合成材料具有防渗效果好、适应建筑物变形能力强、质地轻柔、施工便捷、造价低等优点，同时符合低碳环保、绿色和可持续发展的工程建设理念；目前广泛应用于水利与水电、交通与市政、煤电与矿山、环保与生态等工程领域。

土工膜应用于工程防渗的确切年代已很难考证。据 Staff（1984）推测，约在 20 世纪 30 年代末或 40 年代初，聚氯乙烯（PVC）薄膜已开始应用于游泳池的防渗。在 20 世纪 40~50 年代，美国垦务局针对土工膜用于各种类型的渠道防渗进行了大量研究，并于 1957 年正式首次发表了关于土工膜应用研究的成果："沥青薄膜渠道衬砌"和"用作渠道防渗材料的塑料薄膜"，此后大量塑料防渗薄膜开始应用于灌溉渠道。早期使用的土工膜主要为低密度聚乙烯（LDPE）、聚氯乙烯（PVC）和丁基橡胶材料，而 LDPE 和 PVC 膜厚度均较小，一般为 0.25mm 甚至更薄。到 20 世纪 50 年代以后，开始大量应用丁基橡胶薄膜，厚度从 0.5~2.5mm。如 1963 年，美国夏威夷 Olinda Reservoir 水库在 1∶1 的岸坡上运用 1.5mm 厚的丁基橡胶膜进行防渗。1972 年在德国，高密度聚乙烯（HDPE）膜第一次被应用于水库防渗，由于具有杰出的耐久性和化学稳定性，HDPE 土工膜很快成为固体废弃物垃圾填埋场的首选防渗材料，同时也广泛用于工业废液储存池的防渗。因此，工程师们越来越熟悉 HDPE 土工膜，也开始在大坝等水工建筑物防渗中应用。但由于 HDPE 膜材质较硬，其与水工建筑物连接时的施工性能以及适应垫层料变形的能力相对较弱，在高坝防渗中较少使用。19 世纪 60~70 年代，PVC 土工膜在许多国家开始广泛地应用于水库防渗。由于当时厚度较薄且工程师对其耐久性尚缺乏足够的认识，PVC 膜早期还主要应用于一些要求不高、设计寿命不长的水库防渗工程，后来随着其抗老化性能的提升，逐渐用于大坝的防渗。

土工膜代替常规的黏土、水泥混凝土或沥青混凝土用于大坝防渗主要得益于在水库防渗中积累的经验。土工膜首次用于土石坝防渗的工程是建造于 1957 年的意大利 Contrada Sabetta 坝。该坝为坝顶长 155m，坝高 32.5m 的堆石坝，对堆石体运用水泥勾缝，以便达到上游坝坡 1∶1，下游坝坡 1∶1.4。当时采用的是 2.0mm 厚的聚异丁烯弹性薄膜，该类土工膜目前已不再使用，并不是因为其材料性能问题，主要是由于这种材料施工拼接比较困难。

自从 Contrada Sabetta 坝建成以后，土工膜开始不断地应用于土石坝防渗，例如，1960 年捷克斯洛伐克的 Dobsina 土石坝和 1967 年法国的 Miel 土石坝都采用了土工膜防渗。

早期采用土工膜防渗的大多数都是新建土石坝，大部分是采用坝面土工膜防渗结构形式，并且有保护层覆盖的居多。经过对早期土石坝防渗中经验教训的总结，以及科技发展土工膜产品性能的不断提高，目前土工膜已经广泛应用于各种类型大坝以及其他水工建筑物的防渗。国际大坝委员会（ICOLD）简报分别在1981年的第38期（Bulletin 38，ICOLD 1981）、1991年的第78期（Bulletin 78，ICOLD 1991）和2010年的第135期（Bulletin 135，ICOLD 2010）均以土工膜防渗作为专题进行详细报道和论述。据2010年ICOLD统计，全球范围共有约280座大坝采用了土工膜防渗，且近十年仍不断有新的土工膜防渗大坝建成。

　　土工膜用作大坝防渗在我国也有较长的历史，1966年我国首次将土工膜用于79m高的桓仁混凝土单支墩坝上游面防渗。但由于土工膜防渗在我国尚未形成成熟的技术和工艺，在土石坝防渗的案例中，大多数属被动采用。例如20世纪90年代初，位于广西柳州的田村堆石坝，坝高48m，建设单位当时考虑当地取土造价低，坚持采用黏土心墙方案，当黏土心墙填筑高度不足10m时，由于连续降雨无法控制含水率进行碾压施工，只得变更设计，采用原心墙上游位置土工膜防渗方案，得以按期竣工。黄河小浪底枢纽配套工程西霞院土工膜防渗土石坝，坝长2609m，因大量黏性土开采带来社会和环境问题，只能突破规范，采用土工膜上游面膜防渗方案，该工程已于2011年3月通过验收，尽管坝高只有20m左右，但这是我国大江大河干流第一座永久土工膜防渗的大型工程。四川华山沟心墙堆石坝，坝高69.5m，采用复合土工膜与砾质土心墙组合防渗形式，坝区地震基本烈度为Ⅷ度，属强震地区；大坝防渗曾考虑采用黏土心墙和沥青混凝土心墙方案，但因黏土料不仅运距远、跨越铁道，且需侵占大量农田，雨季工期延滞；沥青混凝土冬季施工需加热保温，质量难以保证，且造价高，采用了土工膜心墙防渗方案，工程于2011年建成，目前运行正常。由我国投资和建造的老挝南欧江六级土工膜防渗软岩堆石坝，高87m，软岩坝体变形较大，传统防渗体无法适应，采用了3.5mmPVC（700g/m²）聚丙烯针刺土工织物复合的一布一膜（膜面朝上），且采用无保护层的裸露防渗，大坝2016年建成，运行状态良好。

　　尽管如此，由于土工膜防渗自身的优势，近年来在我国仍得到了蓬勃发展，从水口、三峡、溪洛渡、向家坝、双江口等100余座高坝大库的围堰，到南水北调的渠道和调节平原水库防渗，再到田村、石砭峪、塘房庙、仁宗海、黄河西霞院、四川华山沟、泰安抽水蓄能、溧阳抽水蓄能以及正在建设的句容抽水蓄能等重要工程的大坝和库盘均采用了土工膜防渗。

6.1.2　应用领域

　　土工膜、复合土工膜和GCL等材料用于防渗的工程领域主要包括：

　　（1）水利水电工程：新建土石坝上游面（心墙）防渗；新建碾压混凝土坝上游面防渗；病险土石坝上游面防渗加固；病险混凝土坝上游面防渗加固；高坝大库施工围堰防渗；戈壁滩水库和平原水库库盆防渗；抽水蓄能电站库盆防渗；跨流域调水渠道防渗；江河湖海大堤及地基防渗等工程。

　　（2）交通工程：铁路公路的膨胀土、湿陷性黄土等不良地质条件路基防渗；铁路公路隧道内衬砌防渗；桥梁路面防渗等工程。

　　（3）市政工程：地铁隧道和地下场站防渗；海绵城市地下水库防渗；景观人工湖

（池）防渗；城区生态河道防渗；城市地下空间防渗等工程。

（4）煤电与矿山工程：煤电厂粉煤灰库防渗；矿山尾矿库坝防渗等工程。

（5）环保与生态工程：垃圾填埋场防渗；污染场地地下垂直防渗；废水池蒸发塘防渗；石油化工场地防渗等工程。

需要说明的是，在垃圾填埋场、污染场地等环保工程中，除了要求土工合成材料具有防止液体和气体渗透与渗漏的防渗功能外，还要防止污染物的分子扩散和机械弥散，其不在本章防渗作用中进行阐述，具体详见本书第7章。

6.2　防渗材料及工程性质

6.2.1　土工膜的种类

土工膜是以高分子聚合物为基础原料生产的防渗材料。根据聚合物的类型不同，可分为聚乙烯（PE）土工膜、聚氯乙烯（PVC）土工膜、氯化聚乙烯（CPE）土工膜、氯磺化聚乙烯（CSPE）土工膜、三元乙烯（乙烯/丙烯/二烯共聚物，EPDM）土工膜、乙烯-醋酸乙烯共聚物（EVA）膜和聚烯烃热塑性弹性体（TPO）土工膜等。目前工程中最常用的为PE土工膜和PVC土工膜。根据生产工艺和结构特征不同，可分为土工膜、复合土工膜和加筋土工膜。

（1）土工膜

土工膜是将聚合物（聚乙烯、聚氯乙烯、聚异丁烯橡胶等）采用吹塑法、挤塑法或辊轧法制成均匀材质的等厚度薄膜，其厚度分别为0.2~0.5mm、0.25~4.0mm和0.25~2.0mm。近年来国际上出现了厚达2.5~5.0mm的用于大坝裸露防渗的防老化PVC土工膜。根据表面构造不同，土工膜分为光面土工膜和糙面土工膜，糙面土工膜主要是用于铺设在斜坡上以增加其表面摩擦力。

（2）复合土工膜

复合土工膜是由聚合物膜与土工织物加热压合而成，或者用胶粘剂将土工膜与土工织物粘合而成。土工织物可以起到保护土工膜的作用，防止被接触的碎石刺破，以及运输和铺设时的损伤。复合土工膜可以根据工程需要采用一布一膜结构，也可以采用二膜一布结构。当无纺土工织物与土工膜复合时，除增大土工膜强度和保护土工膜外，土工织物还可以起到排水作用，可排除膜后的渗透水以及孔隙水和气，防止土工膜被水和气抬起失稳。复合土工膜增加了土工织物一侧的摩擦系数，有利于土工膜与接触土体之间的稳定性。复合土工膜的力学性能得到明显改善，例如复合土工膜抗刺破能力比光面土工膜提高2~6倍。

（3）加筋土工膜

为了提高土工膜的抗拉、抗顶破、抗撕裂的强度，可将聚合物与加筋材料（锦纶丝布、锦纶帆布、丙纶针刺织物等）压粘在一起，形成加筋土工膜。根据工程的要求，可以一层、二层、三层加筋，成为一布二胶、二布二胶、三布四胶的加筋土工膜。加筋后的土工膜厚度增加，同时，强度也有较大提高。例如，经加筋的3mm厚锦纶帆布氯丁橡胶，其抗拉强度达到99~120kN/m，顶破、撕裂强度也大大提高，渗透系数也很小，早期在高土石坝和重要工程中应用，但由于加筋后其适应变形能力和施工性能欠佳，目前在水利水电等重要工程已很少使用。

6.2.2 土工膜的防渗机理

从工程防渗角度讲，没有缺陷的土工膜是不透水的。土工膜的渗透机理与多孔介质中水的渗透不同。因为没有缺陷的土工膜中不存在"空隙"，或者不存在连通的"空隙"，因此也就不存在水在土工膜中或穿过土工膜的渗流。但在实际情况下或在试验中，人们仍然能观测到水或者其他液体（如汽油）从土工膜的一侧"渗透"到另一侧，这实质上是一种分子弥散现象，不能用达西定律来描述水穿过土工膜的所谓"渗流"。

6.2.3 土工膜的工程性质

土工膜的一般特性包括物理性能、化学性能、热学性能和耐久性能等。具体试验方法可参看第2章的相关介绍。为适应土工膜在工程中的应用，工程中更重视其抗渗、适应变形能力和耐久性。大量工程实践表明，土工膜有很好的防渗性能，有很好的弹性和适应变形能力，有良好的抗老化能力，处于水下和土中的土工膜耐久性能突出。表6-1归纳了几种土工膜的基本性能比较。

几种土工膜基本性能的比较　　　　　　　　　　　表6-1

性能 ＼ 材料	氯化聚乙烯 CPE	密度聚乙烯 HDPE	聚氯乙烯 PVC	氯磺化聚乙烯 CSPE	耐油聚氯乙烯 PVC-OR
顶破强度	好	很好	很好	很好	很好
撕裂强度	好	很好	很好	好	很好
延伸率	很好	很好	很好	很好	很好
耐磨性	好	很好	好	好	—
低温柔性	好	好	较差	很好	较差
尺寸稳定性	好	好	很好	差	很好
最低现场施工温度	−12℃	−18℃	−10℃	5℃	5℃
渗透系数(m/s)	10^{-14}	—	10^{-15}	10^{-14}	10^{-14}
热力性能	差		差	好	差
粘结性	好	—	好	好	好
相对造价	中等	高	低	高	中等

6.2.3.1 物理性能

（1）相对密度

土工膜的相对密度（或密度）取决于其制造材料，例如聚乙烯（PE）材质，可划分为低密度（LDPE）、中等密度（MDPE）和高密度（HDPE）等不同类别，其相对密度分别为：0.91~0.93、0.926 ~ 0.940 和0.941~0.960。而纯PVC土工膜的相对密度为1.4，增加了增塑剂和抗老化剂后土工膜相对密度范围大致在1.20~1.35之间。

（2）厚度

土工膜厚度是指膜在法向压力20kPa作用下其顶面至底面的距离。对于光面土工膜（表面无压花或波纹），其厚度试验与第2章土工织物厚度测试方法类似，但应采用精度更高的千分表测量。每个试样应至少测量3个不同位置，以平均值作为土工膜的厚度。

在工程应用中，土工膜的主要功能是防渗与防扩散，这取决于防渗膜的厚度。对于复合土工膜或一些糙面土工膜，需要采用测微计测定纯土工膜的厚度。

6.2.3.2 力学性能

土工膜一般具有很高的抗拉强度及极限延伸率，但由于土工膜很薄，其撕裂强度和刺破强度较低。这里简单归纳土工膜及膜材拼接缝的相关力学特性。

（1）抗拉强度

表6-2和表6-3分别给出了宽条拉伸法和轴对称胀破法测定的不同类型土工膜的相关力学指标测试结果。需特别注意的是，宽条法或窄条法拉伸试验结果只能作为产品优劣的横向对比，与工程实际中材料受力状态具有较大差别，工程设计中选用强度指标时要加以考虑。

宽条法试验结果　　　　　　　　表6-2

测试指标	单位	HDPE （1.5mm）	LLDPE （1.0mm）	PVC （0.75mm）	CSPE-R （0.91mm）
最大应力	kPa	15900	7600	13800	3100
对应应变	%	15	400+	210	23
模量	MPa	450	69	20	300
极限应力	kPa	11000	7600	13800	2800
对应应变	%	400+	400+	210	79

注："+"表示未破坏，未达到最大应变。

轴对称胀破法试验结果　　　　　　　　表6-3

测试指标	单位	HDPE （1.5mm）	LLDPE （1.0mm）	PVC （0.75mm）	CSPE-R （0.91mm）
最大应力	kPa	23500	10300	14500	31000
对应应变	%	12	75	100	13
模量	MPa	720*	170*	100*	350*
极限应力	kPa	23500	10300	14500	31000
对应应变	%	25	75	100	13

注："*"表示该测试值偏高。

（2）接缝抗拉强度

一般来讲，土工膜接缝强度低于土工膜本身。土工膜接缝强度与缝的施工方法有关，不同方法的接缝强度差别较大。总体来讲，热锲焊缝强度最高，接近土工膜母材强度，其次是焊条缝，而化学融合缝和粘合缝强度一般较低。另外，土工膜接缝的抗拉强度还与试验方法有关，接缝的抗拉强度远大于其剥离强度。图6-1是两种土工膜及其接缝强度试验结果，其结果表明两种不同方式的接缝强度都低于母材，任一种接缝的抗拉强度远大于其剥离强度。

（3）撕裂强度

土工膜的撕裂强度较低，特别是未加筋的较薄的土工膜，其撕裂强度一般只有18~30N。加筋土工膜的撕裂强度有了很大提高，采用舌形撕裂试验测得的值介于90~450N，是不加筋土工膜强度的5~15倍。

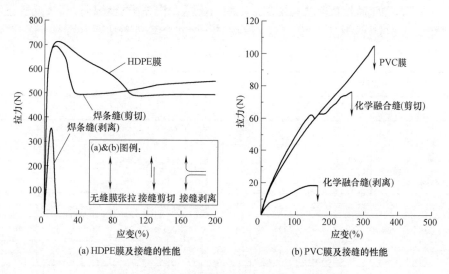

(a) HDPE膜及接缝的性能　　　　　　　　(b) PVC膜及接缝的性能

图6-1　两种土工膜及其接缝抗拉强度试验结果

（4）刺破强度

一般情况下土工膜的刺破强度较低，未加筋的较薄的土工膜刺破强度介于50~500N，加筋土工膜的刺破强度介于200~2000N。在土工膜上或膜下铺设土工织物可以有效地提高土工膜的抗刺破性能，如图6-2所示。从试验结果看：在膜上或膜下使用土工织物保护，土工织物可以吸收部分能量，刺破强度得到不同程度的提高。

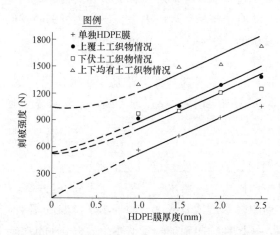

图6-2　HDPE土工膜及其与400g/m²土工织物组合的刺破试验结果

（5）土工膜与其他材料之间的摩擦特性

土工膜的摩擦特性是指土工膜与土或其他材料接触时，接触面上的抗剪切的性质。一般可通过界面直剪试验、拉拔试验和斜板试验测定。处于斜面上的防渗工程，在较低法向压力下的接触面摩擦强度优选采用斜板仪进行测试，处于土工膜锚固部位附近土工膜摩擦特性应采用拉拔试验方法进行测试。不同类型的土工膜，其摩擦特性是很不相同的。光面土工膜与土接触时摩擦系数最小，摩擦角一般约为土本身内摩擦角的四分之三或更小。为了解决界面摩擦角过小的问题，可以在材料上采取一些措施，如在土工膜表面加糙，或采用复合土工膜等。加糙土工膜以及复合土工膜与土的摩擦系数比较高，其接近甚至超过土的内摩擦角。表6-4为常规土工膜、土工织物与土之间摩擦角和黏聚力的参考值。

土工膜、土工织物与土的摩擦角（°）和黏聚力（kPa）　　　　　　　表6-4

材料	粉质黏土		黏质粉土		黏土		山砂		河砂		土工织物	
	c	φ	c	φ	c	φ	c	φ	c	φ	c	φ
土	9	38	12	34	20	23	0	40	0	36		
氯化聚乙烯	8	38	3	24	13	17	0	10	0	27	0	23
高密度聚乙烯	8	26	2	23	14	15	0	18	0	18	0	11
聚氯乙烯	9	38	4	23	14	16	0	25	0	20	0	19
聚乙烯橡胶	8	22	9	24	10	9	0	25	0	21	0	16
土工织物	4	32		32	14	30	0	30	0	26	0	20

6.2.3.3　水力性能

（1）防渗性能

防渗是土工膜在工程应用中的主要功能。土工膜本身是不透水和不透气的，但由于制造上的不均匀性和缺陷，也存在一定的渗漏现象发生，不是绝对不透水的。通过水-汽传输率试验（Water-Vapor Transmission Test，缩写为WVT试验），测得土工膜的渗透系数一般为$10^{-15} \sim 10^{-13}$m/s。这样低的渗透系数对于一般防渗工程而言是允许的，可以忽略不计。但对于卫生填埋场或有害水、气的防渗工程而言，则是不允许的。因此，了解土工膜的防渗性能十分必要，尤其对于实际环境中水头长期作用下的防渗问题。

无孔的土工膜是不渗水的，水通过分子弥散方式透过土工膜，因此不能用达西定律来描述水穿过土工膜的所谓"渗流"。土工膜的渗透性通常采用水-汽传输率试验测定。WVT试验的理论基础是Fick定律，其基本思路是用水汽作为传输介质（而非液态的水）"渗透"土工膜，通过测量一定时间段内穿过土工膜的水汽质量，换算成土工膜的等效渗透系数。

（2）耐静水压性能

土工膜用作防渗材料时，它必然会承受一定的水压力作用。当水压力超过一定的值，土工膜在支撑层颗粒处被压破击穿。耐水压力是指土工膜在静水压力作用下不发生破裂的最大水压力，可采用室内耐静水压试验测试。耐静水压试验的基本思路是：将土工膜试样置于规定的测试装置内，在试样两侧施加一定的水压差并保持恒定一定时间，逐级增加水压差，直至试样出现渗水现象，试样能够承受的最大水压差即为其耐静水压值。

室内试验装置如图6-3所示，包括进水调压装置、压力测试装置、集水容器和试样夹持装置几个部分。试验准备过程中，要保证集水容器、支撑网和多孔板部分内无气泡；夹具能均匀夹紧试样，试验过程中应无水沿试样边沿渗出。由于多孔板覆盖在土工膜之上，其孔径大小和间距对耐静水压试验结果将会产生较大的影响，因此采用不同孔径和间距的多孔板，其试验结果不具可比性。

在实际工程中，土工膜的耐水压特性与垫层的类型和性状有关。土工膜下伏支持垫层越平整，刚度越大，土工膜破坏的可能性越小；垫层的粒径越小，级配越佳和密度越大，则土工膜耐水压击穿的能力越强。表6-5给出了苏联水工科学研究院PE土工膜抗水压力试验结果，证明了土工膜的耐水压性能与垫层的粒径和级配有关。从表6-5可知，厚度仅为0.25mm的PE膜，只要垫层级配良好，含有较多细粒，其耐压水头也可达到200m。

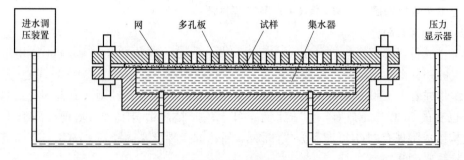

图6-3　耐静水压试验装置示意图

聚乙烯膜击穿水头试验值　　　　　　　　　　　表6-5

粒组（mm）	30~50	20~30	10~20	5~10	2~5	1~2	0.5~1	<0.5	击穿水头(m)	
									膜厚(mm)	
									0.25	0.65
膜下土各种粒径含量(%)	100								60	100
		2.1	58.1	32.9	6.9				82	
		100								130
			100						100	170
			46.5	52.4	1.1					215
	20.4	16.3	16.3	10.0	4.1	6.1	6.1	20.7	200	

6.2.3.4　耐久性能

土工膜的耐久性是指其物理、力学和化学性能的长期稳定性，是土工膜对环境中紫外线、温度与湿度变化、化学侵蚀、生物侵蚀以及机械损伤等抵抗能力的表现。

土工膜的老化问题主要与两方面因素有关：首先是聚合物的种类和特性，其次是土工膜的工作条件和周围环境。诱发土工膜老化的因素有光、氧、热、臭氧、NO_2、SO_2等多种化学物质以及各种酶和微生物等，它们会导致膜聚合物降解，化学键断裂，分子量减小或失去增塑剂和其他辅助成分，从而使力学性能衰减，脆化，甚至开裂。目前研究表明，结晶型聚合物土工膜（如HDPE）不易老化，而非结晶型热塑性聚合物（如PVC）易老化，但添加抗老化剂后抗老化性能可显著提高，国际上已出现可裸露防渗50~100年的抗老化PVC土工膜；土工膜在阳光下特别容易老化，因此对于非抗老化土工膜在施工期和运行期需采用保护层加以保护；薄的膜容易老化，在条件允许下优先选择厚的土工膜。

一般情况下，土工膜具有较强抵抗环境变化和化学侵蚀的能力，如对废物稳定池中使用了3~10年的土工膜取样试验得出，位于池底部的土工膜，塑化剂只有很小的变化，从33%的初始值降到7年后的31.4%，到10年后的29.9%。拉伸强度和破坏延伸率与初始值相比变化不大。对土工膜的耐久性影响最大的是紫外线辐射，河海大学的研究成果表明：暴露于大气的材料的拉伸强度明显比土中或水中的值要低很多，同时，延伸率也有较大幅度的降低，说明紫外线在短期内就可对材料强度及延伸率产生很大影响，但仍可保持原始延伸率的50%或以上，在工作应变（10%~20%）范围内，对其工作性能影响不大。

6.2.4 土工合成材料膨润土垫（GCL）及工程性质

6.2.4.1 GCL简介

土工合成材料膨润土衬垫（Geosynthetic Clay Liner，简称GCL）是20世纪90年代在美国开发的一种由黏土结合一层或者多层土工合成材料制造而成的防渗材料。GCL是将两层土工织物或者土工膜中间夹一层薄的膨润土用织物纤维缝合、针刺，或者用胶粘剂粘合而成，也有的GCL产品只有一层土工膜，其上用胶粘剂粘合上一层薄薄的膨润土。按GCL结构组成将现有的GCL产品分成如图6-4所示的三种形式：针刺法GCL、针刺覆膜法GCL、胶粘法GCL。

由于GCL具有较低的渗透系数，工业化生产程度高，质量易于保证，而且与传统上压实黏性土（Compacted Clay Layer，缩称CCL）比较优势明显，具有极好的防渗性能、柔性和抗变形能力、抗冻融能力、自我愈合能力等。GCL在水利工程和环境工程的防渗领域得到了广泛应用，如垃圾填埋场、河流堤坝、人工湖、污水处理池、地下室等防渗工程中均有所应用。

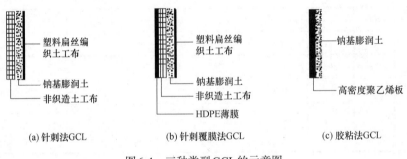

（a）针刺法GCL　　　　　（b）针刺覆膜法GCL　　　　（c）胶粘法GCL

图6-4　三种类型GCL的示意图

6.2.4.2 GCL的防渗机理

GCL中的膨润土颗粒吸水膨胀，在添加剂作用下，使其形成均匀的胶体系统，其渗透系数约为10^{-11}m/s并充满整个空间。在人为外力限制作用下（两侧为密实的回填土），使膨润土的膨胀从无序变为有序，持续的吸水膨胀结果使GCL层自身达到密实，从而具有防水作用。有些膨润土颗粒在膨胀压力作用下可进入周围土体的裂隙及混凝土结构的裂隙中，进一步保证了防水隔离层的抗渗性能。

6.2.4.3 GCL的工程性质

实际防渗工程用GCL作为防渗层，其有效性主要取决于以下三个方面：一是GCL作为一种防渗材料本身的渗透性能；二是GCL在有液体渗过的过程中，对液体中有害物质的吸附能力，因为GCL中膨润土在液体渗透过程中对其中有害物质的吸附能力在特定环境工程中显得尤其重要；三是GCL本身剪切强度的大小。GCL在实际工程中会承受剪应力，如果GCL所承受的剪应力超过了它本身抗剪切强度，GCL就会发生剪切破坏，导致防渗系统发生破坏。如果GCL的防渗功能失效，不仅造成了资源的浪费，还可能对周围环境产生污染，防渗也就失去了意义。

GCL作为防渗材料，应具备如下指标和工程特性：

厚度：GCL在干燥状态下的厚度一般为4~6mm，但在吸水后，其厚度是变化的，很难测定。

质量：GCL中所包含的膨润土一般在3.0~5.0kg/m²左右，总质量约在3.2~6.0kg/m²。

透水性：一般GCL的渗透系数要求小于等于$5×10^{-11}$m/s，钠基膨润土由于其独特的水化作用，膨胀性更强，其渗透系数更小。

胀缩性：GCL内的膨润土在吸水时会强烈膨胀，失水时会显著收缩。膨胀时在膨胀力驱使下膨润土具有渗透到裂纹内部的能力，展现很强的自我修复能力，使其能持久发挥防渗作用。

对有害物质的吸附能力：在渗透过程中GCL对溶液中的有机分子和阴、阳离子具有吸附能力，而且膨润土的水化液对GCL的吸附能力有一定影响。一般规律是：在渗透开始阶段，GCL对离子和有机分子或物质的吸附能力比较强且随饱和状态增大而增大，但达到饱和状态后其吸附能力开始下降，直至丧失。

耐久性能：因为膨润土是天然无机物，时间的变化和周边物质的影响对其化学性质的影响很小，并且不易发生老化和腐蚀现象，因此可以永久保持其防水能力。

抗剪强度：不加筋GCL在自然状态下的内摩擦角约30°，黏聚力不小于10kPa；但饱水后，内摩擦角下降至10°，黏聚力只有5kPa左右。加筋GCL的抗剪强度在干燥状态下与不加筋GCL差别不大，但在饱水状态下，其内摩擦角为20°左右，黏聚力可达10kPa。

抗冻性：试验表明经过反复的冻融循环，GCL的渗透系数只有微小的改变，其抗冻性能良好。

在使用过程中需要注意以下几方面：（1）在安装前或安装时遇到水，会使膨润土发生水化反应，这会导致其膨胀，土工织物有可能脱落，从而使防渗系统的整体性受到破坏；（2）GCL较薄，一旦破损，对渗透系数的影响较大；（3）GCL对液体中有害物质的吸附能力比CCL差；（4）当液体中含有浓度较高的金属离子时，GCL的防渗性能会降低，而离子对CCL防渗性能的影响不大；（5）如果场地附近有充足的黏土资源，则CCL的造价要低于GCL。

6.3 防渗结构

6.3.1 防渗结构布置

土工合成材料防渗结构布置一般根据工程总体布置的要求和工程区水文气象、地形地质等自然条件来研究确定。常用的防渗结构布置类型包括：水平防渗、斜面防渗、垂直防渗和其他复杂形状防渗布置。水平防渗的布置形式一般用在水库库底、人工湖、蓄水池和渠道的底部防渗；斜面防渗的布置形式一般用在土石坝、堆石坝和围堰上游面防渗、渠道内侧渠坡防渗、水库库岸防渗、堤防和路基坡面防渗；垂直防渗的布置形式常用在混凝土坝上游面防渗、土石坝和土石围堰心墙防渗、水库和堤防的地基垂直防渗等；其他复杂防渗布置形式常用于各种断面形状的隧道、蓄水池防渗等。工程常见的防渗布置形式如图6-5所示。

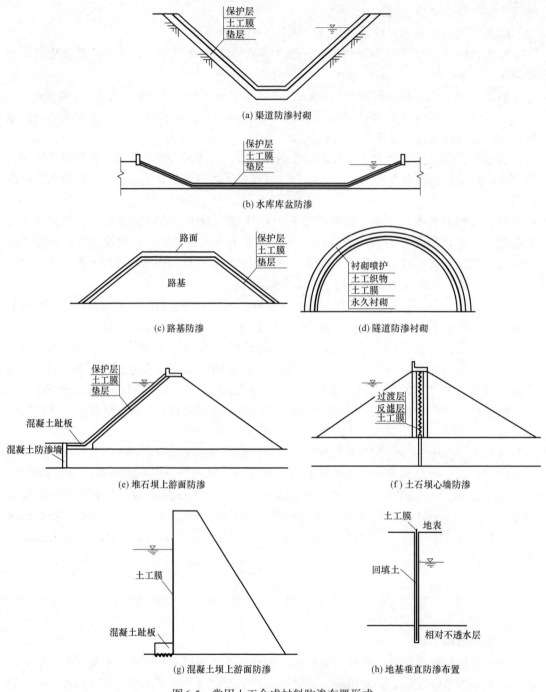

图 6-5 常用土工合成材料防渗布置形式

6.3.2 防渗结构设计

6.3.2.1 防渗结构类型

土工合成材料防渗结构一般包括三部分：防渗层、支持层和保护层。根据不同工程防渗要求和使用条件，可采用单层防渗结构、多层防渗结构和组合防渗结构等不同的结构形式。

单层防渗结构是最常用的防渗结构形式，一般包括支持层、防渗层（防渗膜或 GCL）、保护层（图 6-6）；在垂直心墙防渗中，采用反滤层、垫层和土工膜组成防渗结构。对于大多数水利水电工程防渗，蓄水量较大，且拦蓄的为无污染的清水，因而允许有一定的渗漏量，采用单层防渗结构即能满足要求。

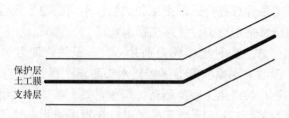

图 6-6　水平单层防渗结构

在防渗等级较高的工程中，也常采用多层防渗结构，如不允许发生渗漏的废水池和蒸发塘防渗。多层防渗结构如图 6-7 所示，可采用两层或更多层土工膜或 GCL 作为防渗材料，防渗层之间应设置排水层，以减小作用于第二层防渗层上的水压力。必要时排水层可加设排水管、土工席垫、土工网等。排水层厚度选择应满足排水能力要求，并考虑排水层施工时机械设备不损伤下层防渗材料。绝大多数情况下，两层防渗已经足够，加设第三层防渗只是增加一个安全储备。

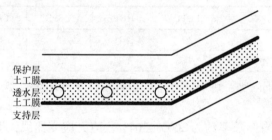

图 6-7　多层防渗结构形式

组合防渗结构如图 6-8 所示，是由 1 层土工膜和 1 层低渗透性材料（常用黏土）组合而成的防渗结构。比如，在高堆石坝心墙防渗中，可用土工膜与砾质黏土组合作为防渗心墙，此时，土工膜与低渗透性材料之间不应设排水层。

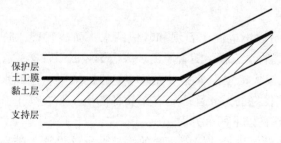

图 6-8　组合防渗结构形式

6.3.2.2　防渗层
防渗层指防渗结构中阻止液体或气体运移和渗漏的土工膜或 GCL，是防渗结构中的主体。对于最常用的土工膜防渗层，其防渗类型选择和厚度选择是防渗设计中最为关键的环节。

（1）土工膜类型选择

目前我国防渗工程最常用的是PE膜和PVC膜，在具体选型设计中应根据工程的使用年限、工作环境、施工条件选择合适的土工膜类型。不同类型工程防渗土工膜类型选择可参考《土工合成材料防渗排水防护设计施工指南》。

从防渗性能角度考虑，各种土工膜差别并不大。但从物理力学性能考量，对于坝高50m以下的中低坝、围堰、水库和渠道等较低水头防渗工程，PE膜和PVC膜都适用，但对于50m以上的中高坝，防渗土工膜类型选择至关重要。据国际大坝委员会统计，全球范围内采用土工膜防渗的共有171座大型土石坝和81座混凝土坝。这些大坝防渗所采用土工膜类型分布见表6-6和表6-7。由表统计可知在国际上大坝防渗中PVC土工膜采用的最多。

171座土石坝防渗土工膜类型统计　　　　　　　表6-6

	PVC	LLDPE	沥青膜	HDPE	丁基橡胶等弹性膜	CSPE	PP	CPE
数量	83	27	20	15	11	7	6	2
所占百分比	48.5%	15.8%	11.7%	8.8%	6.4%	4.1%	3.5%	1.2%

81座混凝土坝防渗土工膜类型统计　　　　　　　表6-7

	PVC	LLDPE	HDPE	CSPE	CPE-R	现场涂层
数量	73	3	1	2	1	1
所占百分比	90.2%	3.7%	1.2%	2.5%	1.2%	1.2%

对于50m以上的中高坝，国内、外工程设计中优选采用PVC膜，主要考虑以下因素。

1）弹性变形性能

PVC膜的拉伸极限伸长率约为200%~300%，应力应变曲线无明显的屈服点，其弹性变形阶段（卸荷后恢复原形状尺寸）伸长率可达70%~80%；PE膜的拉伸极限伸长率虽然可达到500%以上，但弹性变形阶段约在15%以内，拉伸屈服强度约为拉伸断裂强度的2/3，其应力应变曲线形状与理想弹塑性曲线相仿。由此可知，PVC膜具有更好地弹性变形能力，在长期往复水荷载作用下，更能适应高土石坝体和地基的复杂变形，更有利于防渗膜自身运行安全。

2）柔软性能

对于防渗水头50m以上的高土石坝和其他高水头防渗工程，防渗膜的厚度一般均在1.5mm以上。不同材质的土工膜，随着厚度加大会影响其平面柔软性。厚度1.5mm以上的PE膜保持平面，呈现板状特性；厚度1.5mm以上的PVC膜，手握水平面膜一端的以外部分呈90°下垂状，呈现良好的柔软性。具有柔软性的土工膜在高土石坝防渗工程实施和运行中的优越性至少体现在以下两个方面。

① 施工期易于铺设、拼接和锚固。膜的柔软性给铺设施工带来方便，尤其在地形复杂处，膜的铺设呈三维状态，柔软的PVC膜操作方便，其极易贴合复杂变化的地形；对于膜的幅间拼接、接长拼接、在锚固件上安装等都易于实施。

② 运行时不易产生附加变形。对于垫层难免存在局部曲率不大的凹凸不平状态，

PVC膜能自然贴在垫层的表面，该处在水库蓄水受水压后膜内基本不产生张拉变形，只产生随坝体整体位移而发生的变形；而对于呈板状的较硬的PE膜，受水压后，该处将发生除随坝体位移产生的变形外，由于凹凸还将发生附加张拉变形。

3）抗老化性能

1990年代中期以前，我国大坝防渗采用的土工膜基本以PVC膜为主，国内能生产厚度0.5mm以上的PE土工膜后，PVC土工膜由于其质量大（单价贵）、幅宽小，尤其是因塑化剂易于流失而老化，逐渐被PE膜所取代。然而，2000年以后，PVC膜由于其配方优化，具有适于高水头防渗且耐恶劣环境的优良性能，国际上已建造了多座PVC膜裸露防渗的高水头大坝，几年中，膜裸露防渗的服役周期也由50年增加到100年。所以，对设计者而言，又增添了相对于传统覆盖（保护）型膜的裸露型膜。

4）抗损伤性能

防渗膜储存、运输、施工过程中难免会对膜产生不同程度的损伤，一般地，复合膜比纯膜的抗损伤性能高，所以，只要复合膜的质量有保证，应该优先选用复合膜。具体地，对于厚度1mm以下的膜，可根据生产企业复合工艺的可靠性选用一布一膜或两布一膜型复合土工膜；对于厚度1mm及以上的膜，就当前的复合工艺水平而言，应选择一布一膜型复合土工膜。

（2）防渗膜厚度选择

根据我国《土工合成材料应用技术规范》GB/T 50290—2014，在使用土工膜进行防渗的水利水电工程中，对于3级以上防渗工程，膜厚不应小于0.5mm；对于一般工程，膜厚不应小于0.3mm。仅从防渗的角度分析，由于土工膜的渗透系数极小，很薄的土工膜就能满足防渗要求。从水压力作用下的强度分析，采用本章第4节厚度校核方法计算得到的土工膜厚度比规范规定的小得多，设计中需要人为放大安全系数，但应该放大多少倍并无科学的依据，故仅采用理论分析计算土工膜的厚度是不合理的。

防渗膜的厚度是防渗设计主要参数，设计厚度与防渗水头、垫层材料等密切相关，也与施工条件（装备、工艺、工期）、运行条件（坝体变形、气温、水温）等有关。有些因素是可通过计算分析量化的，有些因素是难以量化的。所谓可量化的因素，例如防渗膜随坝体或地基位移产生的变形、颗粒垫层孔隙液胀产生的变形、混凝土垫层局部不平整产生的变形等。实际上，作为铺设在垫层上的防渗膜，目前也难以通过计算比较准确地得到上述变形量。难以量化的因素，包括膜面划痕、膜体细微缺陷、复合膜内膜褶皱等。

故土工膜厚度设计应参照已建实际工程的经验，以挡水水头为主要因素选择防渗膜厚度，然后采用本章第4节中厚度计算和校核方法进行安全复核比较合适，不同类型防渗工程土工膜厚度选择可参考《土工合成材料防渗排水防护设计施工指南》。

6.3.2.3 支持层

所谓支持层，即防渗层的垫层，主要为防渗层提供一个坚实、平整、能排除渗水、自滤的支撑面，在巨大水压力作用下不塌陷、不开裂，避免土工膜承受较大的顶胀变形而发生破坏或缩短生命周期。土工膜的垫层分为接触和非接触两种垫层，接触垫层对平整度要求高，其下面为非接触垫层。防渗膜为复合膜时，通常要求防渗复合膜的无纺织物与接触垫层接触，无纺织物既可保护防渗膜，又可增大摩擦力而有利于抗滑稳定。当场地条件比较复杂时，需要设置专门的支持层；或场地表面存在树根、碎石等杂物，土工膜存在被刺破的风险时，需要在土工膜与支持层之间设置必要的防护层，即接触垫层。膜下接触垫层和非接触垫层的设置与否，与工程类别、场地条件密切相关，需因地制宜地作出选择。

对于防渗水头较高的堆石坝上游面土工膜防渗，则应在膜下铺设垫层和过渡层，垫层的形式一般有颗粒型和非颗粒型。对于高面膜堆石坝而言，切不可采用黏性土作为垫层形成所谓组合式防渗结构（芯膜堆石坝可采用该组合防渗结构形式），因为大面积膜体难以避免一些细小缺陷存在，低透水性材料不利于膜下游侧排水，通过这些细小缺陷的渗水会积聚在膜与黏性土之间，当水位下降至积水部位以下时，将影响该部分膜体的稳定。因此，不管是颗粒型垫层还是非颗粒型垫层，均应为透水性垫层。若采用颗粒型垫层，宜用河床开采的细砾，厚度不宜小于30cm，一般表面需喷洒乳化沥青或水泥砂浆，以加强颗粒垫层表面的稳定性，利于防渗膜的铺设及膜与垫层之间的平整接触。此外，颗粒型垫层应该是自滤的，能抵御渗透变形。非颗粒型垫层可在颗粒垫层上增设，总厚度可为40~60cm。非颗粒型垫层首先也应为透水垫层，可为透水混凝土，厚度10cm以上。直接采用坝坡填筑设施挤压边墙作为防渗膜垫层，具有较高的技术经济性价比，要求其渗透系数大于1×10^{-3}m/s。非颗粒型垫层比颗粒型更适于防渗膜的铺设、拼接。

对于渠道和水池等中小型工程，在天然地基和级配良好的透水地基上，只要作好排水措施，消除地下水的影响，以及清除树根等杂物，经整平压实，土工膜可直接铺在其上，不需要设置专门的支持层或防护垫层。对于一般土基，宜设置透水材料作为膜下防护垫层，如膜下铺设土工织物，不仅可以保护土工膜不受垫层内尖锐颗粒刺破，还可以排除膜下积水。

6.3.2.4 保护层

在工程施工及运行过程中防渗层可能会遭受外界作用，如施工时的机械设备破坏和人畜破坏，波浪冲淘、冰冻、风力和紫外线的照射等。膜上保护层是保护土工膜不受自然因素和人为因素等外界因素破坏的部件，是防渗结构体系的重要组成部分。保护层的结构和所使用的材料应根据工程的重要性、工程规模、类别和使用条件等因素综合判定。

一般中小水利水电工程的保护层，常用素土、砂砾石，预制或现浇的素混凝土板和干砌石等。素土层的厚度一般为30~50cm，混凝土板的厚度为10cm以上。

对于大型重要工程的防渗，保护层一般设置于复合膜的无纺织物的上面，主要有现浇混凝土板、预制混凝土板（块）、连锁混凝土块等形式，已建工程也有采用砌石形式的。众多工程实践表明：现浇混凝土板保护层具有机械化施工、不易损伤防渗膜、抗风浪稳定性强等优点，可优先选择；预制混凝土块保护层可半机械、半人工施工，但预制块在搬运时易因掉落而砸伤防渗膜，在放置时较易因某一边角先着地而损伤防渗膜；砌石保护层一般需先铺设厚15~20cm的颗粒垫层并再整平坡面，工序较复杂。

但若保护层是不透水的，则应设置排水孔以释放护面后面可能存在的积水。而保护层与土工膜之间的垫层常采用透水的无棱角的砂或砂砾料作为垫层，设置垫层除了可保护土工膜不受其上防护层中有棱角材料的破坏之外，还可以起到排水作用，消除保护层与土工膜之间的孔隙水压力，提高保护层材料沿膜面的抗滑稳定性。

对于高面膜堆石坝，趋于省略颗粒保护层，直接采用混凝土板或混凝土块，既作为坝面护坡又作为防渗膜的保护层，厚度宜在20cm以上。

随着PVC膜的抗老化性能大幅度增强，越来越多的大坝采用没有保护层的裸露PVC膜防渗形式，尤其在高碾压混凝土中，例如2002年建成的哥伦比亚高188m的Miel Ⅰ碾压混凝土重力坝和2003年建成的美国加州高97m的Olivenhain碾压混凝土重力坝。Miel Ⅰ坝在我国龙滩坝建成以前是世界上最高的碾压混凝土重力坝，该坝在直立上游坝面上先安装聚合物复合排水，再安装PVC膜，防渗膜不设保护层，完全裸露。与此不同，在堆石坝面PVC膜上设置防护层施工并没有在碾压混凝土坝直立上游面设置膜保护层那样麻烦，所以，据2010年国际大坝委员会统计，土石坝上游面土工膜防渗中仍有70%设置防护层，以有效防止风浪、漂浮杂物、冰、温变、紫外线辐射及人为因素等对防渗膜产生的损伤。

6.3.3 防渗层锚固设计

6.3.3.1 土工膜锚固

防渗层的四周要与不透水地基或岸坡进行锚固连接，从而形成完整密封的防渗系统。一般土工膜的锚固分为两种类型：埋入式锚固和机械式锚固。

（1）埋入式锚固

埋入式锚固即先在地基和岸坡上开挖锚固槽。如果地基是透水层，应把它开挖掉直达基岩或不透水层，然后浇筑混凝土底座，将土工膜锚固在混凝土内。锚固槽混凝土底座的底宽设置应满足抗渗稳定，即混凝土底座与基岩间的允许水力梯度大于实际作用的水力梯度（实际作用水头除以底座宽度）。锚固槽底部允许水力梯度：一般新鲜、微风化岩石取20以上，弱风化岩石取10~20，强风化岩石取5~10，全风化岩石取3~5。锚固施工完成后需要进行固结灌浆以填塞岩体中的裂隙和接触面缝隙。

如果土工膜要锚固在不透水的黏性土层中，开挖锚固槽的深度约为2m，宽度约为4m。回填黏土时将土工膜锚固在黏土内，填土必须密实并与锚固槽的边坡和底部严密结合。

常用典型埋入式锚固结构如图6-9～图6-12所示。

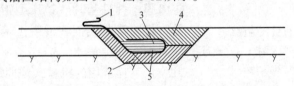

图6-9 土工膜与基岩连接锚固槽结构形式

1—土工膜；2——一期混凝土；3—二期混凝土；4—三期混凝土；5—钢筋

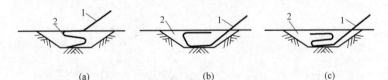

(a)　　　　　　　　(b)　　　　　　　　(c)

图6-10 土工膜与黏土地基连接锚固槽结构形式

1—土工膜；2—回填黏土

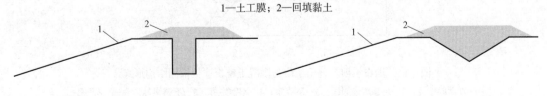

(a)　　　　　　　　　　　　　　　(b)

图6-11 土工膜与坡（堤坝）顶部连接锚固槽结构形式

1—土工膜；2—坡顶

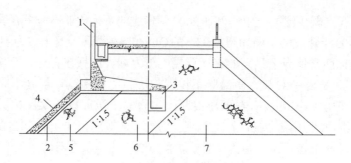

图 6-12　土工膜与坝顶防浪墙连接锚固结构形式

1—混凝土防浪墙；2—防渗膜；3—防渗膜埋置槽；4—保护层（护坡）；

5—垫层；6—过渡层；7—堆石

（2）机械式锚固

机械式锚固如图 6-13 所示，通过由不锈型钢、螺栓及螺母、弹性垫片、密封胶等组成的锚固构件将土工膜锚固在混凝土锚固基座（混凝土趾板、混凝土防渗墙、混凝土防浪墙）上。混凝土基座的底宽设置应满足抗渗稳定，趾板的防渗膜锚着部位，宽度约 20cm，

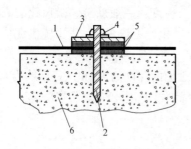

图 6-13　典型土工膜机械式锚固结构

1—土工膜；2—螺杆；3—镇压型钢；4—螺母；

5—橡胶垫片；6—混凝土

应磨平表面。锚固构件材料和尺寸的设计应以被锚固材料拉伸破坏时锚固组件仍能正常工作（即防渗膜仍能工作时不因锚固组件破坏而整体失稳）为设计准则。

锚固施工时先在混凝土基座上穿过不锈螺栓（埋置在混凝土趾板内）依次向上铺设弹性垫片、防渗膜、弹性垫片、镇压型钢，最后拧紧不锈螺母，将防渗膜锚固在混凝土基座上。为防止锚固件间细微间隙渗水，需在各种构件之间需涂抹密封胶。工程常用的机械式锚固结构形式如图 6-14~图 6-16 所示。

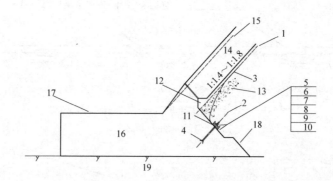

图 6-14　堆石坝坝基处土工膜与混凝土趾板连接锚固结构形式

1—坝面膜铺线；2—防渗膜锚固线；3—防渗膜；4—不锈螺杆；5—不锈螺母；6—不锈槽钢；

7—上橡胶垫带；8—锚固件中防渗膜；9—下橡胶垫带；10—磨平锚固基面；11—密封胶层；

12—空腔；13—颗粒垫层；14—现浇混凝土板；15—坝面基准线；16—混凝土趾板；

17—混凝土趾板平直段；18—混凝土趾板斜面；19—基岩

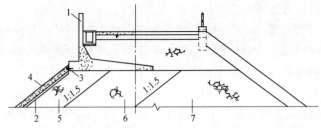

图6-15 土工膜与坝顶防浪墙表面连接锚固结构形式

1—混凝土防浪墙；2—防渗膜；3—机械式锚固结构；

4—保护层（护坡）；5—垫层；6—过渡层；7—堆石

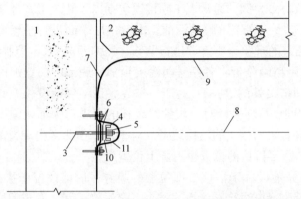

图6-16 土工膜与坝基混凝土防渗墙顶部连接锚固结构形式

1—混凝土防渗墙；2—混凝土保护板；3—锚固螺栓；4—锚固槽钢；5—锚固螺母；6—膜上下橡胶垫片；

7—防渗膜；8—锚固线；9—铺膜线；10—柔性填料；11—填料密封罩

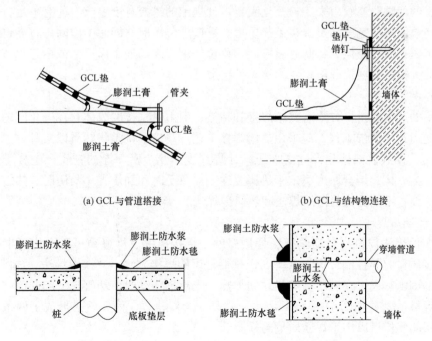

图6-17 GCL与结构物连接锚固结构

6.3.3.2　GCL连接与锚固

在直立面及斜坡面上铺设GCL时，为避免其滑动，可用销钉加垫片将其锚固，除了在GCL重叠部分和边缘部位用钢钉固定外，整幅GCL中间也需视平整度加钉，务求GCL稳固服帖地安装在墙面和地面，必要时用膨润土膏抹浆贴合在墙体上。钉孔部位可视需要进行处理。GCL在坡顶或地基处的锚固也可参考土工膜埋入式锚固槽结构形式（图6-9~图6-11）。工程常用的GCL与管道、墙体等结构物的连接锚固结构如图6-17所示。

6.3.4　防渗层施工工艺

6.3.4.1　土工膜施工

（1）铺设工艺

本书以堤坝坡面防渗为例，通常土工膜铺设包括以下几个工艺环节：

①　垫层平整度检查：在土工膜铺设前，需对垫层表面进行平整度检查，若发现仍有突坎、坡面凹陷及凸起的现象，则立即进行整修，按偏差$\delta \leqslant \pm 1cm$控制。

②　膜卷定位：由精确测量将各序号防渗膜顶部、底部的位置加以标注（沿坝轴线向的宽度，并考虑幅间搭接处的重叠）；对于一整卷膜达不到铺设长度的序号，需标注长度方向搭接的位置（沿坝面坡向）。对于坝轴线较长的大坝，为加快施工速度，可同时开设数个滚摊作业区，但需增加相应的滚摊装备。对于每个作业区内现行滚摊的序号，宜画上位置白线；长度方向需要拼接的位置也需画上位置白线。

③　膜卷滚摊：先铺设位于搭接下部位置的膜卷，后铺设位于搭接上部位置的膜卷。先行滚摊的膜卷应沿位置白线徐徐滚摊，过程由全站仪控制，发现偏离即反馈给滚摊控制装置，及时纠正。

④　幅间搭接定位与镇压：幅间搭接定位是焊接工艺实施前的最后一个铺设施工程序。已经铺设的两幅防渗膜由人工检查是满足设计规定的搭接宽度要求，若有不足，则应进行微调，使幅间搭接宽度满足焊接工艺要求。搭接定位后应立即用干净的砾石袋将防渗膜周边进行镇压，以防止风力将防渗膜掀起、移位。施工现场处于风口，或冬春季节风力较大时，应加大镇压荷载，确保定位的防渗膜稳定。

（2）拼接工艺

常用的土工膜拼接方法有热熔焊接和粘接，但由于粘接的胶体存在老化问题，对于重要且长期运行的防渗工程，应采用热熔焊接工艺。热熔焊接是将热量以某种方法传到接缝处的膜面，使其表面熔化，随之加压，让焊片表面几个密而厚的物质产生分子渗透和交换，熔合为一体；熔合厚度决定于热源温度，加热历时和加压大小与历时。热熔焊接方法根据焊接设备不同分为热楔熔焊法和热风熔焊法。

①　热楔熔焊法

热楔熔焊法焊机可自动爬行，焊接温度、焊接速度、焊缝镇压压力均可根据需要设置，焊接质量容易控制，焊接效率高，是最常用的焊接方法。热楔熔焊法，如图6-18（a）所示，是用电热楔夹在两层被焊膜之间加热，当热楔移动时，两辊轮一起向前移动将两膜压合。焊缝的结构如图6-18（b）所示，它是一个双轨焊，两条轨道形成了两条独立的焊缝，中间的气槽可以用于焊缝质量的检验。

②　热风熔焊法

该方法利用加热了的空气（200~400℃）以一定速度吹拂到接缝区的搭接面，加热并熔化其表面，随之以热辊加压使两膜结合。热风熔焊法采用人工手动焊枪和自动爬行机两种设备，后者的温度和行速可调，可用于单焊缝和双焊缝焊接，焊速为0.3~4m/min，人工热风焊枪使用方便灵活，常被用作辅助焊接设备，可以焊角隅、沟槽、长缝末端、急弯处缝、多重缝、局部焊接和补焊等，可焊厚度最小为0.5m。热风型焊机的出风口温度可设定，但出风口至焊缝处膜的距离、焊接速度等只能由操作人员控制，所以，焊接质量不稳定，焊接效率不高。一般局部狭小区域及修补焊接采用热风型焊接法，其他绝大部分焊缝均采用热锲型焊机。

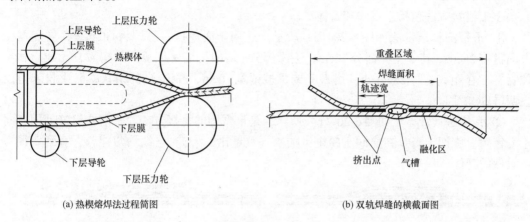

(a) 热楔熔焊法过程简图　　　　　　(b) 双轨焊缝的横截面图

图6-18　热楔熔焊法

③ 复合膜拼接

对于两布一膜型复合膜的拼接，应从下至上逐层拼接。先将下部无纺织物用手提式缝纫机缝合，再焊接中间的防渗膜，经充气检测质量合格后，再将上部无纺织物缝合。对防渗膜焊缝下面和上面无纺织物的缝合应以防渗膜焊缝位置为基准，保证缝合后焊缝处不起褶皱。

6.3.4.2　GCL 施工

（1）GCL 铺设

GCL 铺设可遵循以下方法进行：

① 大面积的铺设宜采用机械施工，条件不具备或小面积的也可采用人工铺设。

② 按规定顺序和方向分区分块进行 GCL 的铺设。铺设时，无纺布应对着遇水面。在建筑物内铺设时，用25mm长钢钉固定 GCL，钢钉的间距为300mm；GCL 应以如图6-19所示的品字形分布，接缝错开至少300mm，搭接至少要100mm。

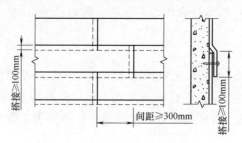

图6-19　GCL平面布置和固定

③ 裁剪后的材料小心缓慢卷起，用人力或机械运至铺设位置，再按要求展开拉平。

④ 按连接方案，将膨润土垫平整、搭接完美地铺设。垫与垫之间的接缝应错开，不宜形成贯通的接缝。

⑤ GCL搭接面不得有砂土、积水等影响搭接质量的杂质。

⑥ 发现有孔洞等缺陷或损伤时，应及时用膨润土粉或在破损部位覆盖GCL修补，边缘部位按搭接的要求处理。

（2）GCL搭接

GCL搭接方法包括条带法和膏体法。

① 条带法：条带法如图6-20（a）所示，适用于简单搭接。即将GCL在长度和宽度方向搭接25cm（其中主体部分10cm，边缘部分15cm），应保证接缝无褶皱，无杂土和其他材料。在距离边界25cm处，用人工或机械铺宽10cm、高1cm 的条状膨润土粉末搭接在两层GCL中间。

② 膏体法：膏体法如图6-20（b）所示，是最常用的搭接方法，一般在接缝处用膨润土膏密封。膨润土膏是在膨润土粉末中加水（重量比1：3），连续均匀拌合，直到获得平滑柔软的膏体。

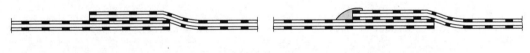

(a) 简单搭接　　　　　　　　　　　　　　(b) 用膨润土密封搭接

图6-20　GCL搭接类型

6.3.5　防渗层质量检测

目前GCL防渗层的施工质量较难检测。土工膜防渗层施工质量检查常用的方法有：目测、真空检测、充气检测、电火花等。现场施工过程一般使用目测、真空检测仪、充气检测仪检测所有现场的焊缝，焊缝检测均应在焊缝完全冷却以后方可进行。

6.3.5.1　目测法

在现场检查过程中，先采用目测法检查膜焊接接缝。目测法分看、摸、撕三道工序。看：先看有无熔点和明显漏焊之处，是否焊痕清晰、有明显的挤压痕迹、接缝是否烫损、有无褶皱、拼接是否均匀；摸：用手摸有无漏焊之处；撕：用力撕来检查焊缝焊接是否充分。

防渗膜防渗层的所有"T"字接头、转折部位接头、破损和缺陷点修补、目测有疑问处、漏焊和虚焊部位修补后以及长直焊缝的抽检均须用真空检测法检查质量。长直焊缝的常规抽检率为每100m抽检两段目测质量不佳处，每段长1m。若均不合格，则该段长直焊缝需进行充气法检测。

6.3.5.2　充气检测法

充气检测为有损检测，主要检测目测法和真空检测法难以找到的焊缝缺陷部位，在检验人员对这些焊缝存在较大疑虑的情况下采用。正常焊缝检测应严格控制使用充气检测，尽量少用或不用充气检测，需充气检测部位须经论证并得到工程师批准才能实施。充气检测应遵循以下程序：

（1）测试缝的长度约50m，测试前封住测试缝的两端，将气针插入双焊缝中间。

（2）将气泵加压至 0.15 ~ 0.2MPa，关闭进气阀门。

（3）5min 后检查压力下降情况。若压力下降值小于 0.02MPa，则表明此段焊缝为合格焊缝。若压力下降值大于或等于 0.02MPa，则表明此段焊缝为不合格焊缝，并根据缺陷及修复要求进行处理。

（4）检测完毕，立即对检测时所做的充气打压孔进行挤压焊接封堵，并用真空检测法检测。

6.3.5.3 真空检测法

真空检测方法是修补焊缝（挤压焊接、贴片修补、挤出接缝帽等）、T 形接头等非破坏性测试。真空检测程序如下：

（1）将肥皂液沾湿需测试的土工膜范围内的焊缝，将真空罩放置在潮湿区，并确认真空罩周边已被压严，启动真空泵，调节真空压力于 0.025 ~ 0.035MPa。

（2）保持 30s 后，由检查窗检查焊接缝边缘的肥皂泡的情况。如果在焊接缝中没有看到气泡，则通过测试。否则，按缺陷进行处理。

6.3.5.4 电火花检测法

电火花检测是利用防渗膜为电的绝缘体特点，针对单焊缝、缺陷修补等进行的检测方法。防渗膜焊接时在焊缝中先置入导线，检测时接入电源，用检测仪在距离焊缝 30mm 左右的高度扫探，观测是否产生火花。电火花检测质量合格标准：无火花出现则焊缝合格。破坏性测试取样留下的空洞，采用贴片等方式进行修补。

6.4 防渗设计理论与计算方法

6.4.1 水压力作用下土工膜厚度计算与校核方法

土工膜的厚度主要由防渗和强度两个因素决定。对于一般水利水电工程而言，由于土工膜渗透系数很小，渗漏量的大小往往不是关键，因而决定膜厚的主要是后者。当土工膜支撑材料为粗颗粒时，在水压力作用下，土工膜在颗粒孔隙中易产生顶破或被尖锐的棱角穿刺。目前，防渗膜均以顶破时的抗拉强度进行设计。对于铺在颗粒地层或缝隙上受水压力荷载的土工膜，其厚度的计算或复核主要有以下三种理论方法：（1）顾淦臣薄膜理论公式；（2）苏联的经验公式；（3）J.P.Giroud 近似公式（1982）。

特别需要说明的是，本节土工膜厚度的计算方法只是针对水压力作用下某种特定垫层条件下的理想计算模型，未考虑防渗膜随坝体或地基位移产生的整体变形、垫层局部不平整产生的变形、施工应力、温度荷载、膜面划痕、膜体细微缺陷、复合膜内膜褶皱等系列实际存在且无法量化的变形。故只可用来进行安全复核，而设计厚度的确定宜采用 6.3 节中的方法。对于高水头重要防渗工程还需要开展能够模拟实际荷载和变形条件的仿真模型试验对土工膜厚度进行安全复核。

6.4.1.1 薄膜理论公式

将薄膜张在边界上，如图 6-21 所示。在均匀水压力 p（单位面积的力）的作用下，膜发生挠曲变位 $w(x, y)$，并受到均匀拉力 T（单位长度的力）。根据微元各边的拉力在 w 轴方向的投影之和与水压力 $pdxdy$ 平衡的条件，得到偏微分方程：

$$\frac{\partial^2 w}{\partial x^2} + \frac{\partial^2 w}{\partial y^2} = -\frac{p}{T} \qquad (6-1)$$

注意：式中的 p 与 T 均为常量，各边界上的变位 $w=0$。

由边界条件即可求得此偏微分方程的解。此外，用基于变分原理的近似方法——瑞利-里兹（Rayleigh-Ritz）方法，取代平衡方程和边界条件，从而无需求解偏微分方程也可求解。关于应用 Rayleigh-Ritz 方法推求变位函数 w 的具体过程，可参考《水电工程土工膜防渗技术规范》NB/T 35027—2014 的附录 A。这里给出几种常用边界上膜的拉力与应变关系公式。

如图 6-21（b）所示，如果膜的边界是矩形，长为 a，宽为 b。

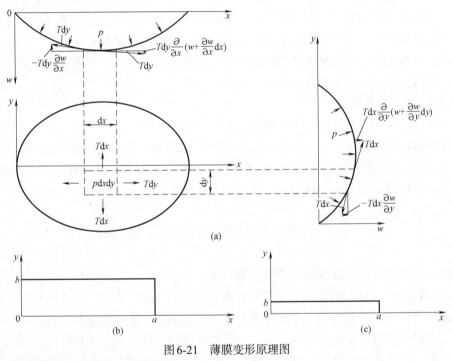

图 6-21　薄膜变形原理图

（1）对于张在正方形边界上的膜，$a=b$，在对称轴上，即 $x=a/2$ 线上，伸长量最大，此线上的拉力为：

$$T = \frac{0.122pa}{\sqrt{\varepsilon}} \qquad (6-2)$$

式中　T——单位宽度膜的拉力，kN/m；

　　　p——膜上作用的水压力，kPa；

　　　a——正方形膜的边长，m；

　　　ε——膜的拉应变，%。

（2）对于张在圆形边界上的膜，在直径方向，即 $x=a/2$ 线上，拉应力最大，为：

$$T = \frac{0.11pa}{\sqrt{\varepsilon}} \qquad (6-3)$$

式中　a——圆的直径，m；

其他符号同上式。

（3）对于长条缝上的膜，即 $a \gg b$，如图 6-21（c）所示，在垂直于长条方向，即垂直于 x 轴时，拉应力最大，即：

$$T = \frac{0.204pb}{\sqrt{\varepsilon}}$$ (6-4)

式中　b——预计膜下地基可能产生的裂缝宽度，m；

　　　　其他符号同上式。

为了复核所选土工膜的厚度是否满足要求，可根据荷载和接触颗粒孔隙（缝）等因素，由式（6-2）、式（6-3）或式（6-4）绘制 T-ε 关系曲线，并在同一坐标系中绘出所选土工膜由试验（应该采用土工膜胀破试验，而非相关检测规程中的宽条或窄条拉伸试验）得到的应力-应变关系曲线。如图 6-22 所示，当裂缝宽度分别为 b_1 和 b_2 时，由式（6-4）得到的曲线与土工膜试验曲线的交点 p_1、p_2 分别对应拉应变 ε_1、ε_2 和拉力 T_1、T_2。容易理解，交点对应的拉应变和拉应力既符合所选土工膜的应力-应变关系，也符合该材料在此条件下发生变形的实际情况。

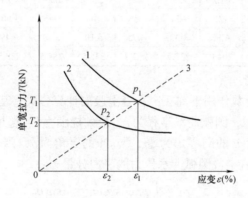

图 6-22　土工膜应力-应变关系

1—b_1 曲线；2—b_2 曲线；3—所选土工膜的试验曲线

如果所选土工膜的极限抗拉强度为 T_f，对应的应变为 ε_f，则应力安全系数 K_T 和应变安全系数 K_ε 分别为：

$$K_T = \frac{T_f}{T}$$ (6-5)

$$K_\varepsilon = \frac{\varepsilon_f}{\varepsilon}$$ (6-6)

式中，T 和 ε 分别为图 6-22 中曲线交点对应的拉力和拉应变。

6.4.1.2　苏联经验公式

1987 年，苏联的《土坝设计》介绍了聚合物膜厚度的计算公式，即：

$$t = \frac{0.135E^{0.5}pd}{[\sigma]^{1.5}}$$ (6-7)

式中　$[\sigma]$——薄膜的允许拉应力，MPa；

E——设计温度下薄膜的弹性模量，120MPa；

p——薄膜承受的水压力，MPa；

d——与膜接触的土、砂、卵石层的最粗粒组的最小粒径，mm；

t——薄膜厚度，mm。

当用式（6-7）计算出来的膜较厚时，即当 $t > d/3$ 时，则改用下式计算：

$$t = \frac{0.586p^{0.5}d}{[\sigma]^{0.5}} \tag{6-8}$$

式中符号及意义与式（6-7）相同。如果式（6-8）算得的膜厚 $t < d/3$，则取 $t = d/3$。

苏联水工科学研究院提出的聚乙烯薄膜的允许拉应力和弹性模量参考值见表6-8。苏联经验公式不能直接用于复合土工膜及窄长缝上膜厚度的计算。

聚乙烯薄膜的允许拉应力和弹性模量参考值　　　　　表6-8

温度（℃）	30	25	20	15	10	5	0	−5	−10	−15
允许拉应力$[\sigma]$（MPa）	2.16	2.26	2.45	2.65	2.75	2.94	3.04	3.24	3.43	3.63
弹性模量E（MPa）	38.1	41.2	45.7	50.3	56.3	65.9	79.1	96.1	117.7	140.3
温度（℃）	−20	−25	−30	−35	−40	−45	−50	−55	−60	
允许拉应力$[\sigma]$（MPa）	3.92	4.12	4.32	4.71	5.10	5.30	5.49	5.98	6.57	
弹性模量E（MPa）	167.8	204.0	237.4	292.3	335.5	386.5	438.5	486.6	507.2	

6.4.1.3　Giroud公式

Giroud研究了均布荷载作用下铺在窄长缝上膜的计算公式，基本假设是膜受力后的变形为圆弧。如图6-23所示，圆弧曲率半径为 r，最大挠度为 h，缝槽宽度为 b，右半段圆弧的圆心角为 θ，圆弧微段 $\mathrm{d}s$ 的圆心角为 $\mathrm{d}\alpha$，与 Oy 的夹角为 α，则 $\mathrm{d}s$ 段水压力的竖向分量 $\mathrm{d}p_v = p\mathrm{d}s\cos\alpha = pr\mathrm{d}\alpha\cos\alpha$。右半段圆弧上水压力的竖向分量为：

$$p_v = \int_0^\theta pr\cos\alpha\mathrm{d}\alpha = pr\sin\theta \tag{6-9}$$

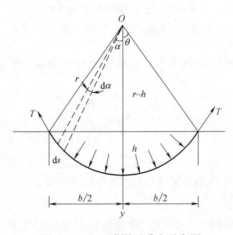

图6-23　土工膜圆弧受力示意图

p_v 与拉力 T 的竖向分量 $T\sin\theta$ 相平衡，则：

$$T = pr \tag{6-10}$$

其中，r由几何关系得到：

$$r = \frac{b}{4}\left(\frac{2h}{b} + \frac{b}{2h}\right) \qquad (6-11)$$

膜的相对延伸率ε为：

$$\varepsilon = \frac{\left(r\theta - \frac{b}{2}\right)}{\frac{b}{2}} = \frac{2r\theta}{b} - 1 \qquad (6-12)$$

其中，r由式（6-11）计算得到，θ由几何关系得到：

$$\theta = \arcsin\frac{b}{2r} \qquad (6-13)$$

由式（6-10）和式（6-12）即可绘制出T-ε关系曲线，再在同一坐标系中绘出所选土工膜由液胀试验得到的应力-应变关系曲线，即可采用与6.4.1.1节相同的方法复核所选土工膜的厚度。Giroud公式适合计算置于长条缝上的土工膜。

6.4.2 土工膜缺陷渗漏量估算方法

土工膜防渗工程的渗漏存在两种机制：一是通过完整无损土工膜的扩散，二是经过土工膜缺陷的渗漏。对于一般水利水电工程，因允许一定的渗漏量，故认为完整的土工膜是不透水的，其扩散渗透可以不予考虑。

6.4.2.1 完好土工膜的渗透量

完好土工膜的渗透量可按下式计算：

$$Q_g = k_g i A = k_g \frac{H_w}{T_g} A \qquad (6-14)$$

式中　Q_g——土工膜的渗透量，m^3/s；

k_g——土工膜的渗透系数，m/s；

i——水力梯度；

H_w——土工膜上的水头，m；

A——土工膜的渗透面积，m^2；

T_g——土工膜的厚度，m。

6.4.2.2 缺陷土工膜的渗漏量

土工膜上因各种原因出现的缺陷包括小的针孔和较大的孔洞。针孔是指直径明显小于膜厚的小孔，孔洞则指直径等于或大于土工膜厚度的孔。早期的产品有大量针孔，但是随着制造工艺的提高和聚合物合成技术的改进，现在产品的针孔已较少。孔洞主要在施工中产生，包括：①接缝焊粘结不实，成为具有一定长度的窄缝；②施工搬运过程的损坏；③施工工具和机械的刺破；④基础不均匀沉降使土工膜撕裂；⑤水压将土工膜击穿。合理设计可避免后两项缺陷，合理施工可减少前三项缺陷。

通过土工膜缺陷的渗漏量除受孔直径大小影响外，还与膜下垫层（支持层）的性质有关。

（1）针孔的渗漏量

针孔直径较小，渗漏量不大，一般可忽略不计。如果要估算通过针孔的渗漏量，可采用泊谡叶公式（Poiseuille）：

$$Q = \frac{\pi \rho g H_w d^4}{128 \eta T_g} \qquad (6\text{-}15)$$

式中　Q——经过单个针孔的流量，m^3/s；

　　　H_w——土工膜上下水头差，m；

　　　T_g——土工膜的厚度，m；

　　　d——针孔直径，m；

　　　ρ——液体的密度，kg/m^3；

　　　η——液体的动力黏滞系数，$kg/(m \cdot s)$；

　　　g——重力加速度，m/s^2。

（2）孔洞的渗漏量

孔洞的渗漏量与膜两侧土层的透水性以及两者之间的贴合程度有关。当土工膜上下均为渗透性好（渗透系数 $k_s > 10^{-3} m/s$）的土层时，通过孔洞的渗漏量可近似按孔口自由出流计算：

$$Q = \mu A \sqrt{2 g H_w} \qquad (6\text{-}16)$$

式中　Q——经过单个孔洞的流量，m^3/s；

　　　A——孔洞的面积，m^2；

　　　μ——流量系数，一般取 0.60~0.70；

　　　其他符号同上式。

当土工膜下垫层为低透水性土层时，两者形成组合防渗系统，此时从孔洞渗漏的水流先在膜与垫层之间的接触空间内侧向运动一定距离，然后才慢慢渗入低透水性土层。因此，如果土工膜与下侧低透水性的土层贴合良好，即使膜上存在孔洞，也能极大地限制土工膜的渗漏；相反，若贴合不好，土工膜与垫层之间存在空隙或垫层未压实，如膜起皱不平，则孔洞的渗漏将不受限制。因此，孔洞渗漏量的大小又与土工膜和垫层之间的接触情况有关。孔洞渗漏量的计算方法主要有解析法和 Giroud 近似法两种，下面将简要介绍 Giroud 近似法。

① 一般情况。Giroud 通过理论分析和近似处理，导出了适合于防渗土层 $i_s > 1.0$ 一般情况下的组合防渗系统缺陷渗漏量计算的经验公式。其中，i_s 定义如下：

$$i_s = \frac{H_w + H_s}{H_s} \qquad (6\text{-}17)$$

若膜与垫层接触良好，则：

$$Q = 0.21 i_{avg} A^{0.1} H_w^{0.9} k_s^{0.74} \qquad (6\text{-}18)$$

$$R = 0.26 A^{0.05} H_w^{0.45} k_s^{-0.13} \qquad (6\text{-}19)$$

若膜与垫层接触不良，则：

$$Q = 1.15 i_{avg} A^{0.1} H_w^{0.9} k_s^{0.74} \qquad (6\text{-}20)$$

$$R = 0.61 A^{0.05} H_w^{0.45} k_s^{-0.13} \qquad (6\text{-}21)$$

对于圆形孔洞：

$$i_{avg} = 1 + \frac{H_w}{2 H_s \ln (R/r)} \qquad (6\text{-}22)$$

式中　H_s——土工膜下面低透水性土层的厚度，m；

i_{avg}——平均水力坡降；

k_s——土工膜下面土层的渗透系数，m/s；

R——土工膜下面土内渗透区域的半径，m；

r——孔洞的半径，m。

② 当$H_w \ll H_s$时，$i_s \approx 1.0$，则

膜与垫层接触良好时：

$$Q = 0.21A^{0.1} H_w^{0.9} k_s^{0.74} \qquad (6-23)$$

膜与垫层接触不良时：

$$Q = 1.15A^{0.1} H_w^{0.9} k_s^{0.74} \qquad (6-24)$$

上述土工膜缺陷渗漏量的估算，都是针对单个针孔和单个孔洞，而且需要对针孔和孔洞的直径或面积进行基本估计。当进行实际土工膜防渗工程的渗漏量估算时，还需要了解膜上缺陷的数量。关于土工膜上缺陷出现的频率和尺寸，按照美国垦务局的实践经验，在严格施工的前提下，每4000m²的土工膜约有1处缺陷，其尺寸约为10mm²或更小。另据美国环保署（EPA）的建议，一般情况下缺陷尺寸取10mm²，而在最不利的情况下可取100mm²。

6.4.2.3 膜后排渗能力核算

土工膜防渗系统还应进行膜后排渗能力核算。核算膜下排水层材料的导水能力。排水层材料导水率θ_a应满足下式要求：

$$\theta_a \geqslant F_s \theta_r \qquad (6-25)$$

其中，θ_a和θ_r分别按以下各式计算：

$$\theta_a = k_h \delta \qquad (6-26)$$

$$\theta_r = \frac{q}{i} \qquad (6-27)$$

式中 θ_a——排水层导水率，m²/s；

θ_r——排水所需导水率，m²/s；

δ——排水层厚度，m；

k_h——排水层平面渗透系数，m/s；

q——单宽流量，m³/（s·m）；

i——排水层两端的水力梯度；

F_s——排渗安全系数，一般可取3~5，1、2级防渗结构取5。

6.4.3 防渗结构稳定性分析方法

铺放在斜坡上的土工膜与坝体之间的摩擦系数一般小于坝体的内摩擦系数，因此需要计算土工膜与其上面的保护层和下面的支持层之间的抗滑稳定性。如果支持层是透水的，那么土工膜与支持层之间不会有水的滞留，并由于防渗膜承受上游水压，使膜与其后的支持层之间产生较大的抗滑阻力，再加上膜与坝体的连接固定等因素，因而一般情况下土工膜与膜后支持层之间的稳定性优于土工膜与膜上保护层之间的稳定性。为此，土工膜防渗层稳定性验算通常针对土工膜与膜上保护层之间的抗滑稳定性问题。一般情况下校核的最危险工况是水位骤降时刻。

土工膜和土的接触面稳定分析的方法有两大类，一类是传统的刚体极限平衡法，另一

类是有限元数值分析法。刚体极限平衡法简单实用，有丰富的工程实践基础。有限元法在理论上更能反映出土工膜的工作状况以及膜对坝体应力和变形的影响，对重要工程可采用此方法验算。但目前有限元法在制定抗滑安全系数标准等方面尚不成熟，同时由于膜厚度较薄，难以模拟，再者，实际工作条件下尤其是荷载长期作用下土工膜的应力应变关系也需进一步研究，因此，目前有限元法应用经验不足，只能作为刚体极限平衡法的补充。下面将介绍刚体极限平衡法在分析土工膜和保护层之间的抗滑稳定性中的应用，其中保护层存在透水与不透水、等厚与不等厚之分，应区别对待。

6.4.3.1 等厚保护层

膜上保护土层在重力作用下极易向下滑动，设计时应验算保护土层与土工膜之间的摩阻力是否足以阻止这种滑动发生，或者通过采取针对性措施来阻止其发生。图 6-24 所示为等厚度保护层的土工膜防渗结构。由于一般情况下，除土工格栅与土之间的黏聚力较大以外，土与土工合成材料之间的黏聚力一般较小，因此常常可以忽略不计。若保护层透水性良好，且不计保护层与土工膜交界面的黏聚力，则保护层沿土工膜表面的稳定安全系数为：

$$F_s = \frac{N \tan \delta}{W \sin \alpha} = \frac{W \cos \alpha \tan \delta}{W \sin \alpha} = \frac{\tan \delta}{\tan \alpha} \tag{6-28}$$

式中　α——边坡坡度（°）；

　　　δ——土工膜与保护层之间的内摩擦角（°）。

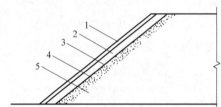

图 6-24　等厚保护层土工膜防渗结构
1—防护层；2—上垫层；3—土工膜；4—下垫层；5—堤坝体

若保护层透水性不良，且不计保护层与土工膜交界面的黏聚力，则保护层沿土工膜表面的稳定安全系数为：

$$F_s = \frac{\gamma'}{\gamma_{sat}} \frac{\tan \delta}{\tan \alpha} \tag{6-29}$$

式中　γ'、γ_{sat}——保护层的浮重度和饱和重度，kN/m^3。

6.4.3.2 不等厚保护层

由于保护土层与土工膜（特别是光面土工膜）之间的内摩擦角 δ 较小，故等厚度保护层的稳定性较差。为提高其稳定性，实践中也会采用不等厚的保护土层，这种情况下坡上土工膜防渗结构及保护层单元体受力情况如图 6-25 所示。采用滑楔法进行分析，将保护土层分为坡上的主动区（active zone）$ABCD$ 和坡脚的被动区（passive zone）CDE，再根据静力平衡，将下滑力与阻滑力分解成水平分力，进而计算安全系数。若保护层透水性良好，则安全系数 F_s 为：

$$F_s = \frac{W_1 \cos^2 \alpha \tan \varphi_1 + W_2 \tan(\beta + \varphi_2) + c_1 l_1 \cos \alpha + c_2 l_2 \cos \beta}{W_1 \sin \alpha \cos \alpha} \tag{6-30}$$

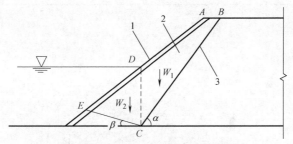

图6-25 不等厚保护层土工膜防渗结构
1—防护层；2—上垫层；3—土工膜

式中　W_1、W_2——主动区$ABCD$和被动区CDE的单宽重量（kN/m）；

$\quad\quad\quad c_1$、φ_1——沿BC面上垫层土料与土工膜之间的黏聚力（kN/m²）和内摩擦角（°）；

$\quad\quad\quad c_2$、φ_2——保护层土料的黏聚力（kN/m²）和内摩擦角（°）；

$\quad\quad\quad \alpha$、β——坡角（°）；

$\quad\quad\quad l_1$、l_2——BC和CE的长度（m）。

若保护层为透水性材料，则取$c_1=c_2=0$。

若保护层透水性不良，只需将式（6-30）中分子上的W按单宽浮重度计算，分母上的W按单宽饱和重度计算，即可得到相应的安全系数F_s。当降后水位达到图6-25所示D点时，为最危险工况。

6.5　工 程 应 用

土工膜和膨润土垫等土工合成材料具有良好的防渗性能，在水电工程、灌溉工程、交通工程、环境工程等中得到了广泛应用，本节主要介绍相关工程实例。

6.5.1　石砭峪沥青混凝土面板坝

石砭峪水库位于秦岭北麓、陕西省西安市长安区境内的石砭峪河上，距西安市35km，是一座集灌溉、城市供水、防洪及发电等综合利用的中型水库。水库枢纽工程由大坝输水洞、泄洪洞和两级电站组成（图6-26）。水库大坝为沥青混凝土斜墙堆石坝（图6-27），坝高85m，坝基采用混凝土防渗墙，周边采用灌浆帷幕防渗，坝面采用干砌石垫层及厚22~32cm的沥青混凝土斜墙。该大坝采用定向爆破堆石和人工抛填方式填筑，是当时全国装药量最大一次定向爆破堆石坝，也是当时最高的沥青混凝土斜墙堆石坝。

该工程始建于1971年12月，1980年水库基本建成。然而水库建成后，多次发生漏裂破坏（如1980年最高蓄水位718.7m时，渗漏量达0.84m³/s；1992年库水位712.05m时，渗漏量达1.17m³/s；1993年库水位715.55m时，渗漏量达1.62m³/s），因此一直只能低水位蓄水，不仅影响了水库效益的发挥，而且危及大坝的安全。

为解决该坝的渗漏问题，先后于1982~1986年、1993~1994年进行了工程处理，采取了补强灌浆、增补或重新进行帷幕灌浆、表面裂缝处理和补强以及改性沥青油毡粘结等措施，但效果不明显。之后又比选了坝顶混凝土防渗墙方案、坝顶坝体灌浆方案等不同治理方案，于1998年在西安召开了全国性除险加固工程专家评审论证会议，最终确定采用复合土工膜斜墙方案进行处理。

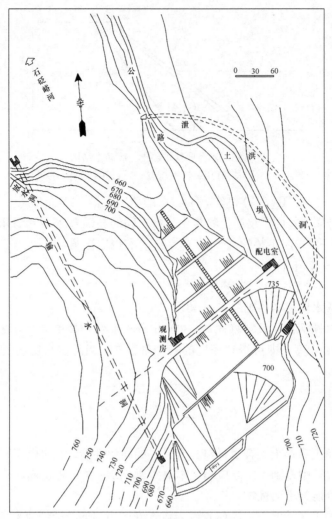

图6-26 石砭峪水库枢纽平面布置图

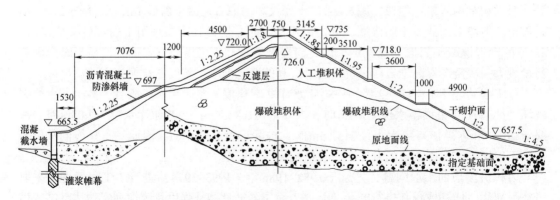

图6-27 石砭峪大坝标准断面（单位：尺寸为"mm"，高程为"m"）

其具体处理方案是：先在沥青混凝土面板下设孔排间距为2.0m的直径127mm的钻孔，充填水泥砂浆浓、稀浆液，从而在大坝表层4~5m范围内形成有效持力层。再在沥青混凝土面板上铺设复合土工膜进行防渗堵漏处理。

该工程中复合土工膜为二布一膜，其中703m高程以下采用450g/1.0mm（PE）/450g的复合土工膜，纵向极限抗拉强度为47.1kN/m，横向极限抗拉强度为45.7kN/m；703~720m高程范围内采用400g/1.0mm（PE）/400g复合土工膜，纵横向极限抗拉强度不小于35kN/m；720m高程以上采用350g/1.0mm（PE）/350g的复合土工膜，极限抗拉强度不小于30kN/m。

施工时，将130~150℃、厚3~5mm的热沥青将复合土工膜粘贴在沥青混凝土斜墙上。膜边用TMJ-929胶冷粘，布用TBJ-929-1土工布胶粘结，粘结宽度10cm。膜下预留排水和排气设施，以便膜后排气粘结密实和渗漏水尽快排出。该处理工程共铺设坝面防渗土工膜41379.93m²。

为保证防渗效果，对复合土工膜与周边接缝进行了连接处理，以避免漏水。土工膜与左右岩石岸坡和截渗墙连接时，在混凝土墩及基岩中钻孔，插燕尾砂浆锚杆，用热沥青将复合土工膜粘贴在沥青混凝土斜墙上，膜在岸边打一折皱，用钢压板将膜压住，上紧固螺栓，再在其上现浇混凝土保护层（图6-28）。与坝基截水墙连接时，将复合土工膜用热沥青粘贴在截水墙顶的沥青混凝土斜墙上，在墙顶钻孔并插入燕尾砂浆锚杆，紧固螺母以压紧膜上槽钢，在其上现浇混凝土保护层。与坝顶防浪墙连时，在墙的上游侧作一混凝土锚固墩，为使其抗滑稳定须用钢筋与防浪墙基础连接。

2004年11月对防渗处理工程进行了初步验收，库水位首次上升至汛限水位725.0m，坝后实测渗流量0.009m³/s，表明所采用的防渗处理措施是有效的。

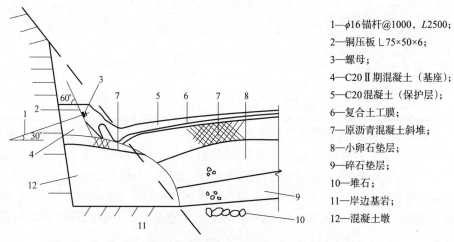

1—φ16锚杆@1000，L2500；
2—铜压板∟75×50×6；
3—螺母；
4—C20Ⅱ期混凝土（基座）；
5—C20混凝土（保护层）；
6—复合土工膜；
7—原沥青混凝土斜堆；
8—小卵石垫层；
9—碎石垫层；
10—堆石；
11—岸边基岩；
12—混凝土墩

图6-28 石砭峪大坝防渗处理复合土工膜与岸边的连接（单位：mm）

6.5.2 大屯水库

大屯水库工程位于山东省德州市武城县恩县洼东侧，为围坝型平原水库，是南水北调东线一期鲁北段工程的重要调蓄水库，也是我国最大的全库盘铺膜平原水库。大屯水库设计最高蓄水位29.80m，相应最大库容5209万m³。水库围坝大致呈四边形，坝轴线总长8913.99m，最大坝高14.15m。围坝为砂壤土均质坝和裂隙黏土与砂壤土分区坝，上游坝坡采用预制混凝土块护坡，下游坝坡27.60m高程以上部分为草皮护坡，27.60m高程以下部分为弃土平台。

水库库区位于鲁西北冲积平原区，地貌上属微倾斜低平原区的黄河冲积平原亚区。库区和坝基地层主要由砂壤土、裂隙黏土、粉细砂、中细砂组成，坝址区地下水类型为松散岩类孔隙潜水，地下水位埋深一般1.10～1.80m，各土层渗透系数0.089~13.60m/d，具有中等~强透水性，无相对不透水层，且各透水层间水力联系密切。据测算，若不采取防渗措施，水库蓄水至设计正常水位29.80m时，整个坝基年渗漏量将达4871.4万m³，占总库容的94.77%。

为解决水库渗漏问题，该工程曾对垂直防渗、水平防渗以及垂直+水平组合防渗三种防渗形式，混凝土防渗墙、部分水平铺膜、全库盘铺膜以及水平铺膜+防渗墙等不同方案进行了比选。在综合比较技术可行性和经济合理性的基础上，最终选择了全库盘铺膜防渗方案，即围坝上游坡铺复合土工膜+库底铺膜。

大屯水库库底铺设两布一膜，中间为0.5mm厚的聚乙烯（PE）膜，膜的上下各为一层200g/m²的针刺无纺长丝土工布。为减少土工膜与土工布在热合时的损伤，库底土工膜不与土工布热合，库底整平后，先铺设一层土工布，再铺设一层土工膜，膜上再铺设一层土工布。聚乙烯膜的主要技术控制指标见表6-9。

大屯水库聚乙烯（PE）土工膜主要技术控制指标 表6-9

技术参数	指标要求	备注
密度(kg/m³)	≥900	
破坏拉应力(MPa)	≥12	
断裂伸长率(%)	≥300	
弹性模量(MPa)	≥70	5℃
抗冻性(脆性温度)(℃)	≥-60	
撕裂强度(N/mm)	≥40	
抗渗强度	48h不渗水	1.05MPa水压下
渗透系数(cm/s)	<10⁻¹¹	
连接强度	大于母材强度	

大屯水库土工膜铺设面积大、地下水埋藏较浅，为避免地下水位抬升等原因导致膜下水气压力将膜顶起、产生气胀破坏，该水库还专门设计了排水排气盲沟、逆止阀及压重组合措施。其具体方式是：在土工膜下矩形布设了间距为75m的30cm×30cm的排水排气盲沟，盲沟内布设一条Φ10cm的软式透水管，管周回填粗砂，粗砂外包一层300g/m²的短丝土工布。每隔一个盲沟交点部位设一处逆止阀。库盘土工膜上铺设不小于0.9m厚的覆土作为压重。

土工膜铺设施工前，先清除树根、杂草和尖石，保证铺设砂砾石垫层表面平整，排除铺设工作面内积水，按设计位置和要求进行排水排气盲沟、逆止阀安装等施工。铺设土工膜时，先将钢管插入土工膜卷装轴中，并在钢管两端布设牵引绳，通过人工牵引进行土工膜铺设。两幅相邻土工膜铺设时预留10~12cm的搭接宽度用于焊接。

大屯水库工程于2010年11月25日正式开工，2012年12月31日主体工程建设基本完成，2017年6月水库蓄水达到设计蓄水位。经蓄水运行后库内水位监测结果显示，在设计蓄水位时，大屯水库年平均渗漏量约为322万m³，远小于设计值714万m³，表明全库盘铺膜起到了良好的防渗效果。

6.5.3　东北旺农场南干渠

东北旺农场南干渠位于北京市西郊的东北旺村东南约1km处，清（河）颐（和园）公路北侧。该渠道的渠床多为半填半挖，土质以中壤为主，越向下游，土质越向轻壤土发展。渠道设计流量为0.5m³/s，比降0.0003，运行初期地下水埋深为3~4m。

为解决渠道防渗问题，1965年夏，在该渠道设置了长620m的试验段，防渗材料为聚氯乙烯膜（表6-10），衬砌面积4000m²。这是我国较早采用土工膜防渗的工程实践。根据当地条件，曾进行多种土工膜铺埋形式的比较，最后确定复式矩形断面最为经济合理（图6-29）。

东北旺农场南干渠聚氯乙烯膜主要性能　表6-10

编号	厚度(mm)	相对密度	抗拉强度(MPa)		延伸率(%)		颜色
			纵向	横向	纵向	横向	
1	0.14~0.15	1.25	23.8	17.7	264.0	261.3	蓝、灰
2	0.12~0.14	1.27	24.0	18.5	224.0	261.3	红、绿
3	0.36~0.38	1.25	21.5	14.7	207.0	190.7	棕
4	0.30~0.31	1.25	19.1	14.2	180.0	177.3	黑

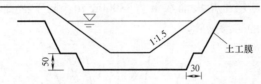

图6-29　东北旺农场南干渠复式矩形断面（单位：cm）

该渠道的防渗结构采用了以下的施工方法：按高程和断面轮廓尺寸开挖土槽，使土槽表面平整，没有石砾、树枝等坚硬杂物，以免刺破薄膜，再铺设土工膜。铺设时在平整场地或室内先将土工膜焊接成能铺设30~40m长渠道的大块，然后叠成"琴箱式"，横向铺放在渠道上，与先前铺设的土工膜采用脉冲热合焊接器焊接。然后拉展铺开，再用不含砾石、比较潮湿松软的土料压住薄膜边缘。铺设土工膜时留点小褶皱，并在渠道两端放宽40~50cm，以便适应变形。最后在土工膜上回填素土，并分层填筑夯实作为保护层。对渠坡边缘等不易夯实的地方，先多填筑20~25cm，再在修坡时削去不密实的边缘部分。

在该工程试验段，对比观测了土工膜铺设前后的渗漏量（表6-11），可见防渗效果良好。为判断聚氯乙烯薄膜耐久性，还对埋藏在地下18年的土工膜取样进行了测试（表6-12）。结果显示，随着时间的延长，土工膜中的增塑剂逐渐挥发使得土工膜变硬、变脆，导致延伸率下降。试验还发现，保护层被冲刷越严重的部位，土工膜抗拉强度和延伸率的变化幅度也越大。以延伸率损失达100%作为最终老化的判断标准来推算，只要保护层稳定，聚氯乙烯膜的使用年限可超过30年。

东北旺农场南干渠土工膜防渗效果　表6-11

项目	渗漏量(L/s)	每千米损失率(%)
防渗前	11.9	1.7
防渗后	0.71~1.35	0.113~0.216
防渗效果（减少渗漏量）(%)	89~94	

观测时间	厚度（mm）	抗拉强度（MPa）		延伸率（%）	
		横向	纵向	横向	纵向
埋藏前(1965年)	0.12~0.14	18.8	24.4	261.3	224
埋藏后(1983年)	0.13~0.15	32.6	33.2	8~40	10~190
变化幅度(%)	/	72.4	36.1	96.9~84.6	95.5~15.1

6.5.4　大瑶山隧道

大瑶山隧道位于广东省北部韶关市西北坪石至乐昌间的京广铁路衡广（衡阳—广州）复线上，穿越大瑶山山脉，全长14.295km，是中国第一条通车的超长双线电气化铁路隧道，也是我国20世纪80年代末通车最长的双线隧道。该隧道1978年开始勘测设计，1981年11月正式开工，1987年5月6日全部贯通，1987年12月1日建成。

隧道埋深70~910m，进出口两端约94%的长度，两端为震旦寒武系浅变质碎屑岩，主要是石英砂岩、板岩和板质页岩等。隧道中部槽谷段为泥盆系石英砂岩、砾岩、页岩，以及白云岩、灰岩和泥灰岩等。隧道穿过10多条大断层，其中较大规模的断层有F5、F8、F9等。隧道所在区域地下水位标高350m，隧道线路标高180m，静压水头高达170m。隧道穿过岩溶极为发育的泥盆系白云质灰岩、泥灰岩，地下水丰富，施工时全隧道涌水量约为51000m³/d，其中F9断层处最大涌水量达38000m³/d。而工程要求隧道建成以后保持干燥，为此必须采取合适的防渗措施。

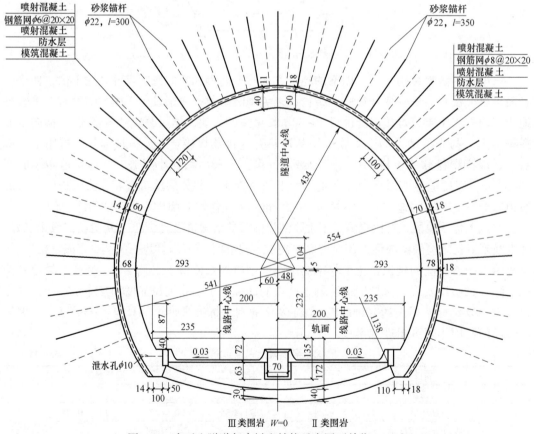

图6-30　大瑶山隧道复合衬砌结构示意图（单位：mm）

工程人员就该隧道工程的防渗材料和结构形式开展了防水混凝土、喷涂防水层、铺设塑料防水板等专题研究，并在试验段进行了试验。根据专题试验研究和现场试验段的结果，大瑶山隧道的防渗结构最终采用了复合式衬砌中间铺设塑料防水板的形式（图6-30），即衬砌外层为锚喷初期支护，内层为模筑混凝土二次衬砌，两层衬砌之间铺设1.5~2mm厚的聚氯乙烯（PVC）和1~1.5mm厚的聚乙烯（PE）板作为防水层。该隧道中采用这种防渗结构的施工长度约13.5km，占隧道总长的94.4%。

隧道防水层的施工方式为：先清除锚杆和钢筋网的露头，补喷混凝土使其表面平整圆顺；再铺设聚氯乙烯和聚乙烯板，使聚氯乙烯板与喷射混凝土层密贴；然后用射钉枪将聚氯乙烯板固定在喷层上，聚氯乙烯板间的接缝采用搭接电焊。

后期观测结果显示，大瑶山隧道基本上干燥无水，表明该防渗结构效果良好。

复习思考题

1. 土工合成材料防渗应用的工程领域有哪些？
2. 常用的防渗土工膜有哪几种类型？
3. 防渗土工膜的工程特性指标包括哪些？
4. 常用的GCL包括哪几种类型？请阐述GCL的防渗机理。
5. 简述GCL的基本特性，与压实黏土相比，采用GCL有哪些优势？
6. 土工合成材料防渗结构布置有哪些类型？各应用于哪些工程？
7. 根据土工膜防渗结构形式，说明保护层和垫层（或支持层）的作用。
8. 试说出土工膜防渗的结构类型，采用土工膜复合防渗结构类型有什么优势？
9. 在工程应用中，土工膜防渗设计包括哪些内容？
10. 土工膜和GCL防渗层锚固与连接结构形式有哪几种？
11. 为什么需要进行土工膜稳定性分析？为提高坡上土工膜的稳定性，可以采取哪些措施？
12. 工程上主要采用什么方法检测土工膜的焊缝质量？并说明其原理。

参 考 文 献

[1] 水利部水利水电规划设计总院. 土工合成材料应用技术规范GB/T 50290—2014 [S]. 北京：中国计划出版社，2014.
[2] 水电水利规划设计总院. 水电工程土工膜防渗技术规范NB/T 35027—2014 [S]. 北京：中国电力出版社，2014.
[3] 南京水利科学研究院. 土工合成材料测试规程SL 235—2012 [S]. 北京：中国水利水电出版社，2012.
[4] 《土工合成材料工程应用手册》编写委员会. 土工合成材料工程应用手册（第二版）[M]. 北京：中国建筑工业出版社，2000.
[5] 束一鸣，陆忠民，侯晋芳. 土工合成材料防渗排水防护设计施工指南 [M]. 北京：中国水利水电出版社，2020.
[6] 徐超，邢皓枫. 土工合成材料 [M]. 北京：机械工业出版社，2010.
[7] 顾淦臣. 土工薄膜在坝工建设中的应用 [J]. 水力发电，1985，11（10）：43-50.
[8] 顾淦臣. 承压土工膜厚度计算的研究. 全国第三届土工合成材料学术会议论文集 [M]. 天津：天津大学出版社，1992，249-257.
[9] 束一鸣. 我国水库大坝土工膜防渗工程进展 [J]. 水利水电科技进展，2015，35（1）：20-26.

[10] 束一鸣，吴海民，姜晓桢.中国水库大坝土工膜防渗技术进展［J］.岩土工程学报，2016，38（S1）：1-9.

[11] 束一鸣.高面膜堆石坝关键设计概念与设计方法［J］.水利水电科技进展，2019，39（1）：46-53.

[12] 吴海民，束一鸣，姜晓桢，等.高面膜堆石坝运行状态下土工膜双向拉伸力学特性［J］.水利水电科技进展，2015，35（1）：16-22.

[13] 吴海民，束一鸣，滕兆明，等.高堆石坝面防渗土工膜锚固区夹具效应破坏模型试验［J］.岩土工程学报，2016，38（s1）：30-36.

[14] 吴海民，束一鸣，滕兆明，等.复合土工膜-垫层界面本构模型在FLAC3D中的开发及验证［J］.水利学报，2014，45（s2）：167-174.

[15] 钟家驹.石砭峪沥青混凝土面板坝除险加固［J］.陕西水利水电技术，2005，（1）：18-23.

[16] 高双强，李晓琴.石砭峪水库斜墙铺设复合土工布的防渗加固设计［J］.人民长江，2013，44（S2）：6-8.

[17] 高双强，李晓琴.石砭峪水库大坝斜墙复合土工膜铺设方案［J］.水利水电技术，2014，45（2）：83-86.

[18] 金永堂.东北旺农场塑料薄膜防渗渠道的设计施工和运行经验［J］.水利水电技术，1984（12）：33-37.

[19] 赵子荣，王梦恕.大瑶山隧道设计与施工［J］.土木工程学报，1989，22（3）：1-12.

[20] 韩忠存.大瑶山隧道结构防水形式评介［J］.隧道建设，1989（2）：23-32.

[21] 袁俊平，曹雪山，和桂玲，等.平原水库防渗膜下气胀现象产生机制现场试验研究［J］.岩土力学，2014，35（1）：67-73.

[22] 焦璀玲，于云，张东霞，郭晓翠.南水北调大屯水库全库盘水平铺膜防渗关键技术［J］.水利技术监督，2019（1）：183-186.

[23] Cazzuffi D, Giroud J P, Scuero A, et al. Geosynthetic barriers systems for dams［C］. Proceedings of the 9th International Conference on Geosynthetics. Brazilian Chapter of the International Geosynthetics Society, 2010：115-164.

[24] Robert M. Koerner. Design with geosynthetics (6th edition)［M］. Indiana, United States, Xlibris, 2012.

[25] Williams, N.D., and Houlihan, M.（1986）. Evaluation of friction coefficients between geomembranes, geotextiles and related products［C］. Proceedings of Third International Conference on Geotextiles, Vienna, Austria, 1986, 891-896.

[26] Haimin Wu, Yiming Shu. Stability of geomembrane surface barrier of earth dam considering strain-softening characteristic of geosynthetic interface［J］. KSCE Journal of Civil Engineering, 2012, 16（7）, 1123-1131.

第7章　污染阻隔作用

7.1　概　　述

污染阻隔作用是指采用天然土、土工合成材料等组成的物理-化学阻隔系统，隔离场地中污染物或腐蚀性流体，控制污染物渗流量，延迟污染物扩散过程，达到防控场地周边环境污染的目标。污染阻隔系统中常用的土工合成材料包括土工膜（GM）、土工合成膨润土毯（GCL）等。污染阻隔系统主要应用于固体废弃物填埋场、矿山堆浸场、污染场地等场所。

7.1.1　固体废弃物填埋场

固体废物填埋场是指利用填埋方式消纳固体废物和保护环境的处置场地。以城市生活垃圾填埋场为例，由于其成本较低、工艺简单，可全天候运行，填埋在我国各城市生活垃圾处置中发挥兜底保障作用。固体废弃物填埋后会产生大量的渗滤液和填埋气，渗滤液含有多种有毒有害的无机物和有机物，其渗漏和扩散会污染周边土壤和地下水；填埋气中含有有害气体，如温室气体、臭气等，其泄漏与扩散会污染周边空气。控制渗滤液的渗漏和填埋气的扩散是固体废物填埋场最关键的环保问题之一，通常采用衬垫系统控制渗滤液渗漏与扩散，采用覆盖系统控制填埋气的溢散，这两个污染阻隔系统中使用了多种类型的土工合成材料，如图7-1所示。

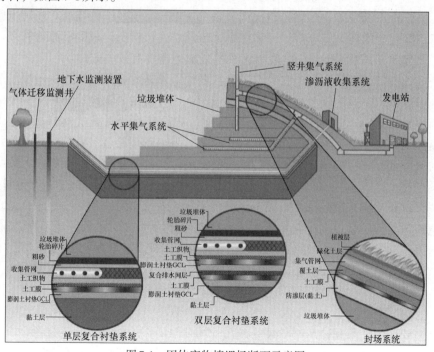

图7-1　固体废物填埋场断面示意图

固体废物填埋场衬垫系统是指布置在填埋场底部和侧面的污染阻隔结构，目的是阻断渗滤液渗漏与扩散途径，并控制填埋气体的横向迁移。固体废物填埋场的渗滤液通常具有污染性和腐蚀性，其衬垫系统常需要多种用于防渗和阻隔的材料。目前固体废物填埋场衬垫系统常采用复合衬垫系统，由土工膜、土工合成膨润土毯（GCL）、压实黏土或天然黏土层等组合而成。对于危险废物填埋场及渗滤液水头超标的垃圾填埋场，一般要求采用双层衬垫系统。有关衬垫系统详见7.4节。固体废物填埋场覆盖层系统包括日覆盖、中间覆盖和封场覆盖，其作用是抑制填埋气溢散，同时减少降水渗入填埋场内部。封场覆盖系统的结构由多层组成，自下而上依次为：排气层、防渗层、排水层与植被层。有关覆盖系统详见7.5节。

7.1.2 矿山堆浸场

矿山堆浸场是利用稀硫酸或氰化物溶液喷淋矿堆使其中有色金属成分浸出并回收利用的场所。典型矿山堆浸场的设施组成包括防污衬垫、筑堆设施、布液设施和贵液收集设施4个部分。矿山堆浸场中的主要污染源来自于堆浸过程中产生的浸出液。防污衬垫是防止浸出液渗漏的关键设施，它的作用是将浸出液与地下水土隔离，防止浸出液渗漏及其对地下水土的污染，减少了目标金属损失，同时阻止场外地表水、地下水进入场内。矿山堆浸场所用衬垫结构主要有单层衬垫、复合衬垫和双层衬垫。衬垫系统中所用的土工合成材料种类应根据防渗层上水头大小、堆浸矿石及浸出液性质及上覆荷载和铺设条件来确定，常采用高密度聚乙烯（HDPE）膜、土工合成膨润土毯（GCL）等。

7.1.3 污染场地

污染场地指因从事生产、经营、处理、贮存有毒有害物质，堆放或处理处置危险废物，以及从事矿山开采等活动造成污染，且对人体健康或生态环境构成潜在风险的场地。据估算，我国污染场地数量超过100万块，包括工业、矿山、油田、固体废物处置等行业造成的污染场地，其中工业污染场地比例最高，达45%。这些污染场地对周边土壤和地下水造成了不同程度的污染，亟需治理和修复，治理方式包括污染阻隔、原地修复、异地修复、自然修复等，其中污染阻隔是管控污染场地最为经济有效的方式。

污染场地阻隔包括异位阻隔和原位阻隔。异位阻隔是对污染土开挖搬运堆填至设有阻隔系统的填埋场，它适用于污染物埋深较浅或污染成分复杂的场地。异位阻隔中的衬垫系统和覆盖系统等设施与固体废物填埋场的相似，广泛使用土工合成材料，详见7.1.1节。原位阻隔包括主动阻隔系统和被动阻隔系统。主动阻隔系统通过设置抽水井或排水沟收集被污染的地下水，该法简单易行，可防止大面积的污染物质迁移，但很难将污染物质降低到要求的浓度。主动阻隔系统中常使用土工网（GN）和土工排水管（GP）等排水材料。被动阻隔系统通常包括竖向围封阻隔系统和封场覆盖系统，阻止场地中液、气及污染物向周边环境扩散。污染场地的竖向阻隔系统包括土-膨润土竖向阻隔墙、土工膜竖向阻隔墙、GCL复合阻隔墙等，详见7.6节。封顶覆盖系统与固体废物填埋场的类似，详见7.5节。

7.2　阻　隔　材　料

本节主要介绍用于固体废物填埋场或污染场地阻隔作用的土工合成材料，所涉及的土工合成材料主要包括土工膜（GM）和土工合成膨润土毯（GCL），材料性能指标主要包括物理性能指标、力学性能指标、水力性能指标和耐久性指标。固废填埋场或污染场地所用土工合成材料的类型和性能指标应符合国际或国家标准的相关规定，目前国际上广泛执行的标准主要源于国际标准化组织（ISO）、美国材料与试验协会（ASTM）以及欧洲标准化委员会（CEN）等。我国主要执行的国家标准为《土工合成材料应用技术规范》GB/T 50290—2014，我国还制定了系列固体废物填埋场用的土工合成材料产品标准，例如《填埋场用高密度聚乙烯土工膜》CJ/T 234—2006。

7.2.1 土工膜（GM）

（1）土工膜概述

土工膜是由聚合物（含沥青）制成的相对不透水薄膜，制备材料主要包括热塑塑料（如聚氯乙烯 PVC）、结晶热塑塑料（如高密度聚乙烯 HDPE）、热塑弹性体（如氯化聚乙烯 CPE）和橡胶（如氯丁橡胶 CR）等。我国土工膜主要产品代号和分类为普通 HDPE 土工膜 GH-1、环保用光面 HDPE 土工膜 GH-2S、环保用单糙面 HDPE 土工膜 GH-2T1、环保用双糙面 HDPE 土工膜 GH-2T2、低密度聚乙烯土工膜 GL-1 以及环保用线性低密度聚乙烯土工膜 GL-2。固废填埋场主要采用环保用 HDPE 土工膜，分为光面土工膜和糙面土工膜，前者是两面均具有光洁、平整外观的土工膜，后者是经特定的工艺手段生产的单面或双面具有均匀的毛糙外观的土工膜。

（2）土工膜的性能指标及测试方法

如无特别说明，本节中涉及的测试方法均参考第 2 章相关内容。

1）物理性能指标

土工膜的物理性能指标主要包括单位面积质量和厚度。固废填埋场中 HDPE 膜的单位面积质量通常不得小于 $600g/m^2$。土工膜的厚度是一个非常重要的物理性能指标，它影响土工膜的力学性能和防污性能。一般来说，土工膜的厚度越厚，力学性能指标越高，防污性能越好。在固废填埋场阻隔系统应用时，衬垫系统应选用厚度大于 1.5mm 的土工膜，临时覆盖常选用厚度大于 0.5mm 的土工膜，封场覆盖常选用厚度大于 1.0mm 的土工膜。

2）力学性能指标

土工膜的力学性能指标是反映土工膜质量的最基本参数，主要包含拉伸性能、直角撕裂强度和抗穿刺强度等。在固废填埋场设计中，土工膜的拉伸性能主要包含屈服强度和屈服伸长率，是衬垫工程设计的主要依据，根据《垃圾填埋场用高密度聚乙烯土工膜》CJ/T 234—2006 的规定，其屈服强度和屈服伸长率的技术指标分别取 11~44N/mm 和 12%。同时，依据不同产品规格，土工膜直角撕裂强度的技术指标取 93~374N，穿刺强度的技术指标取 240~960N。

当土工膜铺设在边坡上时，土工膜与相邻材料（包括土、土工织物、GCL 等）界面的摩擦特性是固废填埋场工程设计中一个重要的控制指标，往往是填埋场稳定安全的薄弱环节。目前我国关于固废填埋场土工合成材料多层复合防渗结构剪切强度的测试研究较少，实际工程设计中土工膜与其他材料界面的摩擦特性可以参考《生活垃圾卫生填埋场岩土工程技术规范》CJJ176—2012，或通过相关标准规定的直剪试验或拉拔试验确定。

3）水力性能指标

土工膜水蒸气渗透系数按照国家标准《塑料薄膜和片材透水蒸气性试验方法（杯式法）》GB 1037—1988 规定的方法测定，具体技术指标要求水蒸气渗透系数小于等于 $1.0 \times 10^{-13} g \cdot cm/(cm^2 \cdot s \cdot Pa)$。

4) 耐久性能指标

土工膜的原材料是高分子聚合物，其对氧化（老化）十分敏感，容易发生降解反应和交换反应，进而导致材料性能衰变。土工膜的耐久性能主要通过碳黑含量、氧化诱导时间（OIT）、85℃烘箱老化（最小平均值）、抗紫外线强度、耐环境应力开裂、−70℃低温冲击脆化性能等表征，破坏程度常以材料的某物理力学量的变化率，如材料抗拉强度的损失或延伸率的变化等来反映。生活垃圾填埋场由于有机质降解产热作用导致衬垫系统温度升高，对土工膜的耐久性能有显著的影响，研究发现当温度超过40℃，HDPE膜的服役寿命显著降低。

5) 土工膜的分配系数和扩散系数

土工膜中的分配系数是指污染物在土工膜与邻界流体中浓度的比值，反映了污染物与土工膜亲和的难易程度，污染物与土工膜分子结构越相似，其分配系数越大。土工膜的扩散系数和分配系数和其本身的性质密切相关，疏水性有机物的分配系数（10~300）大于亲水性有机物的分配系数（0.01~0.2），远大于无机成分的分配系数（0.0001~0.001）。此外，美国有关复合衬垫结构的标准规定，当污染物在土工膜中的扩散系数达到$1.0 \times 10^{-13} m^2 \cdot s^{-1}$，同时分配系数达到50时，基本上可以忽略土工膜作为有机污染物扩散的阻隔作用。

7.2.2　土工合成膨润土毯（GCL）

（1）土工合成膨润土毯概述

土工合成膨润土毯，简称GCL，是一种以钠基或钠化膨润土为主要原料，双面覆盖土工布（膜）或塑料板，经针刺缝织或粘结的防水毯。最早发明并投入市场的GCL产品是由美国Collid公司生产的Claymax200R，是用胶粘剂将颗粒状的钠基膨润土粘结在上层的有纺土工织物和下层的无纺材料之间，用于固体废物填埋场防渗和阻隔。

GCL中的膨润土是粒径小于2mm的无机质，主要矿物结构体系为硅-铝-硅。结构单元表面带负电，结构单元之间是相互排斥的，颗粒间有孔隙。水化时水分子沿结构单元的硅层表面吸附起来，使邻近单元之间的距离增大。在受限空间内水化后膨润土形成低透水的可塑性材料，同时挤占土颗粒间的孔隙，形成致密的低透水防渗层。

作为防渗和阻隔材料，GCL主要具有透水性低、吸附能力强、耐久性好等工程特性，较适用于固废填埋场等领域的防渗阻隔工程。与传统的压实黏土层（CCL）相比，GCL具有体积小，重量轻，施工简便等优点。与土工膜相比，GCL中的膨润土对污染物具有很强的吸附性，可以阻滞污染物扩散。

按照产品类型，GCL可分为针刺法GCL、针刺覆膜法GCL和胶粘法GCL。针刺法GCL，是由两层土工布包裹钠基膨润土颗粒针刺而成的毯状材料。针刺加强的过程就是通过刺针携带上层无纺土工布中的纤维穿过膨润土层，固定在下层土工织物上，将三个部分结合为一体，有效增强了GCL的整体性，使GCL整体的抗剪强度和剥离强度大大增强；同时在GCL内形成许多小的纤维约束，使膨润土颗粒不能向一个方向流动，遇水时在垫内形成均匀致密的胶状防水层，可有效提高其防渗性能。针刺覆膜法GCL，是在针刺法GCL的无纺土工布外表面上复合一层土工膜。胶粘法GCL，是用胶粘剂把膨润土颗粒粘结到HDPE板上，压缩生产的一种GCL。

在《生活垃圾卫生填埋场封场技术规程》CJJ 112—2007、《生活垃圾卫生填埋场防渗系统工程技术规范》CJJ 113—2007和《钠基膨润土防水毯》JG/T 193—2006等规范中，对 GCL 的外观质量、尺寸偏差和各项物理力学性能都进行了详细的规定。

（2）土工合成膨润土毯的性能指标及测试方法

如无特别说明，本节中涉及的测试方法均参考第 2 章相关内容

1）物理性能指标

GCL 力学性能指标包括厚度、单位面积质量、膨润土膨胀指数、吸蓝量和滤失量。GCL 厚度受其自身含水率、测试压力和膨润土粒径三个因素的影响。固体废物填埋场或污染场地中常用 GCL 的厚度值不应小于 6mm，单位面积质量应不小于 4800g/m^2。

GCL 中膨润土是以钠基蒙脱石为主要矿物成分的天然优质黏土，蒙脱石是一种铝硅酸盐矿物，遇水后会显著膨胀。膨润土的膨胀指数是 2g 膨润土在水中膨胀 24h 后的体积，它是反应膨润土中蒙脱石含量和膨胀性的重要指标。GCL 中膨润土膨胀指数应不小于 24mL/2g。膨润土吸蓝量为 100g 膨润土在水中饱和吸附无水亚甲基蓝的克数，以单位"g/100g"表示。分散在水溶液中的蒙脱石具有吸附亚甲基蓝的能力，亚甲基蓝是一种有机极性分子，它在水溶液中产生一价阳离子，能取代蒙脱石中可交换阳离子而被吸附。膨润土中蒙脱石含量越高吸附量越多，因此吸蓝量可用于评定膨润土中蒙脱石的含量。GCL 中膨润土吸蓝量应不小于 30g/100g。膨润土滤失量是指对膨润土颗粒悬浮液进行压滤试验时，通过过滤介质并形成泥饼的滤液体积。悬浮液的滤失量越小，表明越易形成低渗透的、薄而致密的泥饼。测定试验之前先要进行膨润土的悬浮液配制，将定量的膨润土与定量的蒸馏水或去离子水混合搅拌均匀，再用配制好的膨润土悬浮液进行滤失量测定试验。一般要求 GCL 中膨润土的滤失量不大于 18mL。

2）GCL 的力学性能指标

GCL 的力学性能指标包括拉伸强度、最大负荷下伸长率、剥离强度和界面摩擦系数。GCL 的宽条拉伸强度不低于 800N/100mm。针刺法 GCL 和针刺覆膜法 GCL 的最大负荷下伸长率不低于 10%，胶粘法 GCL 的最大负荷下伸长率不低于 8%。剥离强度可以反映 GCL 中各层材料之间的粘结强度。GCL 的剥离强度不小于 65N/100mm。当 GCL 铺设于斜坡上时，它与相邻材料（包括土工膜、土工织物、土等）的界面摩擦特性影响衬垫系统的稳定性，特别是 GCL 中膨润土发生水化后可能会挤出到界面，使得界面的摩擦系数显著降低。GCL 与相邻材料的界面摩擦系数可以通过界面直剪试验测定。

3）GCL 的水力性能指标

GCL 的水力性能指标可用渗透系数和耐静水压来表征。针刺法 GCL 的渗透系数不大于 5.0×10^{-11}m/s，针刺覆膜法 GCL 的渗透系数不大于 5.0×10^{-12}m/s，胶粘法 GCL 的渗透系数不大于 1.0×10^{-12}m/s。耐静水压指标是指水通过 GCL 时所遇到的阻力，在标准大气压条件下，GCL 承受持续上升的水压，直到背面渗出水珠为止，此时测得的水压力值即为静水压。GCL 能承受的静水压越大，防水性或抗渗漏性越好。实际工程中 GCL 的耐静水压值不应小于 0.4MPa。

4）GCL 的耐久性能

GCL 的防渗功能是通过膨润土被水等液体激活以后，其透水性大幅度减小来实现的。膨润土和液体环境是影响 GCL 耐久性的两个主要因素。膨润土作为黏土，其长期稳定性一般是有保证的。液体环境的改变会对 GCL 的耐久性能有影响，主要表现为化学相容性、冻融循环和干湿循环。在化学相容性方面，可通过测试膨润土在 0.1%CaCl$_2$ 溶液中静置

168h后的膨胀指数来评价GCL的耐久性能，一般要求在此工况下膨润土的膨胀指数不小于20ml/2g。

一些学者进行了相关试验，探究膨润土中液体的冻融循环和干湿循环对GCL的耐久性能的影响，试验结果表明GCL的防渗性能受液体冻融循环和干湿循环的影响不明显。试验发现在冻融循环中膨润土中的水冻结后会导致土体结构的变化，但融化后膨润土结构会发生愈合，恢复到原先的状态。由于GCL中膨润土被土工织物和土工膜包裹着，在干缩-湿胀过程中外界土粒一般不会侵入膨润土结构中。

7.3 污染阻隔原理

污染阻隔作用是指采用天然土、土工合成材料等组成的物理-化学阻隔系统，隔离场地中污染物或腐蚀性流体，控制污染物渗流量，延迟污染物扩散过程，实现防控场地周边环境污染的目标。污染阻隔作用主要涉及渗漏控制、扩散延迟、吸附阻滞等过程。固体废弃物填埋场地或污染场地的阻隔工程应进行系统化设计，以达到长期安全服役的目标。

7.3.1 渗漏控制

固体废物填埋场、矿山堆浸场、污染场地等均需采取防渗措施控制渗滤液及污染物的渗漏，以保护地下水土环境。常用的防渗措施包括位于场地底部和四周的衬垫系统、位于场地顶部的覆盖系统、围封场地的竖向阻隔墙等。常用的防渗材料包括黏土、膨润土、土工膜、GCL、沥青等。这些材料组成单层、复合或双层防污结构，用于不同类型或不同环保要求的场地。图7-2是我国固废填埋场常用的衬垫系统结构，包括单一天然或压实黏土层、单层土工膜、土工膜与CCL或GCL组成的复合衬垫、土工膜、CCL及中间导排层组成的双层衬垫。这些不同衬垫结构的渗漏控制机理及效果是存在差异的。

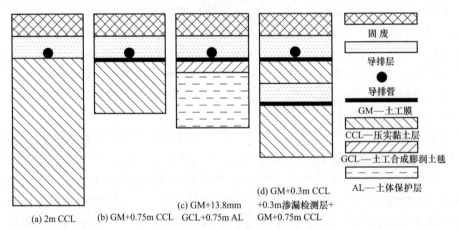

图7-2 典型水平防污屏障结构形式

对于单一黏土衬垫，主要通过控制黏土层的渗透系数和水力梯度来控制渗漏。对于固废填埋场，渗透系数要求低于$1.0×10^{-7}$cm/s，黏土层厚度不少于2m，还需控制衬垫上渗滤液水头低于30cm，这种情况下渗流携带污染物到达黏土衬垫底部的时间为17.6年。对于单层土工膜衬垫，由于土工膜材料渗透系数极低，其渗漏只能通过土工膜漏洞发生，渗漏量主要取决于漏洞数量、尺寸及衬垫上水头。图7-3显示了国内外填埋场土工膜施工后检测到的漏洞数量情况，对于欧美国家的填埋场，土工膜漏洞数量平均值为3个/公顷，而我国施工质量不好的填埋场土工漏洞数量平均值达38个/公顷，而且漏洞的尺寸比较大。图7-4显示了漏洞数量及水头高度对衬垫渗漏量的影响，漏洞数量38个/公顷对应渗漏量比漏洞数量3个/公顷的高约一个数量级，水头高度为10m，对应渗漏量比0.3m的高约2个数量级。可见，施工质量对土工膜衬垫的渗漏控制效果是至关重要的。对于固废填埋场，我国规范要求土工膜铺设过程中应检测焊缝质量，铺设完成后上面应设置土工织物或细粒土保护层，上覆的碎石导排层铺设后应对土工膜衬垫的漏洞进行检测，所有检测到的漏洞应修补后才能填埋垃圾。以上两种单层衬垫可用于地下水位低、天然土层防污性能好及环境敏感度低的场地。

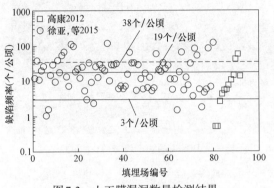

图7-3　土工膜漏洞数量检测结果

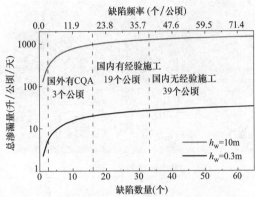

图7-4　复合衬垫土工膜渗漏量与缺陷数量及水头的关系

对于土工膜和CCL或GCL组成的复合衬垫，其渗漏控制效果显著优于单层土工膜或单一黏土层。污染物通过该复合衬垫的渗漏-扩散存在三种模式，如图7-5所示：当土工膜没有漏洞时，污染物只能以扩散方式迁移，主要取决于污染物种类及其在阻隔材料中的扩散系数（详见7.3.2节）；当土工膜存在漏洞时，渗漏量主要取决于下卧层渗透性及土工膜与下卧层界面的导水率，而界面导水率主要取决于两层界面处接触条件，界面接触条件主要取决于土工膜平顺度及下卧层表面平顺度。由于早晚温差导致热胀冷缩，土工膜铺设后不可避免会产生褶皱，如图7-6（a）所示，这种褶皱发育程度与土工膜铺设时气温高低、上覆导排层铺设是否及时等有关。如果褶皱在导排层铺设前无法消除，它将在土工膜和下卧层之间形成一条缝隙，而且相互交叉褶皱形成的缝隙可能相互连通，最终形成水力连通的缝隙网络（图7-6b）。当刚好有漏洞落在其中一条褶皱上时（图7-5c），从漏洞渗漏的液体会很快扩展到缝隙网络覆盖的范围，此时的渗漏量与相互连通的缝隙网络总长度成正比，该渗漏量比漏洞位于土工膜平顺处的工况大得多。如前所述，界面接触条件还取决于下卧层表面平顺度，一般来说，用GCL作为下卧层时平顺度显著优于CCL，CCL表面往往留有压实机械的车辙。理论计算和现场实测均表明：土工膜/GCL复合衬垫的渗漏控制效果明显优于土工膜/CCL复合衬垫，如图7-7所示。采用GCL作为下卧层时，土工膜出现漏洞的概率低一些，这是因为GCL不存在尖锐物品，而CCL上或多或少存在坚硬的石子。另外，从土工膜漏洞渗下来的渗滤液会导致GCL中膨润土水化膨胀，对界面导水通道起到封闭作用。

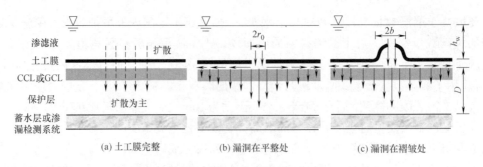

(a) 土工膜完整　　　　(b) 漏洞在平整处　　　　(c) 漏洞在褶皱处

图7-5　复合衬垫的渗漏-扩散模式

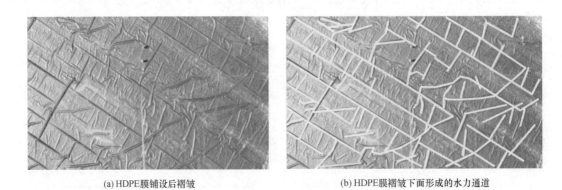

(a) HDPE膜铺设后褶皱　　　　(b) HDPE膜褶皱下面形成的水力通道

图7-6　土工膜褶皱对渗漏的放大效应

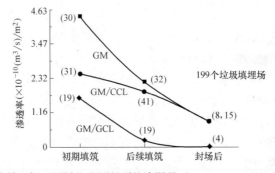

图7-7　美国199个填埋场双层衬垫监测得到的渗漏量（Waste containment facilities，2007）

复合衬垫渗漏对应的达西流速可按下式计算：

$$v_a = \frac{2mL_z \left(h_w + L_s\right)\left[k_s b + \left(k_s L_s \theta\right)^{0.5}\right]}{AL_s} \tag{7-1}$$

式中　m——土工膜单位面积漏洞的个数；

A——渗流的横截面面积（m^2）；

L_z——与漏洞相连接的褶皱长度（m）；一般取 100~1000m；

b——褶皱宽度的1/2（m）；一般取 0.2m；

h_w——土工膜上方水头（m）；

θ——土工膜与下伏衬垫界面的导水系数（m^2/s）。土工膜与压实黏土层接触时取

$1.0×10^{-8}$~$1.0×10^{-7}m^2/s$，土工膜与 GCL 接触时取 $1×10^{-10}$~$1×10^{-12}m^2/s$；

k_s——土工膜下伏衬垫的渗透系数（cm/s）。

对于危险废物填埋场及渗滤液水头超标的固废填埋场，一般要求采用双层衬垫控制渗漏。双层衬垫结构由两层衬垫和它们之间的中间导排层组成，中间导排层又称为渗漏检测层，用于收集和检测上层衬垫的渗漏量，达到控制下层衬垫上渗滤液水头的目的。工程实践经验表明：固废填埋场衬垫上面碎石导排层在运行过程中易发生淤堵，淤堵原因包括渗滤液携带的细颗粒导致物理淤堵，无机盐化学沉淀（如 $CaCO_3$），以及生物膜产生，淤堵发展速率与渗滤液通量成正比。导排层一旦淤堵后，衬垫上的渗滤液水头会显著升高，导致渗漏量增大。特别是对于我国生活垃圾填埋场，填埋垃圾含水率高，渗滤液产量大，有机污染负荷高，导排层淤堵问题更为突出。导排层淤堵和衬垫渗漏控制是一个耦合难题，采用双层衬垫结构能较好地解决这个耦合难题：通过上层衬垫控制渗滤液渗漏量，使得中间导排层中渗滤液通量很少，淤堵发展缓慢，能长期保持正常运行，有效控制下层衬垫上渗滤液水头低于国家标准规定的30cm，从而实现控制渗漏量的目标。该双层结构中上层衬垫由土工膜与 GCL 或 CCL 组成，下层衬垫一般由较厚土工膜（如2mm厚）与 CCL 组成，以形成可靠的兜底屏障。

7.3.2 扩散延迟

渗滤液中污染物除了在水头作用下发生渗漏，还会在浓度梯度作用下发生扩散，包括分子扩散和机械弥散。污染物在衬垫中的扩散速率主要取决于衬垫材料的有效扩散系数和污染物的浓度梯度，还与污染物类型有关。对于无机污染物（如重金属、氯离子等），它们在土工膜中的扩散系数极低，只能通过土工膜漏洞发生渗漏（图7-8a），渗漏的污染物主要靠下卧CCL或天然土层来延迟扩散。对于疏水性有机污染物（如苯，二氯甲烷等），它们在土工膜中的扩散系数是比较大的，由于有机污染物与土工膜具有亲和性，它们在土工膜表面会出现浓度累积及通过土工膜扩散，如图7-8（b）所示。因此，单一土工膜难以阻止有机污染物扩散，主要靠下卧的CCL或天然土层来延迟其扩散过程，这也是固废填埋场常用复合衬垫的原因之一。污染物在CCL或天然土层中的有效扩散系数主要取决于土体中孔隙通道的弯曲因子。土体颗粒越细，密实度越大，其弯曲因子越大，有效扩散系数越低。CCL的有效扩散系数一般很低，介于10^{-10}~$10^{-9}m^2/s$，GCL中膨润土的有效扩散系数更低，介于10^{-11}~$10^{-10}m^2/s$，将它们铺设在土工膜下面形成复合衬垫能有效延迟污染物扩散击穿过程。

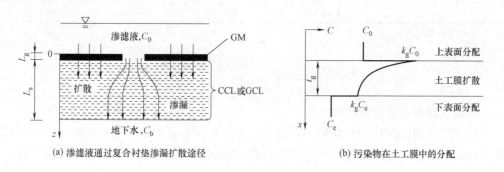

(a) 渗滤液通过复合衬垫渗漏扩散途径　　　　(b) 污染物在土工膜中的分配

图7-8　无机和有机污染物在复合衬垫中渗漏-扩散途径

7.3.3 吸附阻滞

由于静电引力、化学反应等作用，在土体中迁移的污染物会被土颗粒所吸附，导致孔隙水中污染物浓度及其梯度降低，扩散速率变慢，这就是土体对污染物的吸附阻滞作用。土体吸附阻滞作用大小可用阻滞因子 R_d 来衡量，$R_d = 1 + K_d \rho_d / n$，其中 K_d 是污染物在土颗粒与孔隙水之间分配系数，它等于单位质量干土吸附的污染物质量与孔隙水中污染物浓度的比值，ρ_d 为土的干密度，n 为土体的孔隙率。阻滞因子 R_d 大小与土颗粒矿物成分、污染物性质、孔隙水性质等相关。一般情况下，土体中黏粒含量和有机质含量越高，阻滞因子越大；极性强的污染物被吸附阻滞的概率越大。对于重金属污染物，细粒土的阻滞因子变化范围比较大，介于3~40；对于有机污染物，细粒土的阻滞因子介于3~20。

土体吸附对污染物迁移的阻滞作用是不容忽视的，特别是对于黏性土。图7-9中的算例显示了2m厚CCL衬垫对污染物吸附阻滞作用：在30cm渗滤液水头作用下，如果仅考虑渗流作用，渗滤液中污染物随渗流击穿2m厚CCL的时间为17.6年，如果在渗流基础上考虑分子扩散作用，击穿时间缩短为5.5年，如果再考虑机械弥散作用，击穿时间为4.75年。在此基础上如果考虑黏土对污染物的吸附阻滞作用，当阻滞因子 R_d 取10时，击穿时间则延长至48年。可见，吸附阻滞作用能显著延迟污染物的迁移。因此，在阻隔工程实践中，可通过对阻隔材料改性，提高其阻滞因子，达到更长时间的阻隔作用，见表7-1。

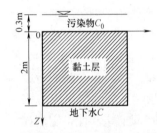

	对流参数		扩散参数		机械弥散参数		吸附参数	
	n	0.32	n	0.32	n	0.32	n	3.2
	$k(m/s)$	1×10^{-9}	τ	0.25	α_1	0.04	R_d	10
			$D_1^d(m^2/s)$	1.58×10^{-10}	$D_1^m(m^2/s)$	4.6×10^{-11}	ρ_d	1.7

运移途径	对流	对流-扩散	对流-扩散-机械弥散	对流-扩散-机械弥散-吸附
击穿时间(年)	17.6	5.5	4.75	48

图7-9　吸附阻滞作用对2m厚CCL衬垫击穿时间的影响

我国四种常用衬垫被 Cd^{2+} 和苯击穿时间的比较　　　　　　　　表7-1

衬垫类型	击穿时间(a)			
	重金属 Cd^{2+}		有机污染物苯	
	$h_w=0.3m$	$h_w=10m$	$h_w=0.3m$	$h_w=10m$
GM+0.75m CCL	57.4	19.8	35.0	25.50
GM+0.75m AL	10.7	3.5	8.70	6.70
GM+GCL	77.1	72.6	0.37	0.37
2m CCL	31.1	13.6	52.0	17.50

7.3.4 阻隔工程系统化设计原理

固废填埋场阻隔结构服役年限要求长达数十年甚至上百年，为了提升污染阻隔工程的长期服役性能，系统化设计是国内外发展趋势。阻隔工程往往由多个子系统组成，各个子系统又由若干构件组成，通过各个子系统或构件间相互作用分析和系统化设计，可实现阻隔工程整体服役性能优于各个子系统或构件单独贡献的叠加。以生活垃圾填埋场为例，其污染阻隔控制系统主要包括封场覆盖、填埋作业、渗滤液导排、场底复合衬垫等子系统，其中复合衬垫子系统由土工膜和CCL组成。封场覆盖的实施或其性能提升将减少雨水入渗，使得填埋场渗滤液产量减少和渗滤液水头高度降低；采用先进的填埋作业方式（如生物反应器填埋场）加速垃圾中有机质降解稳定化过程，使得污染物产出的持续时间缩短；长期有效的渗滤液导排系统将控制衬垫上渗滤液水头。上述子系统的服役性能决定了场底复合衬垫上污染负荷的大小和持续时间。复合衬垫本身性能受土工膜和下卧CCL相互作用的影响。如前所述，CCL渗透系数及其与土工膜的接触条件决定了土工膜漏洞处的渗漏量，渗漏液体会通过化学侵蚀等作用改变CCL的长期渗透系数。对上述各个子系统或构件服役性能的评估，特别是各个子系统或构件相互作用对系统整体服役性能影响的量化分析，将指导整个阻隔工程系统化设计，达到整体服役性能优于各个子系统或构件单独贡献叠加的效果。

7.4 衬 垫 系 统

设置于固体废物填埋场底部和四周侧面的衬垫系统，是填埋场最重要的组成部分，它主要由防渗层和渗滤液导排层组成，防渗层是由一层或者多层的天然材料和（或）土工合成材料组成的。根据防渗层的不同组合和国内外相关标准，可将衬垫系统分为单层衬垫、复合衬垫和双层衬垫。

7.4.1 单层衬垫

固废填埋场单层衬垫系统主要由天然黏土类衬层、人工合成衬层或达到天然黏土衬层等效防渗性能要求的其他材料防渗层组成，防渗层上方设置渗滤液导排层和保护层。根据《生活垃圾卫生填埋技术规范》GB 50869—2013规定：填埋区基础层底部应与地下水年最高水位保持1m以上的距离，当不足1m时，需建设地下水导流层。当天然基础层饱和渗透系数小于$1.0×10^{-7}$cm/s，且厚度不小于2m时，可采用天然黏土类衬垫结构。位于地下水贫乏地区的填埋场可采用单层人工合成衬垫，目前常用的主要包括单层压实黏土（CCL）衬垫和单层土工膜衬垫。

单层压实黏土衬垫主要由渗滤液导流层和压实黏土层组成，如图7-10所示。单层衬垫压实黏土层的厚度应不小于2m，饱和渗透系数应小于或等于$1.0×10^{-7}$ cm/s。用于填埋场衬垫的压实黏土层还应具有抗干裂和强度高的特点，且应考虑土体冻融、温度梯度等因素对压实黏土层的透水性的影响，以及抵抗化学侵蚀和抗不均匀沉降变形等性能。所用土料宜选择塑性指数介于15~30的黏性土，含水率宜略高于最优含水率，且不应含有石块或大土块。施工时经压实后的每层土层厚度不宜大于15cm，土层之间应密切结合。

单层土工膜衬垫主要由渗滤液导排层和HDPE土工膜等组成，如图7-11所示。HDPE土工膜的渗透系数介于$0.5×10^{-13}$~$0.5×10^{-10}$cm/s，具有优异的防渗性能，还具有耐化学腐蚀性能强、制造工艺成熟和易于现场焊接等优点，在

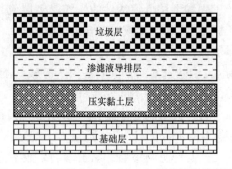

图7-10 单层压实黏土（CCL）衬垫结构示意图

固体废物填埋场防渗衬垫中广泛应用。考虑到土工膜与相邻材料的界面摩擦系数较低，在填埋场底部比较平坦处可采用光面土工膜，而在场地四周边坡应采用糙面土工膜，以增大界面摩擦，避免上覆堆体沿衬垫界面发生滑动。

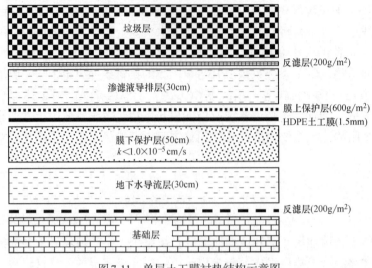

图7-11　单层土工膜衬垫结构示意图

对于库区底部单层土工膜衬垫，《生活垃圾填埋场处理技术规范》GB 50869—2013进行了如下规定：

（1）基础层：土压实度不应小于93%；

（2）反滤层（可选择层）：宜采用土工滤网，规格不宜小于200g/m²；

（3）地下水导流层（可选择层）：宜采用卵（砾）石等粗粒料，厚度不应小于30cm；

（4）膜下保护层：渗透系数不应大于1.0×10^{-5}cm/s的压实黏土，厚度不小于50cm；

（5）膜防渗层：应采用HDPE土工膜，厚度不应小于1.5mm；

（6）膜上保护层：宜采用无纺土工布，规格不宜小于600g/m²；

（7）渗滤液导排层：宜采用卵石等粗粒料，厚度不应小于30cm，边坡上可用土工复合排水网代替；

（8）反滤层：宜采用土工滤网，规格不宜小于200g/m²。

7.4.2　复合衬垫

如图7-12所示，填埋场复合衬垫是由两种防渗材料组合而成的防渗层，以上层HDPE土工膜和下层低渗透性的压实黏土层或其他同等防渗性能材料层的组合为主，如HDPE土工膜+压实黏土层或HDPE土工膜+GCL。与单层衬垫相似，复合防渗层的上方为渗滤液导排层，下方为地下水导流层。上层HDPE土工膜具有抗化学腐蚀能力强和防渗性能优异的特点，下层CCL或GCL不仅具有较好的防渗性能，还具有扩散延迟和吸附阻滞污染物迁移的作用，两种不同性能材料优势互补，使其具有卓越的防渗阻隔效果。

对于HDPE土工膜和CCL组成的复合衬垫（图7-12a），《生活垃圾填埋场处理技术规范》GB 50869—2013进行了如下规定：

（1）膜下防渗层：黏土渗透系数不应大于1.0×10^{-7}cm/s，厚度不宜小于75cm；

（2）土工膜防渗层：应采用HDPE土工膜，厚度不应小于1.5mm。

对于其他层的要求与图7-11中单层土工膜衬垫结构相同。

复合衬垫中压实黏土层常用GCL来替代，其具有以下优点：①GCL厚度小，节省填埋空间；②GCL施工方便快捷；③不受当地是否有黏土资源的限制；④GCL易实现工业化生产，保证材料的连续性和均匀性；⑤GCL抵抗不均匀变形的能力比CCL强，易修补。另外，GCL还在一定程度上弥补HDPE土工膜的不足：①HDPE土工膜会有老化问题；②HDPE土工膜的施工对设备及技术要求比较高；③地基不均匀沉降可能导致HDPE土工膜的破裂；④GCL还具有较强的对有害物质吸附能力、耐久性好等优点。由于具有上述优势，GCL在固体废物填埋场衬垫工程中得到广泛应用。

对于HDPE土工膜和GCL组成的复合衬垫，如图7-12（b）所示，《生活垃圾填埋场处理技术规范》GB 50869—2013进行了如下规定：

（1）膜下保护层：黏土渗透系数不宜大于$1.0×10^{-5}$ cm/s，厚度不宜小于30cm；

（2）GCL防渗层：渗透系数不应大于$5.0×10^{-9}$ cm/s，规格不应小于4800g/m²；

（3）土工膜防渗层：应采用HDPE土工膜，厚度不应小于1.5mm。

对于其他层的要求与图7-11中单层土工膜衬垫结构相同。

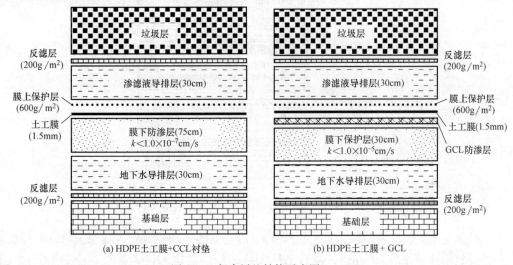

图7-12　复合衬垫结构示意图

复合衬垫能有效地应对单层土工膜衬垫存在的破洞、褶皱等缺陷带来渗漏量大的问题。对比单层衬垫和复合衬垫系统的渗漏模式，当单层土工膜出现缺陷时，如果下层土体的渗水性很强，渗滤液很容易经由破损处向下流出，进而在整个衬垫底面上发生渗流。对于复合衬垫，若土工膜发生破损时，下方CCL或GCL垫层的透水性低，可显著减少渗漏量，并且经过CCL或GCL的流动面积也会相应地减少，进而也降低了渗滤液的渗流速率。复合衬垫中HDPE土工膜与下卧黏土层接触性能是控制渗透率的关键因素，它决定了湿化区半径大小。为了最大程度发挥复合衬垫的防渗性能，HDPE土工膜与下卧黏土层应尽可能紧密贴合，这就要求压实黏土层表面尽量平整光滑，铺设土工膜时应尽量减少褶皱，绝对不能在土工膜和压实黏土层之间设置高透水性材料。由于GCL表面比较平整光滑，HDPE土工膜与GCL的接触性能显著优于HDPE土工膜与压实黏土层，因此含GCL复合衬垫的渗漏量一般较低。

7.4.3 双层衬垫

双层衬垫是由两层衬垫和它们之间的中间导排层组成的，如图7-13所示。该双层结构的上层衬垫由土工膜与GCL或CCL组成，下层衬垫一般由较厚土工膜与CCL组成，以形成可靠的兜底屏障。通过上层衬垫控制渗滤液渗漏量，从而减少两层之间的导排层中渗滤液通量，减缓淤堵发展。导排层又称为渗漏检测层，用于收集和检测上层衬垫的渗漏液，同时可实现国家标准对下层衬垫渗滤液的水头控制要求。

固体废物填埋场常用的双层衬垫主要包括双层土工膜衬垫和双层复合衬垫。双层土工膜衬垫是由两层HDPE土工膜和它们之间的中间导排层组成。双层复合衬垫是由两层复合衬垫组成的，每层复合衬垫的防渗层由HDPE土工膜和压实黏土层组成，上层复合衬垫中压实黏土层用GCL代替。

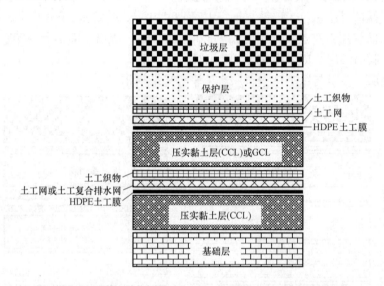

图7-13　双层衬垫结构示意图（以双层复合衬垫系统为例）

根据《生活垃圾填埋场污染控制标准》GB 16889—2008规定：如果天然基础层的饱和渗透系数不小于$1.0×10^{-5}$cm/s，或者虽然天然基础层的饱和渗透系数不小于$1.0×10^{-5}$cm/s，但是厚度小于2m，应采用双层复合衬垫。上下层复合衬垫均含有HDPE膜，下层复合衬垫中压实黏土层厚度不小于0.75m，饱和水力渗透系数小于$1.0×10^{-7}$cm/s。两层复合衬垫之间应布设渗漏检测层和导排层。

对于危险废物柔性填埋场，《危险废物填埋污染控制标准》GB18598—2019明确要求采用双层复合衬垫，如图7-14所示。双层复合衬垫中的HDPE土工膜应满足CJ/T234规定的技术指标，并且厚度不小于2.0mm，双层复合衬垫中压实黏土层应满足下列条件：

（1）主衬层（上衬层）应具有厚度不小于0.3m的黏土衬层，且其被压实、人工改性等后的饱和渗透系数小于$1.0×10^{-7}$cm/s；

（2）次衬层（下衬层）应具有厚度不小于0.5m的黏土衬层，且其被压实、人工改性等后的饱和渗透系数小于$1.0×10^{-7}$cm/s。

柔性填埋场应在两层复合衬垫之间设置渗漏检测层，检测层渗透系数应大于0.1cm/s，它包括两层衬垫之间的导排介质、集排水管道和集水井，并应分区设置。

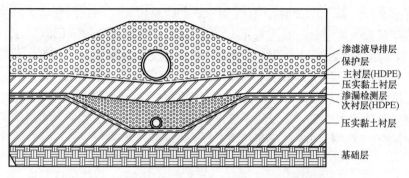

图7-14　危险废物柔性填埋场双层复合衬层结构示意图

（图中标注，自上而下）
渗滤液导排层
保护层
主衬层(HDPE)
压实黏土衬层
渗漏检测层
次衬层(HDPE)
压实黏土衬层
基础层

7.5　覆盖系统

填埋场覆盖系统包括日覆盖、中间覆盖和封场覆盖。覆盖系统的作用是抑制填埋气的释放，同时减少降水渗入填埋场内部。

7.5.1　日覆盖和中间覆盖

填埋场日覆盖是指每天垃圾填埋结束后而进行的覆盖，日覆盖早期采用土进行覆盖，我国《生活垃圾卫生填埋处理技术规范》GB 50869—2013规定每一单元作业完成后进行的土质覆盖层的厚度宜为20~25cm。由于土是临时覆盖，日覆盖区域第二天还要继续进行垃圾填埋，需要对覆盖土清理，操作繁琐，随着土的成本升高，后期逐渐改用土工布代替土质覆盖。土工布虽然成本较低，操作方便，但其孔隙度较大，对填埋气的释放难以起到较好的阻隔作用。目前采用土工膜进行填埋场垃圾的日覆盖。土工膜基本不透气，因此填埋气很难通过土工膜进入大气中。同时，降水也很难透过土工膜进入垃圾体中，减少了渗滤液的产生量。但是值得注意的是一旦土工膜产生缺陷，如漏洞、撕裂等，就容易产生填埋气释放的优势流，导致漏洞处填埋气的释放速率较大。因此须采用0.5mm以上且不易产生缺陷的土工膜。土工膜覆盖使得填埋气的竖向运移得到抑制，侧向运移因为膜下浓度聚集而增强，因此需要注意日覆盖中填埋气的侧向泄漏。

中间覆盖是指固废填埋场短期（通常为1年及更长时间内）不进行垃圾填埋而进行的暂时性覆盖。与日覆盖相同，早期的中间覆盖也是采用土质覆盖，《生活垃圾卫生填埋处理技术规范》GB50869—2013规定填埋场中间覆盖若采取土质覆盖时，其厚度宜大于30cm。由于使用土质中间覆盖成本较大，同时使用土质覆盖占用大量库容，黏土残留在堆体中易形成低渗透性层，不利于渗滤液导排。后期采用土工膜代替土质覆盖进行中间覆盖。但一些研究表明挥发性有机物可以通过土工膜释放到大气中。因此目前采用1mm以上厚的HDPE土工膜进行中间覆盖，并在膜下铺设保护层和水平集气管，以降低膜下填埋气压力。

7.5.2　封场覆盖

封场覆盖层随着固废填埋场的出现而出现，迄今已有40多年的发展历史（图7-15）（Benson，1999）。其发展过程为：简易覆土→压实黏土（CCL）→土工膜和CCL组成的复合覆盖层→在防渗层上设置砂砾排水层→利用土工膜和GCL替代CCL，利用土工排水网代替砂砾石排水层→基于水分储存-释放的原理的土质覆盖层。我国住房和城乡建设部颁布的《生活垃圾卫生填埋处理技术规范》GB 50869—2013中建议采用的覆盖层属于第3~4个发展阶段。填埋场封场覆盖系统的主要作用是阻止和减少雨水的入渗，同时抑制填埋气释放到大气中污染空气。当雨水进入垃圾体时，填埋场渗滤液增加，可能使垃圾堆体失稳，同时也增加了底部衬垫的水头压力，加速污染物通过底部衬垫渗漏与扩散。为了有效地抑制填埋气释放到大气中，覆盖层下铺设气体扩散层和集气管，将填埋气收集起来，减少对大气的污染，并进行回收处理和利用。

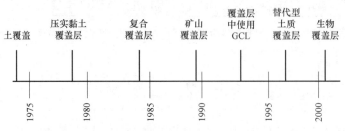

图7-15　北美地区覆盖层的发展史（Benson，1999）

最初的封场覆盖系统简单地采用一层压实土层。希望利用CCL的低渗透性减少降水入渗，但是当CCL在含水量较低，以及经历干湿循环和冻融循环后，会产生裂隙，防渗性能不能满足要求。之后发展到在CCL上铺设一层土工膜或GCL。

我国住房和城乡建设部颁布的《生活垃圾卫生填埋场封场技术规范》GB 51220—2017和《生活垃圾卫生填埋场岩土工程技术规范》CJJ 176—2012中建议采用的封场覆盖系统的结构形式如图7-16所示，由下至上依次为：排气层、防渗层、排水层、绿化土层。

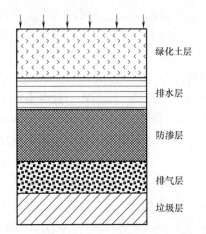

图7-16　我国规范中规定的覆盖系统结构示意图

对于排气层，未用土覆盖的垃圾堆体宜采用连续排气层，全场已覆盖土层的垃圾堆体可以采用排气盲沟。排气层和排气盲沟应与垂直导气井连接。排气层可采用碎石等颗粒材料或导气性较好的土工网状材料。垃圾堆体边坡宜采用土工网状材料作为排气层。排气层如若采用碎石等颗粒材料时，其厚度不宜小于300mm，粒径宜为20~40mm，且碎石上面应铺设规格不小于300g/m²的土工滤网。碎石与垃圾之间应铺一层孔径小于碎石最小粒径的土工滤网，规格宜为200g/m²。当排气层采用土工网状材料时，其厚度不宜小于5mm，网状材料上下应铺设土工织物过滤层，防止颗粒物进入排气层。排气层设置在防渗层下，用来汇集垃圾堆体表面上散发的气体，以减少垃圾堆体封闭后产生的填埋气体对防渗层的顶托，并有效地将填埋气体通过收集管路导出，同时给封场覆盖系统提供稳定的工作面和支撑面，使得防渗层可以在其上铺设。

防渗层是填埋场封场覆盖层系统的关键部分。防渗层可以通过直接地阻挡降水入渗和间接地提高上覆土层的排水或储水能力来最大限度地防止地表水渗入。此外，防渗层还能阻止填埋场产生的填埋气释放到大气中。我国《生活垃圾卫生填埋场封场技术规范》GB 51220—2017的规定，防渗层可选用人工合成防渗材料或天然黏土。土工膜作为主要的防渗层，首先应具有良好的抗拉强度或适应不均匀沉降能力，其渗透系数应小于$1×10^{-12}$ cm/s。其次应具有良好的抗老化性能，使用寿命应大于30年。可选用HDPE或LLDPE土工膜，厚度宜为1~1.5mm。土工膜上下部应设置保护层，防止土工膜遭到破坏，上下保护层可以选择CCL，CCL的厚度不宜小于300mm，压实度不宜小于85%，渗透系数不宜大于$1×10^{-5}$cm/s。上保护层可选择土工复合排水网，复合土工排水网厚度不宜小于5mm，网格孔径应小于上部排水层碎石的最小粒径。边坡上宜采用双糙面土工膜，并应在边坡平台上设土工膜锚固沟。当采用CCL作为主防渗层时，其厚度不宜小于300mm，应进行分层压实，顶部压实度不宜小于90%，边坡压实度不宜小于85%。黏土层的渗透系数应小于$1×10^{-7}$cm/s，同时黏土层表面应平整、光滑。

近年来的填埋场封场覆盖中，GCL常被用来代替防渗层中的CCL。相比于传统的CCL，GCL的优势在于其较薄的厚度，能够承受较大程度的沉降，易于安装且成本低。同时对于干缩裂缝，GCL具有很好的自我愈合能力。当GCL的含水量在10%~150%之间时，氧气通过GCL的扩散系数范围为$1×10^{-11}$~$1×10^{-6}$ m^2/s 。在同样含水率情况下，其气体渗透系数的范围为$9×10^{-7}$~$1×10^{-13}$m/s。

Xie等（2016）通过解析解模型对比了不同结构的防渗层对于填埋场中挥发性有机物释放的抑制作用。研究结果表明复合覆盖层对挥发性有机物释放的抑制作用比单层CCL的效果要好，且1.5mm土工膜+GCL表面挥发性有机物的释放通量分别是1.5mm土工膜+20cm厚的CCL和2.5mm土工膜+50cm厚的CCL表面挥发性有机物释放通量的43%和77%。

排水层应选用导水性能好的材料，垃圾堆体顶部宜选用碎石作为排水层，堆体边坡宜选用复合土工排水网作为排水层。当采用碎石排水，碎石排水层厚度不宜小于300mm，底部最小坡度应不小于4%，排水材料的渗透系数应不低于$1×10^{-2}$cm/s。植被层和防渗层之间也可以设置土工织物/土工网复合材料，以代替天然排水土层作为排水层，其中土工材料的横向导水系数不小于$3×10^{-5}$ m^2/s。最后应在覆盖层上部铺设绿化用土层，植被层有助于天然植物的生长和生态恢复，以保护填埋场覆盖系统免受风霜雨雪或动物的侵害。植被土层厚度不宜小于500mm。绿化土层应分层压实，压实度不宜小于80%。应根据拟种植的植物特性确定绿化土层表面的施肥和翻根施工方法。

除了上述提到的复合封场覆盖系统，国内外学者提出了基于水分储存-释放原理的毛细阻滞型土质覆盖系统。毛细阻滞型覆盖层是指利用粗细土层间的毛细阻滞作用提高覆盖层的储水能力或侧向导排能力，从而减少底部渗漏和填埋气逸散的封场覆盖结构。当降水量较小时，覆盖系统比较干燥，下部粗粒土的渗透性小于上部细粒土，入渗的雨水将不会流入下部粗粒土中，而会存储在上部细粒土中。降水结束后，储存的水分通过顶部蒸发或者蒸腾作用排出覆盖系统。细粒土层与粗粒土层之间存在毛细阻滞作用，上覆细粒土含水量的提高会导致填埋气的运移通道减少，进而降低填埋气的排放量。

干旱及半干旱地区的毛细阻滞覆盖层从上至下依次应为：植被层，其厚度应不小于15cm；储水层，应采用性能良好的粉土、粉质黏土、细砂或再生细粒料等，其压实度应不低于85%，厚度宜为50~150cm；导气层，应采用导气性良好的粗砂、碎石或再生骨料，厚度宜为20~30cm。储水层与导气层之间应铺设一层无纺土工织物，对细粒土和粗粒土起到隔离作用。

湿润气候区也可采用毛细阻滞型土质覆盖层结构，但需在导排层下加设了低渗透层，当水分突破储水层底部的毛细阻滞作用进入导排层时，大多数水分会沿着导排层向坡底运动，而较少进入低渗透性层中，从而使得进入垃圾体的水分大大减小，在湿润地区也能实现良好的防渗功能。湿润地区采用的毛细阻滞覆盖层结构从上到下依次为：植被层，厚度不小于15cm；储水层，应采用储水性能良好的粉土、粉质黏土或再生细粒料等，压实度应不低于90%，厚度应不小于60cm；导排层，应采用导水性能良好的粗砂、碎石或再生粗骨料等，厚度宜为20~40cm；低渗透性层，应采用渗透性能较低的CCL，压实度应不低于90%，渗透系数应小于1×10^{-7}m/s；导气层，应采用导气性能良好的粗砂、碎石等，厚度宜为20~30cm。储水层与导排层、低渗透CCL与导气层之间应铺设无纺土工织物。

7.6 竖向阻隔系统

竖向阻隔系统一般用于管控污染场地中污染物向外界扩散，同时控制外界地下水流入污染场地。竖向阻隔系统分为防污功能竖向阻隔墙和防渗功能竖向阻隔墙两类。防污功能竖向阻隔墙墙体的渗透系数应不大于1×10^{-7}cm/s，墙体设计时应进行污染物击穿时间验算。防渗功能竖向阻隔墙墙体设计应进行地下水渗流量验算，阻隔墙材料的渗透系数宜不大于1×10^{-6}cm/s。目前比较常见的竖向阻隔墙有土-膨润土墙、水泥-膨润土墙、土-水泥-膨润土墙、HDPE膜竖向墙、塑性混凝土墙、水泥搅拌桩墙、灌浆帷幕等，各种阻隔系统的工程特点见表7-2。塑性混凝土墙、水泥搅拌桩墙和灌浆帷幕的渗透系数通常达不到1×10^{-7}cm/s的防污标准，通常作为防渗功能的阻隔墙。近些年，已有一些工程案例将HDPE膜或GCL用于上述竖向阻隔墙形成复合阻隔墙，使得防污性能显著提升，具体见7.6.1和7.6.2节。

不同类型竖向阻隔系统特点   表7-2

类型	特点
土-膨润土墙	通过开槽和回填土-膨润土混合填料形成，渗透系数通常不大于1×10^{-7}cm/s，柔性好，造价比较低，施工方便
水泥-膨润土墙	施工方法与土-膨润土阻隔墙类似，渗透系数通常在10^{-6}cm/s数量级，与土-膨润土阻隔墙相比，墙体材料强度较高，压缩性低，可用于斜坡场地
土-水泥-膨润土墙	施工方法与土-膨润土阻隔墙类似，渗透性也相当，墙体材料强度与水泥-膨润土相当
HDPE膜竖向墙	防渗性和耐久性较高，渗透系数可达10^{-8}cm/s，HDPE膜搭接施工需要特殊的工艺，材料价格较高
塑性混凝土墙	渗透系数通常在10^{-6}cm/s数量级，墙体材料的刚度和强度比水泥-膨润土刚度高，施工深度比较大
水泥搅拌桩墙	渗透系数通常在$10^{-7} \sim 10^{-6}$cm/s数量级，防渗性能取决于搅拌桩之间的搭接效果，而搭接效果取决于桩的垂直度和施工质量，施工质量难以控制
灌浆帷幕	防渗质量难以保证，缺乏可靠的质量检测手段与措施

7.6.1 HDPE膜-膨润土复合阻隔墙

（1）材料与结构

HDPE膜-膨润土复合阻隔墙是采用竖向开槽方式将柔性HDPE膜竖向插入到相对不透
水层，通过连接锁扣与内置止水条实现多幅HDPE膜
的互锁连接，然后在槽内充填膨润土回填料，形成复
合材料阻隔墙。该阻隔墙的典型结构如图7-17所示
（以土-膨润土为例），HDPE膜可根据实际场地情况设
置在阻隔墙内侧、外侧或者中间，设置在阻隔墙中间
的施工难度更大。HDPE膜竖向阻隔墙所用材料主要有
HDPE膜、土工膜连接构件以及阻隔墙回填材料。

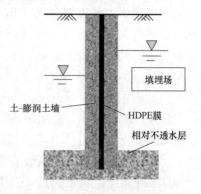

1）HDPE膜

HDPE膜是该类型阻隔墙的防渗主材，其渗透系数
达到 10^{-12} cm/s，还具备抗化学腐蚀性能和使用寿命长
（≥100年）等特点。

图7-17　HDPE膜-膨润土复合阻隔墙

2）HDPE膜的连接构件

由于HDPE阻隔墙主要采用多幅HDPE膜拼接而成，各幅HDPE膜连接形式通常采用
一种"扣和栓"的结构类型，并且运用亲水填料或密封胶进行密封止水。图7-18为两种常
见连接锁扣类型，锁扣中安放有止水条。止水条采用亲水填料制成且具备防渗透的能力，
这种填料是聚氯丁橡胶族中的一种特殊组成，当其与水接触时发生膨胀，其膨胀量可为初
始直径的8倍，且膨胀时产生一个密封压力，起到闭水作用。

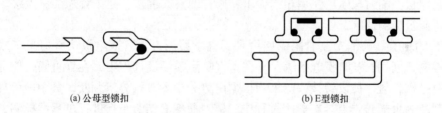

(a) 公母型锁扣　　　　　　　　　　　　(b) E型锁扣

图7-18　连接锁扣

3）回填材料

HDPE膜插入后回填土-膨润土墙或水泥-膨润土混合填料，回填材料与传统的土-膨润
土墙或水泥-膨润土墙一致。土-膨润土混合填料是将符合要求的母土和膨润土泥浆混合而
成具有一定坍落度的回填料。水泥-膨润土混合填料由膨润土泥浆、水泥及一些添加剂配
制而成。

（2）设计要点

在HDPE膜-膨润土复合阻隔墙设计时主要考虑平面布置、阻隔墙墙体厚度以及阻隔
墙深度三个要素。在进行阻隔墙平面布置时，应综合考虑场地地质构造、地下水流向与
流速、地形、地下污染平面范围、场地红线与已有构筑物、场地地下管线等，宜采用围
封形式围住整个填埋场。阻隔墙墙体厚度的确定，应综合考虑场地水文地质条件、土层
分布及渗透系数等，并满足以下要求：①墙体厚度宜不小于0.6m且不大于1.2m；②确保

污染物击穿阻隔墙时间不小于填埋场要求的污染防控时间；③当根据②确定的厚度大于1.2m时，宜采用工程措施减小竖向阻隔墙两侧水位差或在竖向阻隔墙两侧形成逆水头差，以防止设计厚度过大。阻隔墙深度的确定，应综合考虑场地地质构造、土层分布、土层渗透系数、地基稳定性、污染深度、承压水层水头等，并满足以下要求：①嵌入连续且完整的隔水层中，嵌入深度应不小于1m，隔水层厚度不小于3m且渗透系数不大于$1×10^{-7}$cm/s；②隔水层埋深大时，可采用悬挂式竖向阻隔墙，但必须评估其绕渗对防污效果的影响。

（3）施工工艺

HDPE膜-膨润土复合阻隔墙施工一般采用液压抓斗成槽机成槽、泥浆护壁，在沟槽内插入HDPE土工膜后，进行回填材料浇筑，最终形成一道地下连续阻隔墙。具体步骤包括：①导墙制作：垂直阻隔墙采用沟槽开挖法施工时，宜根据场地条件修筑导墙，若场地存在软黏土地层，沟槽两侧可采用水泥搅拌桩加固。②抓斗开挖成槽：沟槽开挖施工过程中应在沟槽内注入膨润土泥浆，测量沟槽内膨润土泥浆黏度、密度、pH值并满足相关规范要求，膨润土泥浆液面应保持高于地下水位0.6m以上。若发现沟槽中膨润土泥浆大量损失时，应立即向沟槽内快速补充膨润土泥浆。③清底：沟槽开挖完成后，应清除沟槽底部的沉积物。④HDPE膜下设：将HDPE膜制作裁剪成所需长度，在两端焊接连接锁扣，然后把膜平整地下设到已开挖好的槽孔中，然后将接头板放入槽孔中，并与已插入膜的锁扣连接好。⑤灌注回填材料成墙：采用导管回填或从已形成的回填料斜面顶部将回填料滑入沟槽，不得将回填料从地表直接落入沟槽内的膨润土泥浆中。⑥覆盖养护：土工膜竖向阻隔墙回填施工完成后，顶部应铺设临时覆盖层防止回填料表面开裂。回填材料固结沉降完成后，应移除临时覆盖层，用相同回填料修补凹陷或沉降，并设置永久覆盖层。

（4）质量检测及维护

对于HDPE膜-膨润土复合阻隔墙可采用电学检测方法（双电极法）对土工膜的完整性进行检测，利用HPDE膜电绝缘性，在垂直防渗膜铺设过程中，在垂直膜一侧分别放置多个发射电极，另一侧设置接收电极。根据电势分布图进行分析判断，其中电势异常值最大的点判断为可能破损点。在施工过程中，需对每幅HDPE膜都进行过程性检测，不放过每一个漏点。竖向阻隔墙全部施工完成以后，对整圈的土工膜竖向阻隔系统进行完整性检测，保证其完整性、连续性，为污染场地提供有效的围封屏障。

施工过程中，阻隔墙回填料的质量也需要检测。最初回填的3000m²墙体宜每300m²留样一组，之后宜每回填1000m²墙体留样一组，用于渗透系数测试。施工完工后，宜对墙体原位渗透系数进行测试或钻孔取芯测试渗透系数。土-膨润土垂直阻隔墙宜采用带孔压测量的静力触探仪测试墙体原位渗透系数。

HDPE膜-膨润土复合阻隔墙的阻隔效果长期监测，应在阻隔墙的外侧3m距离内设置地下水水质监测井，在阻隔墙轴线方向的井间距宜取50~100m，井深宜取阻隔墙深度的60%~90%，监测频率宜每1~3月测试1次。

7.6.2　GCL复合阻隔墙

GCL复合阻隔墙是由GCL与低渗透性回填料组成的新型复合竖向阻隔技术。通过解决GCL竖向平直下放、材料搭接、拐角部位施工等一系列难题，将GCL引入垂直防渗阻隔领域，与低渗透性回填料组成复合防渗阻隔结构。在低渗透性回填料一侧或两侧铺设

GCL，GCL表层粗糙多孔，能够与墙体材料紧密结合成为一体。GCL复合阻隔墙防渗系数小于等于$1×10^{-7}$cm/s，满足环保行业防渗要求。

（1）材料与结构

1）GCL复合构件

GCL复合构件是为实现GCL在沟槽内垂直铺设而对其定制化生产而成的。如图7-19所示，GCL复合构件底部安装有支撑板、配重U形槽，顶部固定在钢制卷芯上，两侧标有搭接线。GCL复合构件在放卷机械、测量绳、配重块以及接头箱等机具和材料的配合下，使GCL能够平直、竖向铺设。

配重U形槽内填充有配重物，为GCL垂直铺设提供下坠力。配重块由黏土、膨润土、水配置而成，在向沟槽内灌注回填材料成墙后，配重物可在有限空间内吸水膨胀，封堵沟槽底部可能存在的孔隙，避免出现墙体底部绕渗的问题。

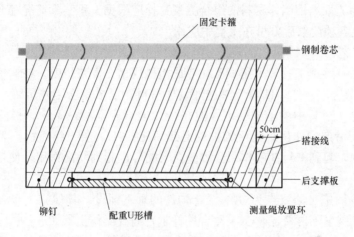

图7-19　竖向阻隔专用GCL复合构件示意图

GCL幅宽通常为5~6m，常规连接方式为搭接连接。将GCL常用的搭接方案移植到竖向施工领域，专门研发的施工工艺和施工机械能够有效保证连接效果。GCL复合构件上标有搭接线，搭接线离GCL边缘50cm，施工人员能够清晰知道搭接位置，确保搭接宽度不小于45cm。为保证GCL复合构件的搭接效果，采用辅助连接的接头箱。一方面，特制接头箱能够有效阻挡回填材料及其他异物进入搭接区域，保证搭接连接效果；另一方面，下设接头箱可使已铺设的GCL复合构件紧贴槽壁。

2）低渗透性回填材料

低渗透性回填材料可选择土-膨润土回填料、水泥-膨润土回填料、塑性混凝土回填料等阻隔墙体材料，还可以针对特定污染物设计成反应性回填料。

3）复合阻隔结构

复合阻隔结构可根据场地条件和工程要求选择适宜种类的GCL复合构件和低渗透性回填料进行组合，以满足不同类型污染场地对竖向阻隔性能的要求。

（2）设计要点

1）GCL选择

根据场地污染情况和防渗等级要求选择GCL类型及铺设层数，如现场污染较轻，选用常规颗粒型 GCL 即可；如现场污染严重且防渗等级要求较高时，需选择防渗性能更好的粉末型 GCL 或覆膜型 GCL。此外，可根据需要在沟槽两侧都铺设 GCL，进一步提升防渗阻隔性能。在一些特殊场地条件下，可采用有机改性膨润土型 GCL、强吸附型 GCL 等，提升 GCL 复合阻隔墙针对特定污染物的扩散延迟和吸附阻滞能力。

2）低渗透性回填料选择

根据墙体防渗性能和刚度需求，沟槽回填可以选择以下低渗透性回填材料：

① 土-膨润土回填料（SB）：适用于不要求承重，对墙体刚度要求小，对墙体防渗要求较高的竖向阻隔工程。

② 水泥-膨润土回填料（CB）：适用于对墙体刚度有一定要求的竖向阻隔工程。

③ 塑性混凝土回填料（PC）：兼顾承重与防渗，且适用于对墙体刚度要求较高的竖向阻隔工程。

GCL 与低渗透性回填墙体材料的组合类型选择应根据工程实际情况综合考虑，并经过试验室验证满足各项要求后方可在工程中应用。

（3）施工工艺

GCL 复合阻隔墙施工一般采用液压抓斗成槽机成槽、泥浆护壁，在沟槽一侧或两侧贴壁铺设 GCL 复合构件，然后回填低渗透性墙体材料，形成复合阻隔屏障。护壁泥浆主要的功能是维持施工过程中的槽壁稳定，但在 GCL 复合阻隔墙技术中，护壁泥浆还部分承担着密封剂、润滑剂的作用。优质的护壁泥浆填充 GCL 表层无纺织物，阻断了无纺织物的平面导渗作用，起到密封剂的作用。护壁泥浆同样也起到润滑作用，使接头箱能够顺畅下放。

该复合阻隔墙施工的重点为 GCL 复合构件的垂直铺设，其他施工步骤与常规垂直防渗墙基本相同，这里不再赘述。GCL 复合构件垂直铺设操作步骤如下：

1）成槽后，在铺设 GCL 复合构件前需检测成槽质量，确认沟槽的深度、宽度及槽壁平整度。

2）将 GCL 复合构件提前安装在铺设机具上，沟槽检测合格后，将铺设机具吊放到合适位置。

3）接通电源，将 GCL 复合构件展开约 80cm，便于在配重槽内放置配重块及在 O 形圈内放置测量绳。

4）启动并控制铺设机具的电机转速，使 GCL 复合构件沿沟槽壁缓慢下放，测量绳记录 GCL 复合构件的下降深度。施工过程中，要求 GCL 复合构件搭接宽度大于等于 45cm。

5）GCL 复合构件下放到设计深度后，在两端放置接头箱。在接头箱下放时，可在搭接区域涂抹以膨润土为主的密封剂，在提升搭接效果的同时，可减小下设和拔起接头箱过程中与已铺设的 GCL 之间的摩擦，保护产品不被损伤。

6）接头箱下设完毕后，将 GCL 复合构件顶部固定后移走施工机具，准备低渗透性墙体材料的浇筑回填。

7）在浇筑回填的低渗透性墙体材料凝固或符合要求后，拔出接头箱，进行连接槽施工。

施工注意事项：

1）由于地下水环境质量现状较差，对护壁泥浆有一定的劣化作用，回收的护壁泥浆需实时监控性能，满足指标要求方可重复使用，对劣化较严重或含砂量较高的泥浆作废弃处理。

2）拐角处GCL复合构件铺设施工需要采用特制的施工工具，且GCL复合构件需根据拐角部位实际情况进行再加工，以保证GCL复合构件与拐角沟槽墙体紧密贴合。此外，由于拐角部位采用起吊下放的施工方法，当施工深度较深时，为保证施工安全，GCL复合构件垂直吊放施工应在无风或者微风天气下进行。

（4）质量检测

GCL复合阻隔墙质量检查应包括工序质量检测、GCL复合构件施工质量检测和墙体质量检测，工序质量检测和墙体质量检测可参考《水利水电工程混凝土防渗墙施工技术规范》SL174—2014进行。当墙体材料为土-膨润土回填料时，检测墙体质量应在成墙1个月后进行，检测内容主要为墙体的渗透性、均匀性，可采用钻孔取芯或其他原位检测方法。

GCL复合构件必须检测合格后方可使用，GCL性能、配重块重量及性能等需满足设计要求。GCL复合构件铺设施工质量检查应包括：GCL复合构件下放深度、GCL复合构件铺设宽度、GCL复合构件搭接宽度。

为检测GCL搭接后防渗性能的变化，可以在室内开展模型试验测试搭接后GCL材料的渗透系数。对于GCL搭接部位渗透系数测试没有相关标准规范，因此只能自行设计样品，测试样品的搭接宽度宜不小于45cm，搭接处的应力水平与现场墙体不同深度处水平应力相当。由于GCL下放时处于护壁泥浆环境中，或者在搭接区域涂抹搭接膏，护壁泥浆和搭接膏都能够起到良好的密封防护作用，因此模型试验测试时应模拟这两种接触条件，测试在这两种条件下GCL搭接部位的渗透系数。模型试验结果表明，在25kPa侧向压力下，涂抹膨润土膏试样的搭接区域渗透系数为3.69×10^{-9}cm/s，满足1×10^{-7}cm/s的防污标准。

7.7 工 程 案 例

7.7.1 杭州天子岭垃圾填埋场

（1）工程概况

天子岭填埋场位于浙江省杭州市北郊青龙坞山谷，由已经封场和生态复绿的第一垃圾填埋场（简称"一埋场"）和正在同步建设运行的第二垃圾填埋场（简称"二埋场"）组成。

一埋场占地面积48hm²，垃圾坝顶部标高65m，填埋堆体整体坡度约1：4~1：3，堆体顶部最大标高为165m，如图7-20所示，填埋库容量600万m³，总投资1.52亿元，采用垂直灌浆帷幕防渗技术防止渗滤液对下游污染，于1991年投入使用，至2007年停止运行，累计填埋垃圾900多万吨，已封场并建成生态公园，一埋场被列入杭州市政府"七五"重点工程项目，是全国首座符合当时国家建设部卫生填埋技术标准的山谷型填埋场。

二埋场位于一埋场下游，向西扩展440m，占地面积96hm²，采用水平衬垫和垂直帷幕相结合的防渗阻隔技术。二埋场库区场底地形整体表现为后缘边坡较长、面积较大，底部平缓区域较短、面积小的特点，库区后缘边坡中部大面积区域位于"一埋场"已填埋垃圾堆体之上。垃圾挡坝顶部标高52.5m，最大设计堆体标高165m，总库容为2202万 m³，按初期1949t/d、终期为4000t/d、日均填埋量2671t/d的填埋规模，设计服务年限为24.5年，目前已填埋垃圾1800多万吨，安全等级定为一级，如图7-20所示。

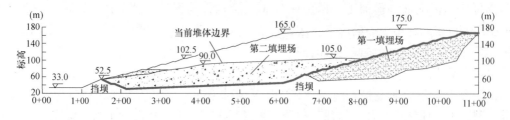

图 7-20　天子岭垃圾填埋场剖面图

二埋场于2007年投入运行，主城区绝大部分垃圾进入二埋场进行填埋处置，日填埋量不断增加，2015年最高日达6173t，其中291天（80%天数）超4500t/d的填埋警戒红线，日进场垃圾5000t/d已成为新常态，长期超负荷（设计日均填埋量2671t/d）运行，原规划设计的基础设施不堪重负，堆体稳定安全和环境污染风险压力较大。

二埋场库区设有防渗阻隔系统和排渗导气系统。防渗阻隔系统即整个库区底部和坡面铺设HDPE膜和GCL，并在垃圾坝处设置帷幕灌浆的垂直防渗工程，防止渗滤液渗漏而污染地表水和地下水。排渗导气系统即利用预先埋设和同步埋设的盲沟和沼气井收集垃圾渗滤液和填埋气体，垃圾渗滤液依次流入污水调蓄池和污水处理厂，处理达标后排放。填埋气体通过负压输送至沼气发电厂发电并入华东电网。

（2）填埋工艺及临时覆盖措施

本工程采用国际先进的"天子岭作业法"填埋工艺，可概括为"一控制、二改善、四加强"。一控制：每天的垃圾作业面控制在一定面积内，作业完毕后垃圾表面用土工膜全覆盖，无垃圾暴露面；二改善：用钢板路基箱制作库区临时道路及垃圾倾卸平台，代替原有的土石路和石料平台，用HDPE膜替代原有土料对垃圾暴露面的覆盖，实现雨污分流，增加气体收集率，防止臭气外溢，平台和道路平整；四加强：加强场区道路的冲洗、加强除臭药剂喷洒和灭蝇工作、加强科学监测、加强宣传沟通与理解。

（3）污染阻隔系统

本工程在渗滤液可能外泄的地下通道上采用构建防渗墙、帷幕灌浆等工程来防止渗滤液向下游扩散外泄。根据填埋场总平面设计，调节池设在垃圾坝下游的地下水总出口通道上，灌浆帷幕设置在调节池下游，截断调节池及上游库区可能渗漏的渗滤液渗漏，防止调节池下游地下水受到污染。

二埋场填埋库区中各个区域衬垫结构形式如图7-21所示：①底部水平区域自上而下衬垫结构由一层600g/m²的土工织物、砾石导排层、二层600g/m²的土工织物、2mm厚HDPE双光面土工膜、GCL、1mm厚HDPE双光面土工膜、黏土地基组成；②斜坡区域高程在45~75m范围内，采用单糙面的土工膜，具体形式为袋装土保护层、600g/m²的土工织物、HDPE单糙面土工膜（糙面朝下）、GCL、基底；③斜坡区域高程75m以上，采用双糙面的土工膜，具体形式为袋装土保护层、600g/m²的土工织物、HDPE双糙面土工膜、GCL、基底。衬垫系统现场铺设情况如图7-22和图7-23所示。

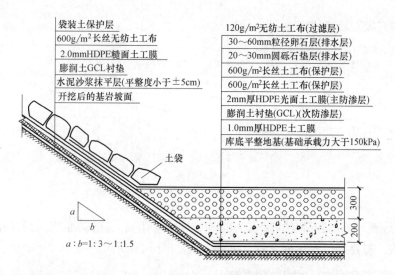

图7-21　二埋场库底渗滤液导排和水平防渗结构示意图（单位：mm）

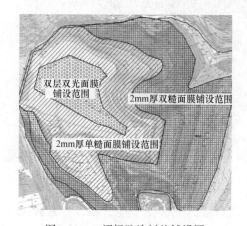

图7-22　二埋场防渗衬垫铺设图

图7-23　场底衬垫系统现场铺设情况

　　根据上述衬垫结构形式，土工织物与土工膜界面和土工膜与GCL界面的抗剪强度明显低于填埋垃圾，是填埋场稳定安全的薄弱环节。浙江大学对土工织物/土工膜界面、土工膜/GCL界面进行了强度测试，剪切试验均采用大尺寸界面直剪仪。根据填埋场实际情况及实验结果，对于底部缓坡区域土工织物和光滑土工膜的界面、光滑土工膜与GCL的界面，摩擦角为13°，对于斜坡区域土工织物与粗糙土工膜的界面，粗糙土工膜与GCL的界面，残余摩擦角为17°。由于二埋场三面地基均为较陡的斜坡，随着填埋高度增加及渗滤液水位持续壅高，垃圾堆体边坡稳定安全系数逐渐降低。如图7-24所示，当堆填至96.25m平台时，沿底部衬垫整体滑移安全系数降低到1.354；当堆填至115m平台时，稳定安全系数降低为1.161，不能满足《生活垃圾卫生填埋场岩土工程技术规范》CJJ 176—2012的控制要求；当堆填至133.75m平台时，稳定安全系数进一步降低为0.990，低于临界状态。堆体沿复合衬垫薄弱界面整体失稳滑动风险大，难以按原设计填埋至封场高度（165m）。可见，在填埋库区底部铺设衬垫系统，实现了环保目标，但同时带来了安全隐患。为保障二期库区现状堆体和后续堆高堆体的稳定性，根据堆体稳定的评估结果采取了相应的长期稳定控制及增容措施。

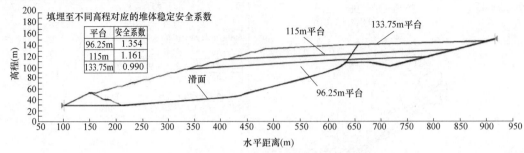

图7-24 堆填至不同平台时堆体稳定性情况

1）针对垃圾坝下游用地空间不足的问题，首次利用土工格栅加筋和锚杆相结合来加固加高垃圾坝，提高坝体整体安全性，如图7-25和图7-26所示。

图7-25 土工格栅加筋加固垃圾坝

图7-26 垃圾坝加高

2）对下游垃圾堆体采用反压体进行阻滑，提高堆体整体安全性，综合各方面因素，采用10m厚反压层，并在垃圾坝上加筑10m高的挡坝，反压至102.5m平台，同时控制滞水位在封场警戒水位以下、主水位不高于渗滤液导排层以上10m。反压材料采用建筑渣土，实现建筑垃圾再利用，如图7-27所示。

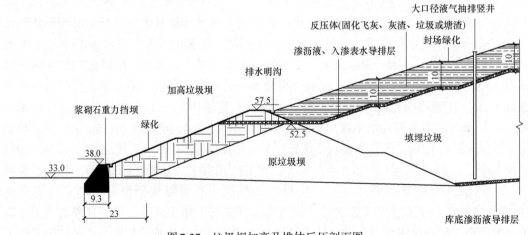

图7-27 垃圾坝加高及堆体反压剖面图

3）首次采用液气分离立体导排技术，有效控制了堆体水位。二期库区堆体的浅层滞水位控制，主要通过在堆体不同区域设置水平导排盲沟、水平导排层和液气联合抽排竖井实现，如图7-28和图7-29所示。每填高一层（12.5m），在近边坡50m范围设置渗滤液导排层，随堆体高度发展继续建设；每填高一层（12.5m），近边坡150m范围设置水平导排盲沟；非作业区域设置液气联合抽排竖井，实现浅层渗滤液和填埋气抽排。对于主水位控制，首期建设29口大口径深层抽排竖井，井深30~40m，强制抽排堆体渗滤液，降低堆体中主水位，提高现状堆体稳定性。

图7-28　水平导排盲沟

图7-29　液气联合抽排竖井

4）将未铺设衬垫区域的衬垫结构进行改进，增加其抗剪强度。将现有衬垫结构形式（土工膜+GCL）改为袋装土+土工织物+双糙面土工膜+土工复合排水网+双糙面土工膜+膜下保护层，应选用内部连接较强的无纺土工织物，袋装土在施工过程中袋与袋之间连接紧密。

5）建设填埋堆体稳定安全监测系统，实施长期稳定安全监测和预警预报。作为一级填埋场，必须监测垃圾堆体主水位和表面水平位移。根据现场水位监测及稳定计算结果，该填埋场存在较大的失稳风险，应将滞水位和深层水平位移也作为常规的监测项目。这些监测项目及监测点数量根据填埋区域和高度增加分期布设和实施。

（4）封场覆盖

为提高堆体稳定性、减少降雨入渗、提高库区生态水平，堆填达到设计标高后应及时进行封场和生态修复，并在表面建设永久性地表水导排设施。一埋场在碾压平整的垃圾层上设置了约1.5m厚的封场覆盖结构，其中最下面为0.3m厚的碎石排气层，铺设了沼气收集管，对沼气进行系统收集和发电；碎石层上铺设了膨润土垫，有效阻止垃圾堆臭气向空气中散发，确保植物能健康生长。

图7-30　杭州天子岭一埋场生态公园

2010年3月，在已封场的一埋场上方，建成了一个生态公园，见图7-30。生态公园总绿化面积约8万 m^2，园内游步道长1400m，分为百果区、桂雨区、翠竹区和植物模纹景观区，设置善小亭、绿宝亭、天池、入口广场、摩崖石刻等景观，种植"市树"香樟、"市花"桂花等103种植物1万多株，生态公园每天吸收二氧化碳约7.6t，相当于8万多人1天的二氧化碳排放量；产生氧气5.5t，为7万多人1天的需氧量。

7.7.2 天津某非正规垃圾填埋场治理

（1）工程背景

天津市某非正规垃圾填埋场场地内填埋了大量生活垃圾，未采取防渗、导排、导气措施，场地内垃圾渗滤液的色度、悬浮物、化学需氧量、五日生化需氧量、氨氮、总磷、总氮、六价铬、粪大肠杆菌、总铬、铅、镉等指标超过国家标准限值。为保证周边土壤与地下水质量和周围空气质量，当地政府决定对此处的存量垃圾进行治理。针对本项目的环境治理目标和防渗等级要求，结合当地实际情况，最终采用水平封场覆盖+垂直防渗阻隔方式相结合的原位封场治理方式，切断填埋垃圾与周围环境的联系，以有效控制污染物扩散。

GCL复合阻隔墙是在常规防渗阻隔墙基础上增加一层GCL防渗材料，如图7-31所示，防渗阻隔性能明显提升，完全满足环保要求。

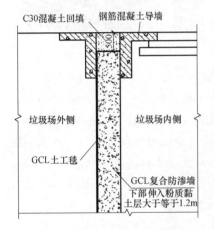

图7-31 GCL竖向阻隔墙剖面图

（2）GCL选型及防渗性能检测

由于场地内地下水已受污染，本工程选用防渗性能更好的4800g/ m^2 粉末型GCL。在正式施工前取样检测GCL在服役环境下防渗性能，以保证所用材料满足场地使用要求。GCL渗透系数测试方法依照标准ASTM D67666，检测设备为FWP-B型柔壁渗透仪。为检验垃圾渗滤液对该GCL产品防渗性能的影响，在现场随机选取垃圾渗滤液进行渗透试验，试验500h连续观测GCL渗透系数变化，如图7-32所示，可见GCL的渗透系数随时间有所降低，从 2.0×10^{-8} cm/s降低至 6.0×10^{-9} cm/s，平均渗透系数在 10^{-9} cm/s量级内，可见渗滤液不会降低粉末型GCL的防渗性能。为了检验该GCL产品的长期服役性能，使用0.1mol/L $CaCl_2$ 溶液进行渗透试验，试验历时500h并连续监测GCL渗透系数的变化，测试结果如图7-33所示，可见0.1mol/L $CaCl_2$ 溶液会对4800g/ m^2 粉末型GCL的渗透系数产生一定影响，经过500h后GCL渗透系数仍可达到 10^{-8} cm/s数量级，防渗性能依然满足渗透系数小于等于 1×10^{-7} cm/s的防渗要求。

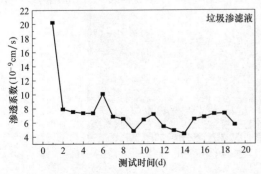

图7-32 垃圾渗滤液对粉末型GCL渗透系数影响

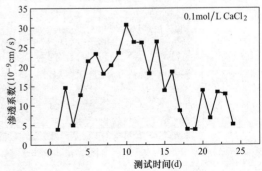

图7-33 0.1mol/L $CaCl_2$ 对粉末型GCL渗透系数影响

（3）垂直防渗阻隔方案

采用GCL竖向垂直阻隔墙对填埋场地进行围封，其结构形式为"粉末型GCL+水泥-膨润土墙"，长约1500m，平均深度约15m，复合墙厚600mm，底部嵌入场区较为完整的相对隔水层1.2m。为了更好管控工程风险，本工程先选择其中一段长约90m的区域作为试验段，试验段验收合格后再进行全场施工。

（4）GCL复合阻隔墙施工

本工程中GCL复合阻隔墙的施工工艺流程如图7-34所示，采用间隔抓土、连续成槽法施工，使用SG35A型液压抓斗成槽机开槽、泥浆护壁，在沟槽外侧紧贴槽壁铺设一层GCL复合构件后，进行水泥-膨润土回填材料的水下导管灌注，最终形成一道复合竖向阻隔墙。GCL复合构件幅宽为6m，因此在槽段划分上，要求首开槽宽度为6m，连续槽宽度为5.5m。墙体回填材料以水泥-膨润土为主材料，添加少量细骨料和粗骨料提升墙体强度，按照一定比例掺合并搅拌成较为均匀的糊状材料，采用泥浆下直升导管法浇筑，要求墙体28d抗压强度大于等于0.3MPa，经检测水泥-膨润土墙的渗透系数在10^{-7}cm/s数量级。

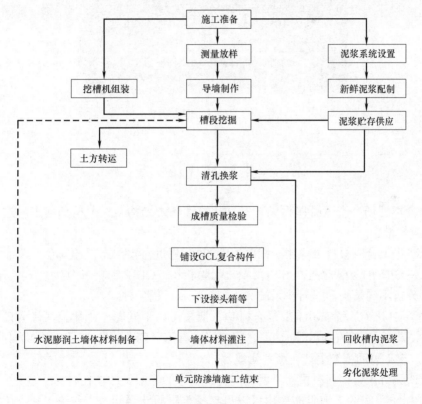

图7-34　GCL复合阻隔墙施工工艺流程图

GCL复合阻隔墙的墙体质量控制依照《水利水电工程混凝土防渗墙施工技术规范》SL174—2014进行，相比于常规垂直防渗墙，GCL复合阻隔墙涉及GCL复合构件铺设，施工要求较高，同时对护壁泥浆也有较高要求。现场重点监控了膨润土质量、护壁泥浆性能、GCL复合构件性能以及GCL复合构件铺设质量，以保证GCL复合构件铺设施工符合设计要求。为便于施工质量控制，施工方在项目现场组建试验室，配备六速旋转黏度计、中压滤失仪、筛网、泥浆比重计、泥浆含砂量计、高速搅拌机、马氏漏斗、电子pH计、坍落度桶、渗透仪等测试仪器。

（5）实施效果及评价

现场"GCL+墙体钻芯取样"送检及后期监测表明，GCL复合阻隔墙防渗性能优异，整体等效渗透系数在10^{-8}cm/s量级内，优于现有常规竖向阻隔技术，后期监测结果显示治理效果良好，满足设计及国家标准要求。本工程施工效率高，GCL复合阻隔墙施工与常规开槽类防渗阻隔墙建造基本相同，新工序加入不影响工程进度。项目治理效果见图7-35。工程实践表明，GCL复合阻隔墙是国内目前较先进的竖向防渗阻隔技术，本工程的实施对全国类似存量垃圾治理项目具有一定的示范意义。

图7-35　项目治理效果图

复习思考题

1. 固废填埋场会产生哪些污染物？试从填埋场的结构角度分析如何阻隔这些污染物向外界环境扩散？

2. 哪些土工合成材料可应用于固废填埋场？说明它们的功能和位置。

3. 简述GCL的阻隔性能，与CCL及土工膜相比，GCL有哪些优点？

4. 试分析不同结构形式衬垫系统的阻隔机理及适用条件。

5. 关于GM/CCL和GM/GCL复合衬垫，请思考以下问题：①比较两者的接触条件及复合阻隔效果。②可否在GM和CCL之间放置具有防穿刺功能的土工织物？为什么？③铺设工程中，土工膜的褶皱会产生哪些影响？

6. 谈谈无机污染物和有机污染物在复合衬垫中的渗漏扩散途径有哪些差异？

7. 细/粗土层间的毛细阻滞作用可以提高覆盖层的储水能力，细粒土和土工织物之间是否存在类似现象？

8. 试说明几种常见的竖向阻隔墙结构及其阻隔性能。

9. 在固废填埋场底部设置衬垫可以阻隔污染物扩散，但可能带来哪些安全隐患？

10. 某衬垫系统由土工膜和60cm厚压实黏土组成，两者接触良好，压实黏土其渗透系数为1.2×10^{-5}cm/s，土工膜上渗滤液深度为20cm，假设每公顷土工膜有两个直径为0.6mm的孔洞，试估算通过单位面积衬垫的渗漏量。

参 考 文 献

[1] 陈云敏. 环境土工基本理论及工程应用 [J]. 岩土工程学报, 2014, 36 (1): 1-46.

[2] 王钊. 土工合成材料 [M]. 北京: 机械工业出版社, 2005.

[3] 中华人民共和国住房和城乡建设部. 土工合成材料应用技术规范GB/T 50290-2014 [S]. 北京: 中国计划出版社, 2015.

[4] 中华人民共和国国家质量监督检验检疫总局, 中国国家标准化管理委员会. 土工合成材料 聚乙烯土工膜GB/T 17643—2011 [S]. 北京: 中国标准出版社, 2012.

[5] 中华人民共和国建设部. 垃圾填埋场用高密度聚乙烯土工膜CJ/T 234—2006 [S]. 北京: 中国标准出版社, 2006.

[6] 中华人民共和国住房和城乡建设部. 生活垃圾卫生填埋场封场技术规范GB 51220—2017 [S]. 北京: 中国计划出版社, 2017.

[7] 中华人民共和国建设部. 生活垃圾卫生填埋场防渗系统工程技术规范CJJ 113—2007 [S]. 北京: 中国建筑工业出版社, 2007.

[8] 中华人民共和国建设部. 钠基膨润土防水毯JG/T 193—2006 [S]. 北京: 中国标准出版社, 2007.

[9] 中华人民共和国住房和城乡建设部. 生活垃圾卫生填埋处理技术规范GB 50869—2013 [S]. 北京: 中国建筑工业出版社, 2014.

[10] 中华人民共和国住房和城乡建设部. 生活垃圾卫生填埋场封场技术规范GB 51220—2017 [S]. 北京: 中国计划出版社, 2017.

[11] 中华人民共和国住房和城乡建设部. 生活垃圾卫生填埋场岩土工程技术规范CJJ 176—2012 [S]. 北京: 中国建筑工业出版社, 2012.

[12] 中华人民共和国住房和城乡建设部. 生活垃圾卫生填埋处理技术规范GB 50869—2013 [S]. 北京: 中国建筑工业出版社, 2014.

[13] 中华人民共和国环境保护部. 生活垃圾填埋场污染物控制标准GB 16889—2008 [S]. 北京: 中国环境科学出版社, 2008.

[14] 中华人民共和国生态环境部, 国家市场监督管理总局. 危险废物填埋污染控制标准GB 18598—2019 [S]. 北京: 中国环境出版集团, 2019.

[15] Benson C H. Final coves for waste containment systems: a northAmerican perspective [C]. XVII CONFERENCE OF GEOTECHNICS OF TORINO "Control and Management of Subsoil Pollutants", 1999.

[16] Xie H, Yan H, Thomas H R, et al. An analytical model for vapor-phase volatile organic compound diffusion through landfill composite covers [J]. International Journal for Numerical and Analytical Methods in Geomechanics, 2016, 40 (13): 1827-1843.

[17] 中华人民共和国水利部. 水利水电工程混凝土防渗墙施工技术规范SL 174—2014 [S]. 北京: 中国水利水电出版社, 2015.

第8章 防护作用

8.1 概述

8.1.1 基本概念

防护是土工合成材料的重要作用之一，广义而言，凡是为了消除或减轻自然现象，环境作用或人类活动所带来的危害而采用的各种防范和加固措施都属于防护的范畴。例如为了减轻地震、海啸、风暴等造成的破坏，防止滑坡，土地侵蚀，地下水位变动带来的危害，减轻高温、冰冻、辐射等的负面作用，或消除因人类活动诱发而威胁工程结构安全或人类健康的影响，人们往往采用一定的工程的或者非工程的措施来达到上述目的。这些工程措施统称为"防护工程"。土工合成材料具有质量轻，强度高，耐腐蚀，适应变形能力强和施工方便等特点，可以有效防止水流冲蚀，防沙固沙，进行边坡路堤保护，路面裂缝治理，路基冻害以及膨胀土与盐渍土灾害防治。

8.1.2 工程事故类型

在实际工程中，会发生各种的工程事故，其中包括边坡坡面破坏，岸坡破坏，风沙的冲蚀破坏，路基冻害以及路面裂缝，如图8-1和图8-2所示。

图8-1 边坡坡面破坏图

图8-2 岸坡破坏图

图8-3 风沙侵蚀作用下的线路

图8-4 沥青路面反射裂缝

公路受风沙侵害主要有两种情况，一是风沙流通过路基时，由于风速减弱，导致沙粒沉落、堆积、掩埋路基（图8-3）；二是由于沙丘移动上路而掩埋路基。在风沙的直接冲击下，路基上的沙粒或土颗粒被风吹走，出现路基削低、掏空和坍塌等现象。风蚀的程度与风力、风向、路基形式、填料组成及防护措施等有关。

对于道路工程，在季节性冻土地区，路基还会发生冻害；老路翻修后，如果不采取防护措施，新加铺的沥青路面很快会出现反射裂缝（图8-4）。

8.2 防护材料

8.2.1 防护材料分类

按防护目的和材料的作用效果，可把防护材料分为防冲蚀材料、防冻材料和防道路反射裂缝材料等。

8.2.1.1 防冲蚀材料

（1）土工织物软体沉排

在土工织物垫上用抛石或预制混凝土块体，或用连锁块体作为压重的结构统称为"软体沉排"。软体沉排用于防护土体的显著特点是具有良好的柔性，能适应基面的形状和变化，可紧贴被防护的坡面或底面；软体沉排具有较高的抗拉强度，以及良好的连续性和整体性。

软体沉排中的土工织物垫或土工织物片材，不仅使沉排连成整体，而且发挥反滤作用。它只允许水流通过，不让土粒迁移，因此有很强的抗冲刷能力。排上的压重使土工织物垫紧贴被保护土面，防止沉排在水流和波浪作用下浮起或移动。

（2）连锁压块软体沉排

连锁压块软体沉排是将护面块体或构件与土工织物排垫连接在一起构成的可以适应地形变化的柔性整体结构，是土工织物软体沉排的一种。连锁压块软体沉排有多种形式，主要由整块的土工织物和连接块体构成。排垫仍为整块的土工织物，用以保护河床和岸坡免受水流冲刷。连接的压重块体是混凝土板或枕袋或石笼等，发挥压重、抗冲、抗浮、消能和保护土工织物的作用。

（3）土工合成材料石笼和沉枕

用土工格栅等土工合成材料代替铅丝等制成的石笼，强度高、抗腐蚀和抗霉烂性好。土工织物沉枕亦称长管袋，是将土工织物缝成管袋，内填砂石料等制成的枕状物。沉枕的直径一般为0.6~1.0m，长为5~10m。沿其长度方向，每隔30~50cm用4~5mm的合成材料筋绳捆扎一圈作为加固腰箍（图8-5）。

（4）土工模袋

土工模袋是以有纺土工织物制成的双层织物袋，袋中充填混凝土或水泥砂浆，凝固后可形成大面积、高强度的坡面护层。土木模袋可用于大面积护坡，或作为土面衬砌或水下护底等。土工模袋有多种类型，按充填

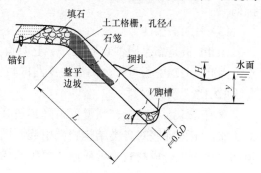

图8-5 石笼结构示意图

材料的不同可分为充填砂浆型和充填混凝土型。根据是否透水及结构刚度，又区分为透水与不透水、刚性与半刚性模袋。如图8-6所示是土工模袋的几种基本形式。

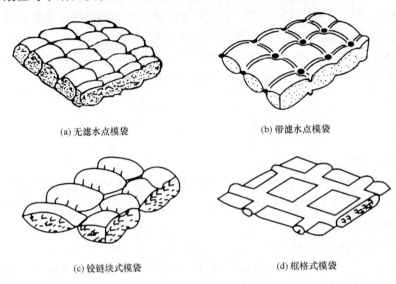

(a) 无滤水点模袋　　　　　　　　　(b) 带滤水点模袋

(c) 铰链块式模袋　　　　　　　　　(d) 框格式模袋

图8-6　土工模袋的基本形式

(5) 三维植被网

三维植被网是一种三维柔性材料，可防止土坡被冲刷，以维持坡面稳定。植被护坡是一种既经济又美观的护坡形式，在坡面稳定性满足要求的前提下可替代一般的混凝土或砌石刚性护面措施，可防止水流冲刷，是一种大有发展前途的生态护坡方法。

8.2.1.2　防风沙材料

(1) 土工网

土工网是高密度聚乙烯（HDPE）加抗紫外线助剂加工而成，是一种用于固沙防护的新材料，可工厂化生产，并具有材料运输方便、施工速度快、维修养护便利等优点，可直接平铺于沙丘或沙地表面，用塑料钉固定。

(2) 高立式沙障

高立式沙障一般由芦苇捆、尼龙网、棉布沙袋等制作。常见于沙漠、荒漠中铁路两侧的防沙场所，拥有防风固沙、保护铁路的作用。其结构简单，施工速度快等特点，一般设置于防沙工程的前沿地带，可连续封闭布置，也可以采用平行交错式或斜向横列式排列。

(3) HDPE板沙障

HDPE板是新型阻沙材料之一，它具有抗紫外线性能强、化学稳定性好、耐老化等特点，因此，HDPE板可作为高海拔铁路的阻沙材料。

8.2.1.3　防冻材料

含有一定水分的土，当温度下降到使其中的水分结冰时产生体积增大的现象，称为土的冻胀。土的冻胀对各类结构物会引起不同程度的危害，甚至造成冻胀破坏。目前用于保温的主要土工合成材料为硬质泡沫聚苯乙烯板（EPS）。实践证明，EPS保温层是一种有效防止土体产生冻胀的防护措施。

8.2.1.4 防道路反射裂缝材料

在各种因素的综合作用下，半刚性基层上沥青混凝土路面出现路面破损、平整度下降、强度降低，影响路面的正常使用性能，缩短了路面的使用寿命。反射裂缝是指道路新的加铺面层由于下部老路基先产生了裂缝，通过两层接触面的应力传递，使基层裂缝反射传播到面层的现象。

可以采用土工织物防治反射裂缝，减小面层与基层之间的结合力，高延伸性的材料可以使应力扩展至更远的范围，土工织物还可以形成防渗层阻止基层软化，从而起到缓裂或防裂的作用。也可以采用土工格栅进行反射裂缝防治，作为一种加筋材料，可以加强面层的刚度和强度，阻止和延缓裂缝发生。

8.2.2 防护材料作用

土工合成材料的防护作用分两种情况：一是表面防护，即将土工合成材料放置于土体表面，保护土体不受外力影响而破坏；二是保护，即将一种土工合成材料置于两种材料之间，当一种材料受集中应力作用时，通过缓冲或屏蔽，避免另一种材料破坏。本章主要论述第一类防护，在具体工程中，土工合成材料的防护作用主要用于如下几个方面：

（1）土工织物、注浆模袋、砂石编织袋、砂石织物枕管袋、织物软体排等材料可用于防止河岸或者海岸被冲刷；

（2）防止路面反射裂缝；

（3）防止土体的冻害；

（4）临时保护岸边或草地，防止水土流失，促进植物生长；

（5）防止地表水渗入地下（在膨胀土或者湿陷性黄土地区修建建筑时尤为重要）。

8.2.3 防护材料特性

作为防护材料，在应用环境中应具有如下基本特性：

（1）有较好的物理性质，主要指标是厚度和单位面积质量；

（2）水力学性质，主要包括透水与导水能力，同时能够阻止颗粒流失。这就要求土工织物具有特定的孔隙率和孔径等；

（3）耐久性，主要是指对紫外线（UV）辐射、温度变化、化学与生物侵蚀、干湿变化、冻融变化和机械磨损等外界因素变化的抵御能力。

8.3 坡面防护

边坡是土体、岩体或者土石混合体在自然或人工条件作用下，以某一倾角堆积形成的地质体，是人类工程活动中最基本的地质环境之一。原始自然堆积形成的边坡一般是安全的，但在经历自然风化、雨水冲刷和人类活动等影响后，可能会出现边坡整体破坏或者局部失稳。

坡面防护主要是针对受自然因素作用易产生不利于稳定及环境保护等问题的边坡坡面采取适当措施，保护边坡表面免受雨水冲刷，减缓温差及湿度变化的影响，防止和延缓软弱岩土表面的风化、碎裂、剥蚀演变进程，从而保护边坡的整体稳定性，防止水土流失。同时，在一定程度上还可兼顾美化和与周围环境相协调。坡面防护设施，不承受外力作用，要求边坡应整体稳定。易于冲蚀的土质边坡和易于风化的岩石路堑边坡，施工后如果长期裸露，在自然风化营力和雨水冲刷的作用下，将会发生冲沟、溜坍、剥落、掉块和坍塌等坡面变形，影响边坡浅层稳定。对社会环境而言，边坡水土流失，冲毁耕地、农作物及房屋等建筑物，造成环境污染及财产损失，影响人们的正常生产和生活。因此应采取相应的坡面防护措施，防止和消除这些不利影响。

土工合成材料防护措施主要针对坡面剥落和坡面冲刷。坡面剥落是指边坡的表层在自然营力作用下与母体分离，然后在重力作用下发生滑落的现象。坡面冲刷是指在受降雨和地表径流侵蚀时，土质边坡发生大量的水土流失的过程，使坡面呈沟状或形成空洞。

8.3.1　坡面防护机理

坡面防护是指通过设置土工合成材料防护措施，减少由降雨冲击和地表水径流造成的土壤流失。在工程实践中，将临时性的土工合成材料毯或永久性的土工网垫铺在边坡上裸露土体的表面，可以有效地避免或减轻降水和地表径流的侵蚀；用土工织物制成的泥砂棚栏能够滤掉浑浊径流中的悬浮泥土颗粒，减少水土流失。在坡面防护中，土工合成材料可发挥反滤、排水、隔离、加筋、防渗等作用。

8.3.2　工程案例

（1）青山水库护坡工程

青山水库位于黑龙江虎林市八五六农场西部，是一座中型平原反调节水库。受当时施工、经济条件的影响，大坝的反滤材料相对落后，随着水库蓄水满负荷运行，边坡塌陷现象时有发生。经过多次维修加固却收效甚微，后采用土工织物作为护坡的反滤材料，取得了明显的效果。

在护坡工程的设计中，重点对反滤材料的选择进行了分析对比，发现土工织物不仅具有良好的应力应变性能，还具有较高的韧性，对于重而有棱角的石块所带来的穿刺和冲击应力有较好的吸收能力而不至于损坏；土工织物具有较好的透水性和过滤性，使水能自由通过而又能留住土壤细粒不被风浪带走；这种材料无污染，耐化学及微生物侵袭能力强，且有利于提高边坡土层的稳定性。

（2）长荆铁路边坡工程

长荆铁路边坡防护与绿化工程如图8-7所示。该工程采用三维土工网垫固土保墒，选用的土工网垫能有效缓解雨水对边坡的冲刷，有利于护坡植被的生长。该法较传统护坡方法可节省投资30%~40%。

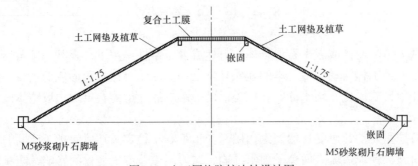

图8-7　土工网垫防护边坡设计图

（3）黄土地区边坡绿色防护技术

黄土高原地区地貌支离破碎，生态环境相对恶劣，植生困难，加之极端的气候条件频繁出现，由于降水冲蚀、风蚀和冻融等作用而产生的边坡冲蚀、剥落、沉陷、沟蚀、湿陷、崩塌或滑坡等边坡病害问题日益严重。边坡绿色防护中考虑的绿色指标包括：安全、成本效益、环境友善、生态、景观、耐久性及节能减排等。

当土质边坡的稳定性得到保证后，其破坏主要来自于雨水的冲蚀，而现有的土质边坡防护措施如浆砌混凝土网格加植草防护、砌石防护等并不能非常有效地防止雨水冲蚀，对雨水冲蚀起主要作用的是植物防护，但是由于黄土高原地区边坡相对来说比较高陡，难以植生，当地多采用的穴植费时费力而且无法保证存活率，加上天气干旱，夏季多暴雨，因此采用边坡绿色防冲蚀技术和边坡柔性排水沟技术来解决上述问题。

对于稳定性得到保障的边坡来说，采用3D防冲蚀网可以防止边坡由表及里遭受风化侵蚀和降雨冲刷。在边坡上铺设3D防冲蚀网，然后播撒草籽，有助于草籽扎根生长。根据前期植物筛选得到适宜黄土高原地区生长的边坡植被，在本次新技术中采用三种植被：紫穗槐、沙棘和波斯菊。施工流程包括三步，首先边坡挂网固定（图8-8），其次播撒草种（图8-9），最后根据施工条件选择抹/喷浆加固（图8-10）。

图8-8　挂网固定

图8-9　播撒草种

图8-10　抹浆加固

图8-11　平整排水沟

生态柔性排水沟由复合土工膜、土工格室和三维植被网组成，用以解决现有技术中由于高陡边坡中排水沟施工难度大、易变形、破损，导致边坡水体无法正常排出，以及地形、长时间降雨等原因导致的坡面水不从排水沟中排出，使排水沟失效的问题。排水沟包括铺设在天然冲沟表面的复合土工膜和土工格室，且复合土工膜紧贴冲沟底面，土工格室铺设在复合土工膜上方，边坡的表面上铺设有三维植被网。生态柔性排水沟提高了排水沟的抗压、抗拉和抗剪强度，而且增强了抗渗性能、耐老化性能，最大限度地减小对周边生态的破坏，实现生态恢复。通过铺设复合土工膜、土工格室和三维植被网，组成高陡边坡的排水通道，有效解决了高陡边坡雨水冲刷、黄土浸水湿陷造成坡面变形，进而导致排水沟破损、变形的现象。现场施工步骤包括平整排水沟、铺设土工膜、铺设土工格室、填土、撒草籽（图8-11~图8-14）。

应用土工合成材料实施的生态防护技术在黄土地区推广应用，取得了显著的应用成效（图8-15）。

图8-12　铺设土工膜

图8-13　铺设土工格室

图8-14　填土、播撒草籽

图8-15　黄土地区边坡绿色防护技术应用前后对比

8.4　岸　坡　防　护

在河道（天然和人工）上，由于水流冲刷河岸，常常会造成河渠岸坡崩坍而改变河渠走势，危及堤防及沿岸城乡人民的生命财产安全。护岸工程是防止河道崩岸的有效措施，成为防洪工程体系的组成部分和河势控制规划中的重要工程措施。

1998年大洪水之后，我国在长江、黄河、海河、松花江等堤防整治工程中，成功地应用了多种形式的土工合成材料防护措施。用土工织物软体排作岸坡和河底防护，长管袋充填土石作岸坡坡面或水下压重，土工模袋充填砂浆或混凝土形成刚性护坡，土工织物与压重结合，覆盖于背水坡可有效地防止管涌或散浸发生。

8.4.1 岸坡防护机理

在水利工程的岸坡防护中，利用土工合成材料发挥消减水流能量和排水滤土的作用，可以有效地抵抗冲蚀。

在用软体沉排或土工模袋进行护底和护岸时，软体排可避免水流直接冲刷河岸和河床，发挥保护作用；在河曲、激流等侵蚀严重的河段，土工箱笼由于自身重量能够避免河岸冲刷或坍塌，也起到消能的作用；在土工箱笼下往往铺设土工织物作为反滤层，并发挥隔离作用，避免河岸细粒的进一步侵蚀。在汛期河道泄洪过程中容易发生管涌，如不及时处置，会发生溃堤的严重后果。专门制作的土工织物过滤垫，在允许水流通过的同时，能够限制土粒的流失和管涌的进一步发展，在抗洪抢险中发挥了重要作用。

8.4.2 岸坡防护设计

在各类工程防护措施中，常用的防护构件有软体排、土工合成材料箱笼和土工模袋。在工程应用中，不仅要根据河流与岸坡的特点进行选材，而且应该进行防护构件的稳定性的校核和专门设计。

8.4.2.1 软体排的设计

（1）排体尺寸的确定

软体排顺水流方向的尺度称为排宽，垂直于水流方向的尺度称为排长。排体在长度方向上以枯水位为界分为水上部分和水下部分，排长等于水上部分和水下部分排体长度之和。排体水上部分的长度可根据水位以上坡面长度和排体的锚固要求确定，等于水上护坡长度和挂排铺固所需长度之和。排体水下部分的长度由三部分组成，即与水上部分连接所需要的长度、水下岸坡的长度和预留的因冲刷而增加的排体长度。根据河道主流靠近岸边或远离岸边两种情况，采用不同的排体尺寸计算方法。

① 深泓线计算法

该方法用于主流靠近岸边的情况，水下部分的排体长度按下式计算。

$$L_2 = l_1 + l_2 + l_3 \qquad (8-1)$$

式中　l_1——与水上排连接和固定所需排长（m）；

　　　l_2——水下岸坡主体长度（m），$l_2 = c_1 c_2 \sqrt{x^2 + H^2}$，$c_1$、$c_2$为排体的折皱系数和收缩系数，分别取$c_1$=1.4，$c_2$=1.05；$x$为枯水位时深泓线距岸边的水平距离（m）；$H$为枯水位时深泓线处水深（m）；

　　　l_3——深泓线超长（m），$l_3 = Kh\sqrt{1 + m_0^2}$，K为安全系数，可取K=1.2；h为冲刷深度（m）；m_0为水下冲刷稳定坡率，m_0可取2.0~2.5。

② 最大冲刷深度计算

该方法用于深泓线远离岸边的情况，水下部分的排体长度按下式计算。

$$L_2 = l_1 + l_2 \qquad (8-2)$$

式中　l_1——与水上排连接和固定所需排长（m）；

　　　l_2——水下主体岸坡长度（m），按式（8-3）、式（8-4）计算：

$$l_2 = kc_1 c_2 \sqrt{1 + m_0^2} \left(\bar{H} + H_{max} \right) \qquad (8\text{-}3)$$

$$H_{max} = H_m \left(\frac{2B_m}{R_m} + 1 \right) \qquad (8\text{-}4)$$

式中　$\bar{H}$——枯水位时的平均水深（m）；

　　　H_{max}——河床最大冲刷前平均水深（m）；

　　　B_m——对应造床流量时的河流宽度（m）；

　　　R_m——弯曲段河流的曲率半径（m）；

　　　其余符号意义同前。

顺水流方向的排体宽度 B 根据需要保护的范围确定，应为保护区域的宽度、相邻排体搭接所需宽度和考虑排体收缩余幅之和。每块排体的有效宽度按下式计算：

$$B = b_0 - b_1 - b_2 \qquad (8\text{-}5)$$

式中　b_0——排体的制作长度（m）；

　　　b_1——相邻排体的搭接长度，一般不小于0.5m；

　　　b_2——收缩减小长度，$b_2 = \varepsilon (b_0 - b_1)$；

　　　ε——收缩系数，静水中取0.015~0.024，动水中取0.025~0.04。

（2）稳定性验算

为了保证排体在水流冲刷下的正常工作，需从以下几个方面对排体的稳定性进行校核。

① 排体抗浮稳定性验算

水下排体既受排体自重与压重的向下作用力，同时又受到排体上下水头差 Δh 引起的浮力的作用。只有当排体的自重加压重超过浮力时，才能保证排体的抗浮稳定性。

$$\Delta h \leqslant \frac{\gamma'_m}{\gamma_w} \delta_m \cos \alpha \qquad (8\text{-}6)$$

式中　Δh——排体上下的水头差（m）；

　　　γ'_m——排体（包括压重）的浮重度（kN/m³）；

　　　γ_w——水的重度（kN/m³）；

　　　δ_m——排体垂直于土坡的厚度（m）；

　　　α——坡角。

若有波浪作用，还应考虑波浪的冲击力、浪前峰引起的浮托力、水流流速变化引起的作用力，以及波浪急退产生的吸力等。对排体的稳定性可用稳定系数 S_N 来判别。不同排体要求的稳定数 S_N 值见表8-1。对于表中未涉及的情况，S_N 可取2.0。不同排体要求的厚度 δ_m 可按式（8-7）反算确定。

$$S_N = \frac{H}{\gamma'_r \delta_m} \qquad (8\text{-}7)$$

式中　H——浪高（m）；

　　　γ'_r——排体在水下的相对重度（无因次），$\gamma'_r = \dfrac{\gamma_m - \gamma_w}{\gamma_w}$，$\gamma_m$、$\gamma_w$ 分别为排体的重度

　　　　　与水的重度（kN/m³）；

　　　δ_m——排体厚度（m）。

不同排体压重时的S_N值   表8-1

压重类型	要求的S_N
乱石压重	<2.0
独立块体压重	<2.0
冲砂压重	<5.0
连锁排压重	<5.7
灌浆连锁排压重	<8.0

由表8-1可以看出，排体的整体性越大，所需的厚度δ_m越小，故要求S_N越大。在计算稳定系数时，假定了织物的透水性高于被保护土的透水性。若两者的透水性相当，则表中的S_N值应乘以0.6进行折减，并取折减值与2.0之间的较小者。

② 排体边缘抗掀动稳定性验算

任何情况下当两块排体搭接时，均要求上游排的下游端边缘压在下游排体之上。如果情况相反，或因水流方向逆转，则排体边缘将有被掀动的可能。这是因为水流经过搭接处，流线向上弯曲，使该处排体所受的水压力发生变化，边缘上下产生了压力差，如图8-16所示。该压力差表现为向上的浮力U_{max}，其大小与搭接处的局部流速v的平方成正比。

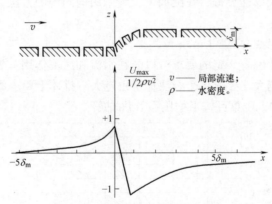

图8-16 排垫搭接处局部压力变化

排体边沿不被掀动的首要条件是该处流速应小于某一临界流速v_{cr}。临界流速v_{cr}按下式计算。

$$v_{cr} = \theta\sqrt{\gamma'_r g \delta_m} \tag{8-8}$$

式中 θ——系数，由表8-2查得，对于直接置于河床床面上，无压载的织物排，θ取1.4；

    δ_m——排体厚度；

    其余符号同前。

软体排要求的θ值（水深2m时）   表8-2

排体类型	要求的θ值
独立块体压重	2.0
柴梢织物排	2.0
块石连锁排	2.0
砾石充填排	1.4

③ 排上压重的抗滑稳定性

当排体置于斜坡上时，应进行压重块沿排面的抗滑稳定性分析。若土坡的坡角为 α，压重块与排体间的摩擦系数为 f_{cR}。抗滑稳定条件为 $f_{cR}>\tan\alpha$。若考虑稳定安全系数为 F_s，则 $f_{cR}>F_s\tan\alpha$。

④ 排体连同压重沿坡面的抗滑稳定性

软体排所承受的力不仅有自重，而且还有排体上下水压力差引起的上托力水头 Δh，故抗滑稳定要求为：

$$\Delta h \leqslant \frac{\gamma_{sat}}{\gamma_w}\delta_m\left(\cos\alpha - \frac{F_s\sin\alpha}{f_{sg}}\right) \tag{8-9}$$

式中　γ_{sat}——排体与压重的饱和重度（kN/m³）；

　　　δ_m——排体与压重的总厚度（m）；

　　　f_{sg}——排体材料与坡面之间的摩擦系数，用水下值，由试验测定；

　　　其余符号同前。

坡面上的排体必需保持稳定，抗滑稳定性不满足要求或安全储备不足时，可以采用在排体一端或上下两端锚固的方法以提高排体的稳定性。在缓坡上，可在排体坡顶采用锚固桩的方法，即在坡肩处设挂排桩；在陡坡上，可采用铺固沟的方法，用土石或镇压梁将排体埋于沟内。

⑤ 排面压重块本身的稳定性

压重块单块的尺寸也有一定的要求，以防在水流和风浪作用下失稳。这种失稳的可能性与流速有关。流速越大，要求单个石块重量也越大。排体上要求的压重可根据图8-17确定。当流速 $v \leqslant 3\text{m/s}$ 时，压重可按平均压强 1kPa 估算。

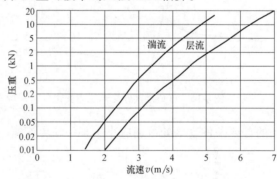

图 8-17　排体上的压重与流速的关系曲线

8.4.2.2　土工模袋的设计

土工模袋的工程设计包括模袋选型、厚度确定、稳定性计算和排渗措施等。

（1）模袋选型

模袋的选型应根据工程现场地形起伏状况、水流条件、工程类别及其重要性等因素综合考虑确定。按照工程类别选用时，可参考表8-3。

土工模袋的工程应用　　　　　　　　　　　　　　　　表8-3

模袋形式	充填物	充填厚度（cm）	工程应用
砂浆型——有、无滤水点	水泥砂浆	6.5	临时性工程
		10~15	护坡、渠道、内河航道工程

模袋形式	充填物	充填厚度(cm)	工程应用
混凝土型——无滤水点	混凝土	15~20	护岸、码头工程
		30~70	海岸防护工程

在进行模袋选型时，还需考虑以下事项：

① 所有用于制作模袋的土工织物，其孔径应满足反滤准则，强度应能安全承受充灌压力。

② 每个模袋的尺寸应在两个方向预留足够的余度，以适应收缩磨损等损失。

③ 进料口的个数与位置应均匀分布，每个进料口可控制面积约15m²。

④ 每块模袋的上缘与下缘应预留挂袋用的部件。

（2）模袋厚度的确定

土工模袋应能够抵抗弯曲应力、水下漂浮和冬季坡前水体冻胀水平推力等的作用，因此所需厚度应根据抗弯曲、抗漂浮、抗冰推力等因素综合确定，应取如下三种估算值的最大值。

① 模袋抵抗弯曲应力所需要的厚度 δ 按下式估算：

$$\delta \geq F_s \frac{0.287\gamma_c}{0.5\sqrt[3]{R^2}}a^2 \tag{8-10}$$

式中　γ_c——砂浆或混凝土的有效重度（kN/m³）；

R——充填料的抗压强度（kPa）；

a——假设模袋下面架空面积为正方形时的边长（m），一般取0.1~0.2m；

F_s——安全系数，一般取3。

② 抗漂浮所需要的模袋厚度 δ 按下式估算：

$$\delta \geq 0.07cH_w\sqrt[3]{\frac{L_w}{L_r}} \cdot \frac{\gamma_w}{\gamma_c - \gamma_w} \cdot \frac{\sqrt{1+m^2}}{m} \tag{8-11}$$

式中　c——面板系数，大块混凝土护面，取 $c=1$，有滤点时，取 $c=1.5$；

H_w、L_w——分别为波浪高度（m）和长度（m）；

L_r——垂直于水边线的护面长度（m）；

m——坡角的余切，$m=\cot\alpha$，α 为坡角（°）；

γ_w——水的重度（kN/m³）；

其余符号同前。

③ 按模袋重量足以抵抗水平冻胀力将其沿坡面推动，不考虑护面材料的抗拉强度，模袋厚度 δ 按下式估算。

$$\delta \geq \frac{\dfrac{p_i\delta_i}{\sqrt{1+m^2}}\left(F_s m - f_{cs}\right) - H_i C_{cs}\sqrt{1+m^2}}{\gamma_c H_i \left(1 + mf_{cs}\right)} \tag{8-12}$$

式中　δ_i——冰层厚度（m）；

p_i——设计水平冻胀推力（kN/m²），建议初设取值为150kN/m²；

H_i——冰层以上护面的垂直高度（m）；

C_{cs}——护面与坡面之间的粘结力（kN/m²），取150kN/m²；

f_{cs}——护面与坡面之间的摩擦系数，可取0.5；

F_s——安全系数，一般取3。

（3）模袋的稳定性分析

土工模袋不允许在沿坡面上产生滑动，抗滑稳定性的安全系数F_s应满足下式的要求。

$$F_s = \frac{L_3 + L_2 \cos\alpha}{L_2 \sin\alpha} f_{cs} > 1.5 \tag{8-13}$$

式中　L_2、L_3——排体的部分长度，如图8-18所示；

　　　　其余符号同前。

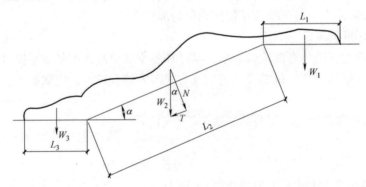

图8-18　模袋抗滑稳定性分析示意图

为提高模袋的抗滑稳定性，可采锚固、支撑基座或其他抗滑措施，如图8-19所示。

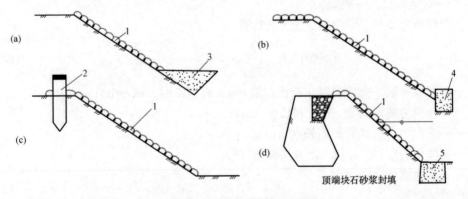

顶端块石砂浆封填

图8-19　模袋抗滑措施示意图

1—土工模袋；2—锚固柱；3—回填；4—混凝土墩；5—底端沟槽埋固

（4）模袋的排渗能力的验算

为保证模袋抗滑稳定，在设计时应按下式估算排水孔数量n，如果不满足，应该增设排水孔，以保证模袋有足够的排渗能力。

$$n = F_s \frac{\Delta q}{kJa} \tag{8-14}$$

式中　Δq——顺坡轴方向1m范围内需要排除的水量（m³/s）；

　　　　k——渗水孔处滤层的渗透系数（m/s）；

J——渗水处水力梯度;

a——单个排水孔的面积（m²);

F_s——安全系数,一般取1.5。

8.4.3 工程应用

（1）辽河康平县兰家段护岸工程

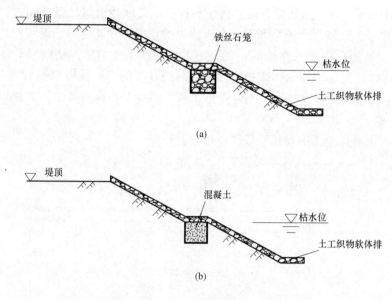

图8-20　辽河护岸工程排体锚固于岸坡示意图

辽河是我国七大河流之一,康平县兰家段辽河护岸工程位于辽河中游。当地年平均气温6.9℃,最高36.9℃;结冰期127天,最大冻结深度1.3m。该工程选用土工织物软体排,以满足保护基土不被冲刷流失,通过深泓线法计算排长,同时验算了软体排的稳定性。

辽宁省河道护岸工程应用的土工织物软体排（图8-20）,按软排所用材料可分为两大类:即聚丙烯编织布和涤纶无纺布软体排。编织布软排分为单层、双层布排两种。按软排上主要压载材料可分为:抛石（块石）软体排、混凝土块软体排、条型石笼网格软体排以及土枕软体排。

1）双层聚丙烯编织布排上为1.0m×1.0m 网格柳条或柞条把,中间抛石,其抛石压载量为0.2~0.3m³/m²,约3.7~5.6kPa。新民、辽中等地冰上沉排施工应用较多。

2）土枕压载,采用不透水的聚丙烯涂膜编织布,幅宽2.0m,纵向抗拉强度为838N/5cm,横向抗拉强度为517N/5cm,加工制成长5m或10m,扁径（宽）为0.95m两种规格的枕袋,预留装土口,并对长为10m的土枕袋每间隔1.0m加固1道ϕ4~6聚乙烯绳腰筋,共8道,每道长2.5m,在施工现场装土,缝合扎成土枕,有腰筋土枕用于边载,无腰筋用于中载。

3）边载采用直径为0.3~0.6m 石笼压载,中间采用同种规格石笼网格压载,网格内散抛0.3~0.5m厚块石,这在铁岭地区使用较广。

4）石笼、抛石、土枕组合压载,即边载采用石笼,中间每隔10~20m压一道石笼,在其中间抛土枕或块石,形成混合型压载,压载量一般按1.0~2.0kPa考虑。

软体排沉放可分为冰期沉排和水上沉排两种施工方法。冰期沉排有冰上、冰下两种方式；水上沉排有水上船体、浮桥及人工三种方式，可根据工程实际条件选择确定。

　　在经济效益方面，土工织物软体排护岸比柴排护岸节省投资35.0%~80.2%，平均为54.7%，即每平方米节省投资12.83~51.44元，平均为31.15元/m²，200万m²土工织物施护面积按133万m²计算，则节省工程直接投资4143万元。效益上土工织物软体排的工程费仅为柴排的19.8%。在生态效益方面，传统柴排护岸需砍伐大量枝条、幼树，有些河段两岸已被砍伐殆尽，致使水土流失严重。水土流失的结果又加速了河道淤积和险工、险段的形成和扩展，从而形成了恶性循环。采用土工织物软体排护岸，从根本上解决了这个问题。据辽河141处土工织物软体排护岸工程粗略统计，约少砍伐枝梢料12万~20万t，这相当于保护约1700hm²速成林地，不但产生了较大的生态经济效益，还对维护生态平衡也起着积极作用。

　　（2）黄河下游用土工织物长管袋软体排护底护岸

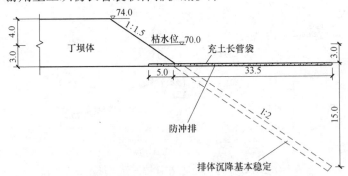

图8-21　黄河下游某护岸工程长管袋沉排示意图（单位：m）

　　黄河下游属平原冲积性河道，上段河道宽浅，主流游荡不定，滩岸以粉砂和粉土为主，易遭冲刷，若通过石料填筑，则价格昂贵，为此，该工程采用充土织物长管袋软体沉排护底丁坝工程（图8-21），沉排体由化纤纺织布与充土织物长管袋组成，编布起防止河床沙土被冲刷的作用，本试验称为防冲排布，充土织物长管袋起压载作用，防止排布被冲走。基本构思是，修筑丁坝后，随着沉排体外河床沙土被冲蚀，直至完成冲刷坑，排体下河床沙土也有部分随着塌失，形成一定坡度，丁坝根部得到保护，达到基本稳定。

　　主要工序有两部分，一为铺设防冲排布，二为充填沉放长管袋。

　　1）铺放防冲排布

　　施工现场黄河流量520m³/s；水深1.5~3.7m，垂线平均流速1.44m/s，表面流速1.66m/s。铺放排布没有经验可借鉴，试铺三次都失败了。试铺时采用逐步铺放法，即把布按"Z"字形叠放，空管袋也逐个叠入，放在船的龙骨上，把船调到铺放位置上，船体基本顺水流方向，然后充填管袋，把布、袋逐步压入水中，但当布一入水，水流冲击布边，人力难以控制，导致布、袋一齐贴到船舷，继而挤入船底，无法施工。失败的根本原因是在流水中施工，设想船体基本顺水流方向，布面可以不受流水冲击，但实际流线是在不停地摆动，特别是由于船体阻水，流向更加不稳，布面受水流冲击，布边被拉撕破，人力无法拉直。总结教训，研究了布与袋分两步沉放，先铺放排布，再充填沉放长管袋，防冲排布则采用四边同步沉放方法。

2）充填沉放长管袋

充填泥浆的主要机具是：混凝土输送泵配带混凝土搅拌机及自制的泥浆搅拌输送机两种。充填管袋的方法，依照水情的不同，采用了三种方法。

① 旱滩或河水很浅时，将套好的长管袋，按照设计位置直接放置，末端打死结，用绳扎紧，首端套在输送泵管道出口处，用特制的管箍扣住，然后充填泥浆，充满后松开管箍扣，拔出输浆管，把袋口扎住。

② 河水较深，人工无法操作，则用船辅助作业。将船定于长管袋铺沉方向，然后将空袋放在船板面的一侧，边充泥浆边向下落放，直至管袋全部充满沉到河底。

③ 当流速大，管袋入水后，不易定位时，则用大船挎袋，充满泥浆后，同步沉放到河底。

经过几次洪水的检验，排体的下沉状况基本符合原设计的趋势，坝前无明显冲刷坑，无倒坡现象，初步显示了沉排的防冲护根作用。

8.5 风沙防护

"风沙"是风沙运动的简称，可以简单理解为风吹沙（土）移动现象。地面物质被风吹动，从静止状态进入运动状态，称为风蚀。随风运动的物质其动能耗尽，重新堆积下来，就是风积。沙粒（包括土粒）运动的方式有三种：贴近地面的蠕动（蠕移）、在近地面层一定高度跳跃（跃移）和在低空大气层中的悬浮移动（悬移）。风沙运动的实质是陆地表层（土壤）颗粒受到风能的驱动，脱离原在空间运动（位移）和在异地堆积的过程。

8.5.1 风沙危害与治理方法

风沙运动经常改变着地球的表面形态，包括植被产生破坏。人类的构、建筑物也毫无例外地受到风沙的危害。

8.5.1.1 风沙危害类型

（1）土壤风蚀

土壤风蚀是运动的空气流与地表颗粒在界面上相互作用的一种动力过程，风蚀可分为迎面吹蚀、底面潜蚀和反向掏蚀三种。在气流动力作用下，风蚀和沉积相间出现，常见的土壤风蚀是一个缓进的变化过程，形成风蚀凹地、风蚀蘑菇和风成地形。

（2）磨蚀

风力通过所携带的沙粒，对地面、建筑物、设备设施的进行冲击、摩擦，称为磨蚀。磨蚀作用主要在近地表的范围内进行，以物体的外打磨和沙尘进入机械转动部分产生的内研磨等对物体造成危害。

（3）沙割

风沙流对农作物或其他植物的危害主要为风对植株的外打磨，俗称沙割。沙割破坏植物的营养器官，缩小叶面积，抑制植株生长，推迟生长期和降低产量。

（4）沙埋

沙埋是风沙危害最明显和最严重的一种形式。沙埋可以由风沙流沉积造成，也可以是由于沙丘整体前移而产生。

（5）沙尘暴和浮尘

悬移质的沙尘在足够强劲持久的风力和不稳定的气流条件下，随气流升空形成沙尘暴或浮尘。沙尘暴指强风将地面大量沙尘卷起，水平能见度小于1km的情形；浮尘指尘土、细沙均匀飘浮在空中，使水平能见度小于10km的情形。

沙尘暴的危害除大风破坏建（构）筑物对人形成连带危害、破坏温室或塑料大棚、迅速磨损机械设备外，还因能见度迅速降低，严重危害交通安全。

风沙地区的铁路、公路路基风蚀是必然发生的，路基在风沙流的长期磨蚀下，不同部位遭受严重的磨损和剥离，很多地方变得越来越薄弱，长期下来很有可能断裂破坏。路堤迎风面风速加速，使得路基逐渐变得平缓，其中路肩部位损害最为严重，使路肩稳定性降低，路肩变缓、变窄，这给行车带来很大的安全隐患。而在路堤的背风面由于气流的附面层分离会在此产生涡流，长期涡流影响会对路基掏蚀，形成沟坑状空洞，上部土壤松动下滑，路基稳定性降低，同样有可能造成行车安全事故。路堑的风力侵蚀会使路堑内部胶结结构破坏，使边坡失稳甚至路堑整体下陷或者塌方，同样有可能造成交通安全事故。

8.5.1.2 沙害治理方法

沙害的实质就是风力作用下沙子的吹蚀、搬运和堆积，而其防治的核心，就是采取各种技术措施减少气流中的输沙量，削弱近地表层的风速，延缓或阻止沙丘的前移，以达到削弱或避免风沙危害的目的。治理方法有工程治沙、化学治沙和生物治沙，其中工程治沙是最常用的措施。

工程治沙俗称机械固沙，即物理固沙，顾名思义是利用风沙的物理特性，通过设置工程措施来防治风沙流的危害和沙丘前移压埋。工程措施的基本途径为：①制止沙粒起动；②抑制地表风蚀；③加速风沙流运动；④强制风沙流沉积；⑤转变风沙流运动方向，变沙丘的整体运动为风沙流的分散运动等。

主要的工程措施为：①机械阻沙，如挡沙墙、截沙沟、阻沙栅栏和防沙网等；②沙障固沙，如草方格沙障、黏土沙障、沙袋沙障和散撒沙障等；③覆盖或黏合固沙，即通过覆盖物封闭固沙，或采用胶粘剂固沙；④输导防沙，即利用风沙流对地面侵蚀和堆积的规律，通过改变下垫面的性质或修筑构筑物，加速风沙流运动，使沙子不产生堆积地顺利通过欲保护区域的方法。常见的输导工程有输沙断面、下导风工程和羽毛排等。

8.5.2 土工合成材料在路基风沙防护中的应用

路基边坡防护应进行粗粒土包坡和土工合成材料辅助种树植草的经济技术比较。对于路基外平面防护，经济上合理时可用土工网来代替传统的种草方格等防沙、固沙和阻沙，也可用防沙网进行阻沙和拦沙。

8.5.2.1 路基边坡防护

对于粉砂、细砂填筑的路堤边坡及粉细砂地层路堑边坡，可选用土工网等作为风蚀防护层。防护断面形式如图8-22和图8-23所示。

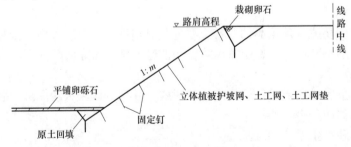

图8-22　路堤坡面防护断面

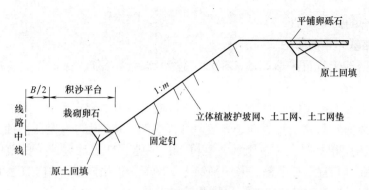

图 8-23 路堑坡面防护断面

土工网用于风沙路基防护不仅能起到阻止流沙移动的作用，而且有利于对沙受到扰动后所引起的风沙活动进行快速防护。覆以土工网的路基边坡，坡面性状发生明显改变时，坡面粗糙度可提高数十倍至一百倍以上。由于坡面粗糙度的增加，其蚀积环境发生了改变，在风力降低、风蚀减弱的同时，风沙流中的部分沙粒和呈悬移状态的细颗粒被阻滞沉积下来，使土工网下覆沙表面细颗粒物质增加，并出现薄层结皮。细颗粒物质增加是流动沙质面固定转化的初期阶段的重要标志之一，随着这种积累过程不断进行，有机质及微生物会随之出现，地表沉积物及理化性质也相应改变，这为局部环境的改善和后期植物的生长创造了良好的环境条件。

在沙层含水率大于 2% 的风沙区，有条件时应优先采用土工网与植物防护相结合的防护措施。根据气候特征，对植物物种的选择要从以下几方面考虑：

① 当地天然分布的优良固沙植物或引进的在当地生长良好的固沙植物；

② 所选植物应具有耐旱、抗风蚀、耐贫瘠、耐高温、根系发达、易繁殖、寿命长特征；

③ 兼顾植物的生物学形态，根据各类植物的防风固沙作用，以灌木、半灌木为主；

④ 适于在土工网防护坡面上栽植。

在公路路基边坡风沙防护工程中，还有以下几种方法：

（1）土工织物覆盖法

在处理后的边坡上，全面覆盖营养土，然后用土工织物全面覆盖，并用竹签加以固定。在土工织物上打孔穴，人工播种后加以覆土即可。

（2）土工格室侧限法

利用土工格室侧限法，在路基工程的最外一排格室中填入半室营养土，加入少量保水剂，直接进行植物播种。

（3）三维土工网垫法

在处理后的边坡上铺设三维土工网垫，用竹钉固定，形成路基边坡的防护。

（4）土工袋法

使用防老化的土工合成材料袋，把风沙土和少量保水剂搅拌均匀后，装入袋中铺设在公路边坡形成边坡防护。

（5）土工格室斜铺法

在处理后的风沙土边坡上斜铺土工格室，格室内添加适量的营养土，直接进行植物播种，以形成综合的边坡防护。

8.5.2.2 路基外平面防护

路基两侧防沙工程可采取固沙、阻沙、输沙和封沙育草、保护天然植被等多种防护措施。

固沙可采用土工合成材料固沙网等覆盖于沙面或沙地上固定浮沙。靠路基侧的活动沙丘、沙地，当风向与阻沙工程走向小角度（小于30°）相交时，宜全部平铺；当风向与阻沙工程走向大角度相交时，可按阻沙工程降低的风速，在启动风速下的范围以外开始平铺；当风向紊乱时，宜全部平铺。采用平铺土工网等固沙措施或采用土工网固沙、阻沙措施时，宜与营造旱生灌木林相结合，以增强防沙效果。

阻沙可采用方格状土工网沙障或高立式土工合成材料防沙网沙障。高立式土工合成材料防沙网沙障只起阻沙作用，一般设置一排，输沙量大时，设两排或三排。防沙网沙障设于设防带外缘，沙源少时，离路基坡脚50m左右；沙源丰富时，离路基坡脚100~300m。

8.5.3 土工合成材料风沙防护设计

（1）固沙措施

采用不被风吹蚀的材料覆盖于沙丘或沙地上，起到固定当地浮沙的作用。

① 平铺宽度

当外来流沙不太多，当地有丰富的平铺材料，且年平均降水量大于100mm、湿沙层的含水量大于3%时，可以采用以平铺为主的防沙措施，同时开展非灌溉造林。平铺时播种易生长的耐干旱树种，或者第二年栽植耐干旱的树苗。迎风侧宜平铺150~300m宽，背风侧宜平铺50~100m宽。如外来沙流较多，可增设一些截沙工程。

② 土工合成材料类型

土工网是一种用于固沙防护的新材料，可直接平铺于沙丘或沙地表面，用塑料钉固定，钉长30cm，钉间距2~3m，梅花形布置；土工网搭接宽度小于等于20cm，搭接处钉间距应减小至1.0~1.5m；地形突变或地形较复杂处，应保持土工网平整，并适当增加钉子密度防护周边，钉长应加长至50cm。

根据风洞实验及实际工程防护效果观测，土工网的有效防护风速为8~10m/s，土工网垫为10~15m/s。

沙表面沉积物相对稳定是绝大多数植物生存、发展的先决条件之一。将土工网平铺于沙丘或沙地表面进行防护，可作为植物固沙的先行措施。

（2）固沙阻沙措施

用于固沙阻沙措施的土工合成材料沙障，常大面积铺设，兼有固沙和阻沙作用，沙障露出地面5~30cm；风向单一时，按条带状布设；风向多变时，按格状布设。

① 沙障之间的距离

条带状沙障内的积沙形态，两侧高，中间低；格状沙障内的积沙形态，中部低，四周高，其剖面均呈凹曲面形。据实地观测：沙障之间的距离 L 与凹曲面最大深度 h 的关系为 $L/h=10\sim15$，比值增大阻沙效果逐渐降低，部分流沙可越过沙障继续前进，如露出地面的沙障高10cm，沙障之间的距离为1.0~1.5m，防沙常用的方格尺寸一般为1m×1m、1m×2m或2m×2m，防沙效果较好，与积沙形态相吻合。

② 铺设宽度

如只为了固定当地浮沙，则铺设宽度按浮沙范围确定；如兼有固沙与阻沙作用，则铺设宽度与沙源和风况等有关，在没有其他防沙措施相配合的情况下，可按下式计算铺设宽度。

$$L = L_1 + L_2 \tag{8-15}$$

式中　L_1——基本宽度。一年内风速大于等于17m/s累积小时数为T，当$T \leqslant 5$时，L_1=30~60m，当$T > 5$时，L_1=60~100m；

L_2——沙埋宽度（m），$L_2 = \dfrac{Q_E}{q} \times T$；

Q_E——输沙量（m³/m）；

q——沙障内单位面积极限积沙量，1m×1m，沙障高10cm，q=0.074m³/m²；1m×2m，沙障高10cm，q=0.07m³/m²；

T——使用年限，与沙障材料有关。抗老化土工网沙障一般为15年。

③ 土工合成材料沙障类型

在干旱风沙区，一般生物资源极为有限且受季节限制，所以应积极推广应用土工网沙障。土工网沙障方格尺寸为2.0m(长)×2.0m(宽)×0.2m(高)；在工厂生产时，应将土工网裁成宽20cm的条带，土工网之间用土工绳连接，用塑料固定钉钉固在沙面上，钉长0.6m，钉间距2.0m，钉与土工网用土工绳连接。土工网沙障周边的固定钉应加长0.2m左右。

（3）阻沙措施

高立式土工合成材料沙障起阻沙作用，一般设置一排，输沙量大时，设两排或三排，常设于设防带外缘，离路基坡脚50m左右，沙源丰富时离路基坡脚100~300m。

沙障按其透风情况，可分为透风与不透风两类。结合当地风况、沙源和地形地貌等分析选用沙障类型。沙障类型确定后，继而确定其高度、排间距离、立柱埋置深度和设置部位等。

（4）高立式沙障布置形式

土工合成材料栅栏是近些年来防沙工程中使用的一种新型高立式透风沙障。其结构简单，施工速度快，但抗紫外线辐射能力较弱，易老化，阳光照射容易损坏，在紫外线照射较强的地区使用寿命短。栅栏一般设置于防沙工程的前沿地带，可连续封闭布置，也可以采用平行交错式或斜向横列式排列。

8.5.4　工程应用

新建格库铁路（格尔木至库尔勒）主要位于柴达木盆地和塔里木两盆地，该地区气候干燥、风大且频率高，地形开阔、沙源丰富，因而全线风积沙、戈壁风沙流非常普遍。由于该铁路多跨越荒漠地区，经常会受到风沙灾害的困扰，为保证铁路的安全运营，需要在风沙严重地段进行风沙防护。由于格库铁路青海段处于高海拔地区，紫外线辐射强度高且盐渍土分布广泛，导致当地的传统阻沙材料（麦草、芦苇等）紧缺，而且材料的稳定性和耐久性也较差。在这种情况下，该工程选用了HDPE板作为新型阻沙材料（沙障）。这种特制的新阻沙材料具有抗紫外线性能强、化学稳定性好、耐老化等特点。应用及分析结果表明：HDPE板沙障具有较好的阻沙效果，且阻沙效果与HDPE板的孔隙率有关。孔隙率较小时，在HDPE板沙障周围气流分别形成减速区、加速区、高速区、回流区、速度突增区和消散恢复区；随着孔隙率的增大，气流的高速区、速度突增区和回流区的面积减小并逐渐消失；孔隙率小于50%时，随着HDPE板孔隙率的增大，有效防护距离逐渐增大；孔隙率大于50%时，随着HDPE板孔隙率的增大，有效防护距离逐渐减小。

8.6 路基冻害防治

8.6.1 路基冻害及其特点

冻土地区路基的病害主要是指冻土路基在铁路（公路）运营过程及路基设计使用年限内，路基产生超过路基容许变形，出现边坡滑塌、路基纵向裂缝、冻胀及积冰等病害。

影响土的冻胀的主要因素有土质、颗粒组成、水分、温度、压力等。处在季节性冰冻区的路基每年都会重复经受一次从冻结到解冻的过程。在这期间，路基土中的水分首先冻结，未冻结区的水分就会不断地向冻结区迁移，在路面以下不深的范围内形成聚冰层引发路基不均匀膨胀，导致相邻结构物发生变形破坏，从而产生冻胀；春季温度回升，路基上层冻土开始融化，土基中的含水量迅速上升，在车辆动荷载作用下，土体中的超孔隙水压力增大，造成土基强度大量丧失，形成翻浆。一般情况下，冻胀严重的路段，容易产生翻浆。

路基土的颗粒组成和塑性是影响冻胀性的另一个重要因素。不同的粒度成分的土体具有不同的冻胀性，随着土的粒度变细，比表面积增大，冻胀性会变小。即使同一粒度，由于塑性不同，也会表现出不同的冻胀性。一般而言，塑性指数越高，其冻胀性越弱。

压力对土的冻胀量有明显影响，但土坡上的护面一般压力很小，不足以约束土的冻胀。

8.6.2 路基冻害防治

多年冻土区的防护构筑物不得采用浆砌片石结构。挡土墙宜采用预制拼装化的轻型、柔性结构，基础宜采用混凝土拼装基础或桩基础，埋深不应小于该处多年冻土天然上限的1.3倍，基坑应采用渗水土回填。

季节冻土地区路基应加强排水系统设计，防止地表水滞留并消除地下水的影响。路基冻害一旦形成，治理难度很大，一般很难根除，只有提高本体防冻能力才能有效减少或避免路基冻害。路基坡面防护工程应满足冻融循环条件下的稳定要求。

水是路基冻胀的主要要素之一，抬高地下水位较高地段堤高度或采取降排措施是消除地下水影响的有效措施。有条件时，首先要满足所要求的路堤最小高度；无条件时，当路堤最小高度不能满足时，应采取下列防止路基冻害的措施：

（1）引排地面积水或降低地下水水位。当有排水条件时，选用长、大、深排水沟是排除地面水或降低地下水的有效措施。水位降低，可相应降低对路堤高度的要求，大量减少工程量和工程造价。

（2）基底设毛细水隔断层。

（3）采用保温层减小有害冻胀深度。实测资料显示在有害冻胀深度范围内，选用弱冻胀土作填料是防止季节冻害的有效措施之一。

（4）当地势低洼，排水措施难以避免冻结期积水或地下水浸泡时，可采用混凝土基床、桩板结构等特殊防冻结构。

8.6.3 土工合成材料在冻土路基防护中的应用

根据路基冻害的特点和冻害防治的一般原则，土工合成材料在冻土路基防护中可以发挥重要作用。

（1）保温材料

严寒地区路堑的边坡、堑顶、路基面以下和路堤地基需保温处理时，可采用聚氨酯板、聚苯乙烯板和挤塑式聚苯乙烯板等作为保护层。

（2）土工格室

土工格室可用于冻土沼泽、湿地地基处理以及热融湖、塘路基工程。在冻土区路基边坡柔性保温防护措施中，也可用土工格室结构。

（3）土工格栅

土工格栅加筋层对防止路基纵向裂缝的产生、提高路基的整体性及减小不均匀沉降有明显的作用。在冻土路基区高含冰量冻土较高路堤地段，可采用这种加筋措施予以加强。工程应用研究表明，采用土工格栅的加筋路堤与非加筋路堤相比，其变形更均匀，说明土工格栅加筋层对应力的均匀分布起到了一定的作用。在冻土区路堑边坡防护中，也可用加筋土护坡结构。

（4）隔水、防水材料

用于冻土路基工程的隔水、防水材料主要有二布一膜复合土工膜和SPRE改性聚乙烯防水板。前者用于填土与渗水土之间的隔断层，后者的作用是防止地表水下渗而造成路基工程的融沉。复合土工膜主要用于沼泽、湿地和热融湖、塘地段的路基工程，以及多年冻土区路堑及基床处理等工程。在路基排水沟下部铺设防渗复合土工膜可阻止水下渗。在多年冻土区挡水埝下设置了SPRE防水板，可防止冻结层上水流向路基工程。

（5）其他土工合成材料

在多年冻土区路堑边坡防护试验工程中，使用泡沫玻璃板护坡结构，有效地阻止了热量的传入，保持土体的冻结状态；无纺土工织物可用于地下排水渗沟的反滤层，也可以作为毛细水的阻断层。

8.7 膨胀土灾害防治

膨胀土是含有大量的强亲水性黏土矿物成分、具有吸水膨胀和失水收缩开裂两种变形特性的高塑性黏土。膨胀土吸水膨胀后，路基的竖向变形表现为隆起，可引起路面变形；路基的水平变形将导致路基的纵向开裂，从而引起路面纵向开裂。吸水膨胀后，膨胀土的强度大大降低，路基将失去对路面的支承作用；膨胀土的饱水抗剪强度只有峰值强度的1/2，路基边坡的稳定性也大大降低。膨胀土失水收缩，引起路基收缩开裂，降低了路基的水稳定性。收缩变形还可能导致路面板底或半刚性基层底面脱空，引起路面开裂。因此对膨胀土路基，如不采取必要的措施会导致边坡滑塌、地基破坏等病害。

膨胀土处治的基本原则是保湿防渗。系统完善的防排水措施对于保证膨胀土路基长期稳定性至关重要，同时还要对膨胀土可能产生的膨胀变形和膨胀力进行控制。因此，对于新建膨胀土路堤、路堑边坡、膨胀土路堑边坡的滑坍治理，以及裂隙水丰富、稳定性差的特殊土质、特殊地质边坡，可采用土工格栅加筋柔性支护技术进行综合处治。

土工格栅加筋柔性支护技术，是以土工合成材料加筋边坡土体为主，辅以其他必要综合处理措施的处治技术，既能承受土压力，又允许土体产生一定变形，减小边坡土体因固结引起的应力释放和含水率变化产生的膨胀力，从而保证边坡稳定，避免发生边坡滑坍等病害，比较适用于膨胀土等特殊土质地区。

工程实践表明，采用复合土工膜进行路基防排水和保湿防渗可以起到很好的效果，因此在用柔性支护技术处治膨胀土路基时，应结合采用"两布一膜"复合土工膜等土工复合材料对边坡坡面、坡顶和坡体内部进行防水和保湿处理。

8.7.1 材料选择与结构形式

（1）土工格栅

对于膨胀土边坡加筋，加筋材料的弹性模量越大，延伸率越小，坡面的变形越小，吸湿条件下加筋材料对边坡变形的约束作用越明显；然而，过大的约束作用又会使被加筋膨胀土体增湿产生过大膨胀力，因此，要求土工格栅既具有一定的抗拉强度又具有一定的变形能力。结合工程实践经验，膨胀土路基边坡采用的土工格栅的性能应满足表8-4的要求。

土工格栅技术指标　　　　　　　　　　　　　　　　　　表8-4

纵向极限抗拉强度	极限伸长率	应变5%时的抗拉强度
≥35kN/m	≤10%	≥20kN/m

（2）膨胀土填料

应用柔性支护技术处治膨胀土路堑边坡时，可采用膨胀土作为加筋体填料，施工时填料的稠度 ω_c 应满足 $0.95 \leqslant \omega_c \leqslant 1.35$。膨胀土用作土工格栅加筋路堤填料时，应对膨胀土进行侧向浸水加州承载比试验（MCBR试验）。$MCBR > 3.9\%$、$MCBR$ 膨胀量 $< 5.1\%$ 的膨胀土可用作路堤填料。

膨胀土填料的设计参数主要有 c、ϕ、γ，重度 γ 一般根据土质确定，强度参数 c、ϕ 的取值应根据膨胀土受干湿循环影响程度的不同而有所不同。

① 首先应通过地质勘察确定当地膨胀土活动区深度 H，根据 H 确定路基边坡加筋范围。对加筋范围内的土体，膨胀土填料处于干湿循环显著影响区内，因此，c、ϕ 应取残余抗剪强度指标。加筋范围以外的土体，对膨胀土路堤填料，应根据压实度状况按饱和直接快剪试验方法确定；对路堑边坡土体，因膨胀土具有裂隙性，室内小尺寸试件难以准确反映其真实强度，宜通过原位剪切试验确定，对于二级以下公路或高速公路、一级公路的初步设计，也可采用原状土样室内剪切试验确定。

② 膨胀土与格栅的界面强度应按照现行《公路工程土工合成材料试验规程》JTG E50—2006的拉拔试验测定。

（3）复合土工膜

膨胀土路堑边坡柔性支护结构所使用的"两布一膜"复合土工膜，规格宜为：200g/m²（织物质量)/1mm（膜厚)/200g/m²（织物质量）。

（4）结构形式

如图8-24（a）所示膨胀土路堑边坡土工格栅加筋柔性支护结构，可用于新建道路；图8-24（b）可用于边坡的滑坍治理。

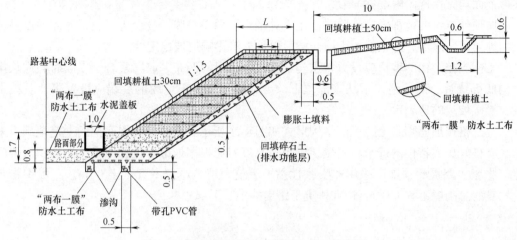

(a)新开挖的膨胀土路堑边坡柔性支护处治结构

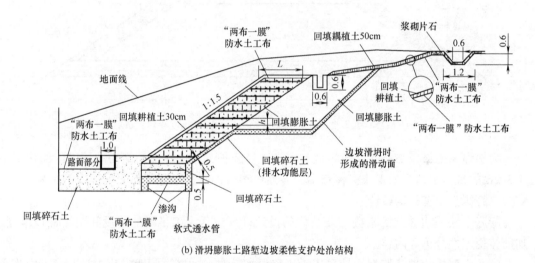

(b)滑坍膨胀土路堑边坡柔性支护处治结构

图8-24 土工格栅加筋膨胀土路堑边坡结构示意图（尺寸单位：m）

在支护结构的背部应设置疏排裂隙水并吸收附近土体膨胀能的排水功能层，功能层可由20~30cm厚的碎石层组成，并应上下贯通连为一体，保证排水畅通。

在边坡底部应设置排水垫层，排水垫层底部应沿纵向设置两条渗沟，在渗沟底部应沿纵向设透水管，透水管的纵向坡度应不小于1%。两条盲沟的底部应铺设防水土工膜，防止排水层内的水渗入基底。

柔性支护结构内膨胀土填料应分层压实，压实度应不低于湿法重型击实最大干密度的85%；土工格栅应反包。

加筋边坡过陡将给施工造成困难，边坡过缓将使坡面汇水面积过大，增大降雨对坡面的冲刷，综合比较，边坡坡率以1：1.5为宜。

柔性支护结构的坡脚是剪应力集中区，采用砾石土填筑，能有效提高柔性支护结构的抗滑稳定性；采用砾石土可以降低毛细水上升高度，从而减少地下水对柔性加筋体的影响，因此，柔性支护结构的坡脚应采用砾石土填筑，填筑厚度应不小于1m。每层填料压实后顶面均宜保持向内4%的横坡。

坡顶外10m的范围内应清除耕植土，并铺设"两布一膜"复合土工膜，然后回填耕植土，种植草和灌木，防止坡顶干缩开裂后雨水下渗影响边坡稳定性。

柔性支挡结构的坡顶应设置排水沟，在坡顶铺设"两布一膜"复合土工膜时，应从排水沟底部绕过，防止地表水从该部位下渗。在坡顶复合土工膜的后端应设置浆片石截水沟，拦截坡后的地表水。

土工格栅加筋膨胀土路堤的结构形式如图8-25所示。膨胀土路堤底部的一定范围应采用具有良好压实特性的透水材料填筑，填筑高度H应根据地下水位和地表可能的积水位确定。膨胀土路堤的顶部应采用非膨胀性黏土填筑，填筑厚度不宜小于1.5m。路堤中膨胀土填筑的总高度不宜大于6m，宜填筑于路堤的中、下部。

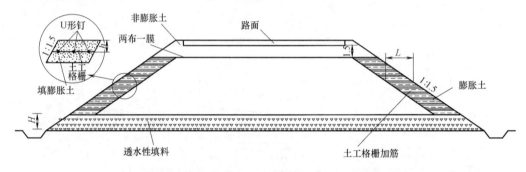

图8-25 土工格栅加筋膨胀土路堤断面图（尺寸单位：m）

为加强土工格栅加筋的路堑边坡和路堤边坡防护，在柔性支护结构的坡面应回填不小于30cm的耕植土，用人工或机械夯实，坡面植物防护应选择适应膨胀土环境的植物。

8.7.2 膨胀土地基处治设计

膨胀土路基边坡土工格栅加筋结构的设计计算包括土工格栅的铺设间距、铺设范围、加筋体稳定性分析等内容。

膨胀土路堤边坡和路堑边坡采用土工格栅加筋时，加筋层间距宜为30~60cm。加筋宽度可参照当地大气影响活动层深度选取，宜为3~6m。坡面处应将土工格栅回折反包，反包压入坡内的长度不应小于1m。

加筋膨胀土路基边坡稳定性分析包括整体和局部稳定性分析，各项稳定性的安全系数均不得小于1.25。

新建公路的加筋膨胀土路基边坡整体稳定性可按圆弧条分法计算，具体方法可参见第5章相关内容。

用于滑坍边坡治理的柔性支护结构，可按条分法验算沿原破裂面的整体稳定性，如图8-26所示。

当坡体存在软弱结构面时，如图8-27所示，应假设距坡顶一定距离处有一条垂直裂缝，考虑裂隙充满水后的水压力作用，用条分法按式（8-16）验算沿软弱结构面的整体稳定性。

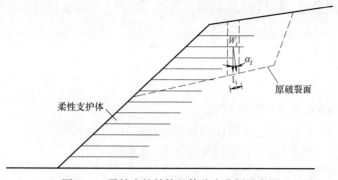

图8-26　柔性支护结构整体稳定分析示意图

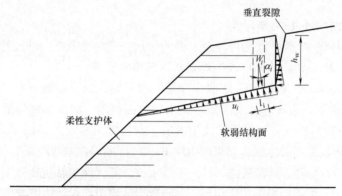

图8-27　柔性支护结构整体稳定分析示意图（含软弱结构面）

$$F_s = \frac{抗滑力}{下滑力} = \frac{\sum \left(W_i \cos \alpha_i - u_i \right) \tan\phi_i + c_i l_i}{\sum W_i \sin\alpha + \dfrac{1}{2} \gamma_w h_w^2} \qquad (8\text{-}16)$$

式中　α_i——第 i 个土条重力方向和法线的夹角（°）；

　　　u_i——软弱结构面上的静水压力(kN/m)，当软弱结构面深度大于开裂深度时不考虑；

　　　γ_w——水的重度（kN/m³）；

　　　h_w——裂缝中充水高度（m）。

　　加筋体局部稳定性可采用式（8-17）~式（8-19）进行计算，计算时应假设加筋路基边坡的局部破坏发生在膨胀土干湿循环显著影响区内，滑体如图8-28中 $\triangle ABC$ 所示。

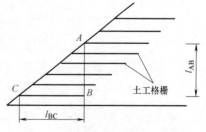

图8-28　土工格栅加筋膨胀土路基边坡
局部稳定性分析示意图

$$F_{Ls} = \frac{抗滑力}{下滑力} = \frac{W_{\triangle ABC} \tan \varphi_{CS} + l_{BC} c_{CS} + T}{p l_{AB}} \qquad (8\text{-}17)$$

式中　$W_{\triangle ABC}$——滑体 $\triangle ABC$ 的重力（kN/m）；

　　　c_{CS}、φ_{CS}——分别为筋土界面的似黏聚力（kPa）和似摩擦角（°），可由常规直接快剪试验确定；

　　　l_{AB}、l_{BC}——滑体后壁 AB 边和下部 BC 边的长度（m）；

p——A、B面上的平均膨胀压力（kN/m²），应根据有荷膨胀试验曲线得到；

T——取通过AB面上土工格栅拉力T_1与锚固力T_2两者中的小值（kN/m）。

$$T_1 = \sum_{i=1}^{n} \frac{T_{Gi}}{RF} \tag{8-18}$$

$$T_2 = \sum_{i=1}^{n} \frac{T_i}{F_s} \tag{8-19}$$

式中　n——通过AB面的土工格栅层数；

　　T_{Gi}——通过AB面第i层土工格栅的极限抗拉强度（kN/m）；

　　T_i——通过AB面第i层土工格栅的锚固力（kN/m）；

　　RF——土工格栅强度折减系数，可取1.25；

　　F_s——土工格栅抗拔出安全系数，可取为2.0。

8.7.3　工程案例

（1）北京市西六环良乡-寨口段

北京市西六环良乡-寨口段是六环路工程的最后一期，全长38.28km，双向四车道加应急车道，路基宽28.5m，是北京连接规划新城的重要通道。

2008年6月K9+600~K10+800膨胀土深路堑段开始开挖。在地下水、岩性、构造、开挖卸荷的共同作用下，边坡岩体支离破碎，出现坡面剥落、溜塌、坡体滑塌和滑坡等严重问题。其中K10+525~K10+632段西坡发生滑坍，滑坡体东西宽25.0m、厚6.0m左右。

调查表明，该段路所处地层为北京西山坨里-大灰厂断陷盆地西南部中白垩世晚期沉积地层，由砂岩-粉砂岩-泥岩（页岩或泥灰岩）互层组成，其天然单轴抗压强度在0.14~2.67MPa之间，压缩模量与一般第四系沉积土相似，属极软岩。该边坡设计边坡坡率为1：0.85，开挖卸荷松弛、干湿循环引起的裂隙、上层滞水及软弱结构面等是边坡破坏的主要原因。

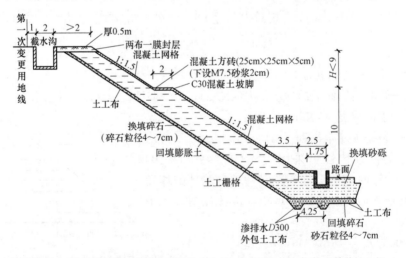

图8-29　西六环膨胀土深路堑西侧（$H \geq 10m$）柔性支护方案（单位：m）

针对该膨胀土路堑边坡的破坏形式提出了以"保湿防渗"和"刚柔相济"为主要技术思路的土工格栅加筋柔性支护设计方案（图8-29）。该处治方案具有如下特点：

1）根据西六环膨胀土路堑东、西坡高度不一，且工程地质不同的特点，本着因地制

216

宜的原则，东、西坡柔性支护体厚度不一。

2）为减小土压力并保证加筋体稳定及对坡体的反压作用，加筋边坡采用1：1.5的坡率。

3）选用设计抗拉强度为70kN/m的单向抗拉土工格栅作为加筋材料，加筋层间距为50cm，下层预留格栅与上层格栅用连接棒相接，张紧并用销钉（间距1.2m）固定，使加筋体下上形成整体，具有"框箍"效应。

4）加筋体填料为开挖膨胀土。

5）加筋体与开挖坡面间设碎石排水层，用于疏干坡内裂隙水。西坡底部设纵向两条渗沟，以快速降低、分流坡体渗水及路床地下水。

6）针对北京降雨量季节性变化大，采用坡面混凝土网格花饰，内植生长力强的五叶地锦，防止雨水冲刷和减小干湿循环影响。

在北京高速公路建设中，首次遇到膨胀性岩（土）问题，该膨胀性软岩路堑段的处治是土工格栅加筋柔性支护技术首次应用推广到北方沉积型膨胀岩（土）堑坡的处治中，其具有施工简便、快捷、造价低廉、处治效果好等特点，同时其加筋体为膨胀岩（土），极具经济和环保效应。

（2）广西南宁至友谊关高速公路

2002年开始修建的广西南宁至友谊关高速公路穿越宁明盆地边缘时遇到大量膨胀性岩土，造成施工期间几乎所有路堑边坡都出现不同程度的滑坍。为此，研究实施了一系列处治方案，修筑了多种方案的试验边坡，其中以"土工格栅加筋土柔性支护综合处治"的方案效果最佳。处置结构形式如图8-30和图8-31所示。

利用土工格栅与填料的摩擦咬合作用将土工格栅分层摊铺并反包，将膨胀土包裹成一个整体，并利用格栅的加筋作用以及压实工艺改善土体的强度，限制土体的水平膨胀变形，使其成为能承受一定膨胀推力的柔性支挡体，以取代常规的刚性支挡体。由于柔性支挡体允许较大变形，可释放边坡土体大部分应力和膨胀产生的破坏力，起到更好的支挡效果。相关研究指出，若允许膨胀土的线膨胀量达0.3%，其膨胀力可比不能膨胀时最大的膨胀力降低25%左右。因此柔性支护非常适合膨胀土路堑边坡。同时一定厚度的柔性支挡体对于墙后土坡具有很好的防护作用，能改善膨胀土表层的大气影响深度，防止雨水对坡

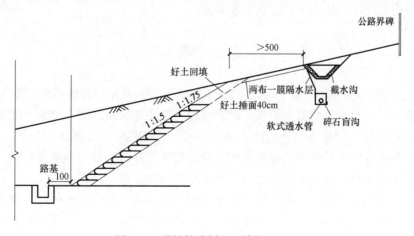

图8-30　柔性挡墙剖面（单位：cm）

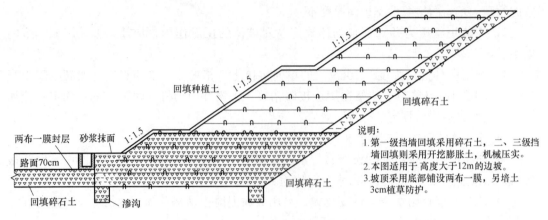

图 8-31 土工格栅锚固大样

面的直接冲刷，减少雨水渗入土体引起强度的大幅衰减，能有效排放土体内的裂隙水，保持坡体含水量的相对稳定，实现"保湿防渗"的目的。

该土工格栅加筋柔性支护实施方案具有如下特点：

1）柔性支挡体由开挖出的膨胀土压实筑成，支挡体加筋宽3.5m，可以满足机械施工要求并能更好发挥支挡、封闭作用。

2）支护边坡坡率仍采用1:1.5以保证压实施工的安全有效及墙体的稳定和对墙后土体的反压作用。

3）坡体加筋材料采用设计强度为35kN/m的单向拉伸土工格栅，层间距为50cm，每层格栅的摊铺长度3.5m，在坡面反包后与上一层格栅的搭接长度为0.6m。

4）柔性支挡体下部1~3层采用碎石土作为填料，一方面提供底部膨胀土与地基足够的摩擦阻力，同时确保强度和排水要求。碎石土填料最大料径小于10cm，加筋体绝大部分填料采用就地挖取的中、弱膨胀土，按路基施工要求控制含水量，最大料径小于5cm。

5）为防止雨水冲刷，在坡顶及坡面采用30cm耕植土层植草绿化。墙顶后土体边坡放缓至1:3，并在其上部铺高"两布一膜"至截水沟处，再回填50cm的红黏土以防止雨水下渗。墙后设碎石土排水层50cm，以疏干膨胀土内裂隙水，墙底部设渗沟两道，以降低墙后边坡以及路床的地下水位实现排水分流。

8.8 盐渍土路基病害处置

盐渍土是指易溶盐含量大于或等于0.3%且小于20%，并具有溶陷或盐胀等工程特性的土。盐渍土对工程建设的破坏形式是多方面的，主要体现在溶陷、盐胀和腐蚀性。

盐渍土形成的机理是蒸发作用使土体失去水分，使盐分（易溶盐）在土体中的累积。由此可见，形成盐渍土的条件是蒸发作用、适宜的土壤条件、持续的水分补给（毛细水）。因此阻断毛细水上升可防治盐渍土地基（路基）的工程危害。

由于复合土工膜可以形成隔断层，能够限制乃至完全隔断土中水体的移动通道，防止盐分在公路结构层内迁移、积聚。土工织物在公路构筑物表面防腐工程中所起的主要作用是形成较好的防腐封闭层，切断盐分与混凝土接触的途径，阻止或延缓公路构筑物的腐蚀进程。根据近年盐渍土地区工程经验，盐渍土地区公路工程可采用土工合成材料隔离盐分迁移、防排水及构筑物表面防腐蚀等。盐渍土地区公路路基隔离与防排水宜采用复合土工膜，构筑物表面防病蚀宜采用土工织物。

8.8.1 盐渍土地基选材与处置设计

（1）路基隔离与防排水

应根据盐渍环境及工程特点、重要性等因素，选择合适的复合土工膜作为盐渍土地区路基隔断层。弱盐渍土地段，可选用"一布一膜"的复合土工膜；中、强、过盐渍土地段，应选用"两布一膜"或"三布两膜"的复合土工膜。复合土工膜的性能指标应满足表8-5的要求。

用于盐渍土地区路基隔断层的复合土工膜性能要求　　　　　　表8-5

性能指标	复合土工膜类型		
	一布一膜	两布一膜	三布两膜
布(质量，g/m²)/膜(厚，mm)	布/膜 ≥(250/0.25)	布/膜/布 ≥(150/0.3/150)	布/膜/布/膜/布 ≥(150/0.25/100/0.25/100)
总厚度(mm)	≥1.9	≥2.4	≥3.5
极限抗拉强度(kN/m)	≥14	≥17	≥24
极限伸长率(%)	≥30		
CBR顶破强度(kN)	≥2.5	≥3.0	≥3.5
撕破强度(kN)	≥0.35	≥0.42	≥0.60
垂直渗透系数(cm/s)	$<10^{-9}$		

为使上路堤不受下部盐、水影响，保证路床的强度与稳定性，应根据公路沿线的土质类型和水文条件，以及防治目的等进行综合分析，合理确定隔断层位置：

① 当填料为非盐渍土或易溶盐含量较小时，应将土工合成材料隔断层设置在地基与填料之间，防止路基填料产生次生盐渍化。

② 新建高速公路及一级公路的填方路堤隔断层应设置在路床顶1.5m以下，高出地表长期积水位20cm或地面50cm以上，并应不小于当地的最大冻深；二级和二级以下公路的隔断层应设置在路床顶0.8m以下，高出边沟流水位，并应满足冻胀深度要求。

③ 采用换填与隔断措施综合处理的改建路段，隔断层顶面的位置应在换填下缘或其层间下部。挖方路段隔断层应设置在新建路面垫层底面30cm以下，边沟流水位20cm以上。

④ 路段经过大面积强或过盐渍土地区，且路基填料易溶盐含量较大时，可同时在填筑体表面或土基中最高地下水位的位置设置土工合成材料隔断层，隔断水分迁移通道，防止地面水渗透造成填料淋溶性病害。

土工合成材料隔断层应全断面铺设，在地表铺设时可适当加宽。铺设面应平整、密实，无尖锐凸出物，并应设置与路基表面相同的横坡。土工合成材料应沿路线纵向铺设，铺设应平整，无折皱。

当土工合成材料隔断层设置在细粒土中时，其上下应分别设置不小于20cm的砂砾排水层。砂砾排水层的粉黏粒含量不得大于10%，最大粒径不得大于50mm。当填筑材料内易溶盐含量较高、地面水的矿化度较高且路基有可能受地面水流影响时，应采取有效措施，避免地面水渗入填料中。

（2）公路构筑物表面防腐

我国盐渍土地区往往日照时间较长，常水位以上土工合成材料会受到光老化的直接影响，根据工程实践经验，公路构筑物面防腐宜选择对防腐涂料渗透性和吸附性强的土工织物。当防护位置处于地面以上时，土工织物室内紫外线辐射强度为550W/m²照射150h的抗拉强度保持率应大于80%。采用土工织物进行构筑物表面防护时，应根据干湿影响区范围和位置，合理确定土工织物使用的部位。

① 当构筑物基础较浅，有条件使防腐作业连底进行时，防腐设置范围应从基底到设计水位的浪溅影响线以上1m；当构筑物基础较深，无条件使防腐作业连底进行时，防腐设置范围应从枯水位以下1m到设计水位的浪溅影响线以上1m。

② 当构筑物仅受地下水影响时，应对20年一遇地下水位影响区及上下各1m构筑物表面进行防腐处置。

公路构筑物表面防腐可采用包裹法和面贴法。对混凝土或金属建造的桩、柱等孤立构筑物，宜采用包裹防护法，如图8-32所示，搭接部位应位于平面或缓弧面上，搭接宽度L应大于25cm；对混凝土或金属建造的大体量构筑物墙面等，可采用面贴防护法进行防腐（图8-33）。

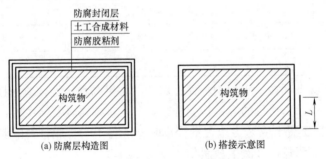

图8-32　土工织物包裹防腐法示意图

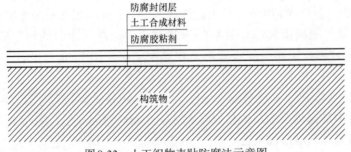

图8-33　土工织物表贴防腐法示意图

防腐层施工前应去除防护对象表面所黏附的盐、土等污染物。当防护对象表面存在松散、裂缝、松动、坑槽等病害时，应根治，并填补平整。

防腐底料应具有较强的渗透性，能渗透并堵塞防护区全部开口孔隙，防腐底料的涂刷数量应保证表面成膜，不得流淌，使防腐胶粘剂与防腐底料及选用的土工织物充分黏结，包裹（敷贴）土工织物应平整、紧固，不得在包裹（敷贴）面下形成气泡。之后在土工织物包裹面（敷贴面）涂刷防腐封闭剂，防腐封闭剂完全覆盖土工织物包裹面（敷贴面），形成一定厚度的封闭膜。

8.8.2 工程案例

既有G215大柴旦至察尔汗段公路的二期工程项目位于青海省海西州，由起点大柴旦镇至终点察尔汗盐湖，路线所经区域地貌依次为构造剥蚀山前冲洪积扇倾斜平原区、构造剥蚀的中高山区及盐湖沼泽区（K560+000~K600+500）。盐湖沼泽区地形平坦，地面横坡不大，纵面略有起伏，海拔高程变化在2675~3304m之间。

该工程沿线多为强、过氯盐盐渍土地区，地基常有周期性地下水浸湿，对承载力影响较大。若仅通过提高路基设计高度来消除水的影响，则会导致路基工程规模过大。较为合理的解决方法就是在路基土体中设置毛细水隔断层。根据各段落的具体情况，采取针对性的处置和防护措施。

K560+500~K561+000段：针对本路段土壤盐渍化和毛细水上升等主要工程问题，采用去除盐分法中的换填法进行处理；采用水分隔断法，在路面结构层下设复合土工膜，土工膜以下路基采用砾石土填筑，地基表层0.5~1.0m含盐量高的松软砂土采用天然砂砾换填，能够有效防止毛细水上升，且造价较低，如图8-34所示。

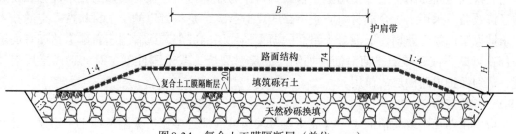

图8-34　复合土工膜隔断层（单位：cm）

K561+000~K562+500段：针对本路段土壤盐渍化程度高、地下水位高、毛细水上升和地基承载力低等主要工程问题，采用综合防治方案处理，即复合土工膜隔断层+明挖换填方案，挖除表层盐壳，用砂砾换填并在上面铺设土工膜隔断层，如图8-35所示。

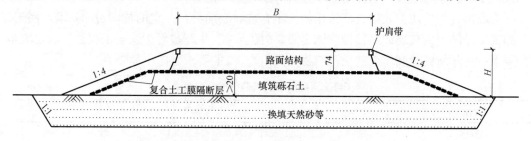

图8-35　复合土工膜隔断层与明挖换填方案（单位：cm）

K562+500~K594+500段：针对本路段土壤盐渍化、毛细水上升和洪水对路基的威胁等主要工程问题，最终确定处理方案为隔断层+岩盐填筑方案。80cm路床采用砾石土填筑，下设复合土工膜+40cm砂砾隔断层，隔断层以下路基及护坡道采用岩盐填筑如图8-36所示。

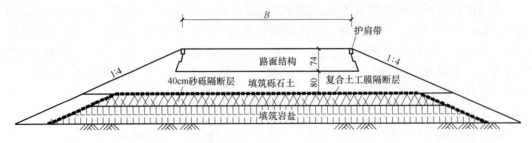

图 8-36　隔断层与岩盐填筑方案（单位：cm）

8.9　路面反射裂缝防治

反射裂缝是常见的公路病害之一，即路基中由于某种原因先有了裂缝或新建道路半刚性基层对沥青面层的影响，通过应力传递，向上发展，反射及路面，致使路面面层出现的裂缝。基层产生裂缝可能有两方面的原因：一是因负温或干缩，可称为温度裂缝；二是由于道路受长期重复荷载作用导致疲劳，可称为荷载裂缝。

对于路面裂缝，常用的维修方法是在原来裂缝路面上加铺沥青罩面层，但由于裂缝反射，效果不佳。近年来，在高等级公路的建设中，研制和引进了许多新材料、新技术和新工艺。特别是路面结构层中使用土工合成材料作为加筋材料，具有明显的技术优势和良好的经济效益。采用土工合成材料防止道路的反射裂缝，是将特定的土工材料按一定的技术要求铺设于旧沥青路面、旧混凝土路面的沥青加铺层的底部，或者用于新建道路沥青面层底部，以减少或延缓旧路面对沥青加铺层的反射裂缝，或半刚性基层对沥青面层反射裂缝，达到保护道路面层的作用。

8.9.1　材料选择

应用于路面裂缝防治的土工合成材料可采用玻璃纤维格栅、聚酯玻纤土工织物、无纺土工织物等。其基本原理是将玻纤格栅设置于沥青路面与基层之间，格栅刚度大，抗拉强度高，主要起到加筋作用，限制面层的应变，从而限制裂缝在面层的发展；在路面与基层之间设置延伸率大的无纺土工织物，作为应力吸收层，当拉应力上传至织物时，透过织物的拉伸变形将应力吸收，从而阻断拉应力向沥青路面传递。

为取得良好的防护效果，所选用的土工合成材料应满足一定的技术指标要求。用于沥青路面裂缝防治的玻璃纤维格栅应满足表8-6的要求；聚酯玻纤无纺土工织物应满足表8-7的要求；长丝纺粘针刺非织造土工织物应满足表8-8的要求，应单面烧毛。

用于路面裂缝防治的琉璃纤维格栅要求　　　　　　　　　　　　　　表8-6

技术指标	技术要求
原材料	无碱玻璃纤维，碱金属氧化物含量应不大于0.8%
网孔形状与尺寸	矩形，孔径宜为其上铺筑的沥青面层材料最大粒径的0.5~1.0倍
极限抗拉强度	≥50kN/m
极限伸长率	≤4%
热老化后断裂强度	经170℃、1h 热处理后，其经向和纬向拉伸断裂强度应不小于原强度的90%

用于路面裂缝防治的聚酯玻纤无纺土工织物技术要求 表8-7

单位面积质量	抗拉强度	极限抗拉强度纵、横比	极限延伸率(纵、横向)	CBR 顶破强度
125~200g/m²	≥8.0kN/m	1.00~1.20	≤5%	≥0.55kN

用于路面裂缝防治的长丝纺粘针刺非织造土工织物技术要求 表8-8

单位面积质量	极限抗拉强度	CBR顶破强度	纵、横向撕破强度	沥青浸油量
≤200g/m²	≥7.5kN/m	≥1.4kN	≥0.21kN	≥1.2kg/m²

用于沥青路面裂缝防治的聚丙烯非织造土工织物应满足表8-9的要求，应单面烧毛。聚丙烯非织造土工织物的熔点为165℃。相关研究和北方部分地区的实际经验证明，在下层温度较低的施工条件下，聚丙烯非织造土工织物可以适应沥青路面施工时的温度要求。

用于路面裂缝防治的聚丙烯非织造土工织物技术要求 表8-9

单位面积质量	抗拉强度	极限抗拉强度纵、横比	极限延伸率(纵、横向)	CBR 顶破强度	沥青浸油量
120~160g/m²	≥9.0kN/m	≥0.80	≤40%	≥2kN	≥1.2kg/m²

8.9.2 加铺设计

土工合成材料应用于路面结构中，应铺设于沥青面层的底部，可采用满铺和条铺方式，结构形式如图8-37~图8-39所示。

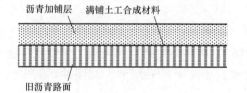

图8-37 旧沥青路面加铺层结构

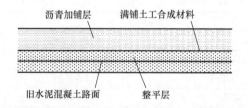
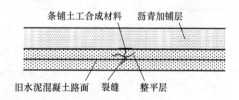

图8-38 旧水泥混凝土路面加铺层结构

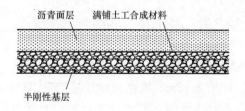
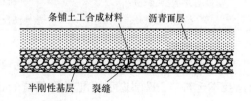

图8-39 新建半刚性基层沥青路面结构层

应用土工合成材料防治路面裂缝，路面结构形式及加铺层厚度不应因加铺了土工合成材料而改变。高速公路和一级公路的旧水泥混凝土路面上加铺层厚度不宜小于10cm，其他等级公路的加铺层厚度不宜小于7cm。

旧沥青路面上加铺土工合成材料和沥青混凝土面层前，应对旧路进行外观评定和弯沉测定，确定路面代表弯沉值和计算弯沉值，以及旧路处理和加铺层设计方案。旧路面裂缝较多时宜采用土工合成材料满铺方式；旧路面表面较完好，裂缝较少，无网裂、龟裂时，可采用条铺方式，条铺宽度不宜小于1m。半刚性基层和刚性基层表面铺筑沥青面层时，应根据基层表面裂缝状态及分布特征，采用条铺或满铺方式。

旧水泥混凝土路面加铺沥青混凝土面层，在铺设土工合成材料前，应对旧水泥混凝土路面进行强度及外观评定，并对病害进行修复，设置沥青混合料整平层。

土工合成材料的铺设宜对接铺设。确需搭接时，玻璃纤维格栅短边搭接长度不宜大于20cm，并根据摊铺方向，将后端压在前端部之下，搭接处应固定；长边搭接长度不宜大于10cm，搭接处可采用尼龙绳或铁丝绑扎固定，固定点间距不应超过1m。土工织物短边搭接长度不宜大于15cm，并根据摊铺方向，将后一端压在前一端部之下，搭接处应采用固定器固定；长边搭接长度不宜大于10cm，搭接处可直接用黏层油黏结。

土工合成材料-沥青层不透水，可以与面层和基层有良好黏结，可以延迟裂缝产生，提高沥青路面寿命。沥青用量与土工织物的材质、单位面积质量（厚度）等有关，以土工织物浸泡沥青，黏结良好，不产生泛油为宜。国际上，各国标准或经验给出的沥青用量存在差异，而且与旧路基或路面的裂缝发展状况有关，从0.9L/m²到1.7L/m²不等。在总结工程经验的基础上，提出了适用我国的热沥青或黏层油的类型和用量表（表8-10），可供参考。

应用玻璃纤维格栅宜先铺设玻璃纤维格栅，再洒铺热沥青作为黏层油，黏层油上应洒布单一粒径碎石加以保护，碎石用量宜按满铺的40%~55%确定；采用土工织物应先洒布黏层油再摊铺土工织物，上层沥青混合料摊铺前不必再洒黏层油；黏层油不宜采用乳化沥青。

热沥青或黏层油的类型与用量 表8-10

土工合成材料类型	热沥青或黏层油	
	类型	用量(kg/m²)
玻纤格栅	普通石油沥青	1.2~1.4
	改性沥青或橡胶沥青	1.6~2.0
长丝纺织针刺非织造土工织物	普通石油沥青	1.2~1.4
	改性沥青或橡胶沥青	1.4~1.8
聚酯玻纤土工织物聚丙烯土工织物	普通石油沥青	0.8~1.0
	改性沥青或橡胶沥青	适当增加沥青用量

8.9.3 工程案例

207国道荆门段全长127.061km，1986~1992年曾全线改扩建，已达到平原微丘区二级公路技术标准。207国道荆门北段路基宽15m，路面宽12m，原路面设计结构为：15cm渣石垫层+15~20cm水泥稳定砂砾基层+23cm水泥混凝土面层。随着社会经济的发展，该路段交通量剧增，超载严重，特别是在襄樊~荆州高速公路建设中材料运输超载汽车的影响下，路面破坏严重。

通过对该路段实际调查与检测，该路段的主要病害为断板、板底脱空、唧泥、错台等。路面破坏原因初步分析：一是路基压实度不足，或不均匀沉降引起路面断板破坏与错台；二是路面基层结构设计厚度不足，强度偏低；三是行车荷载大，超载严重。

根据对旧路面调查与评价的结果，针对不同路面损害情况，采用了整体挖除、压浆充填、沥青灌缝等不同的处治措施，为旧混凝土路面加铺路面反射裂缝防治提供了必要条件。

沥青加铺层是反射裂缝的直接承载者，要从原料、级配配比、结构组合、生产、施工等方面综合考虑防治反射裂缝。在本工程中，沥青加铺层结构组合为5cmAM—20+3cmAC—10Ⅰ。采用AH—70重交沥青。在铺筑沥青混合料前，用APP防水卷材与针刺聚酯无纺土工织物复合铺缝。整个施工工艺流程为：清理旧水泥混凝土路面、洒黏层油（接裂缝）、铺防水卷材、洒土工织物黏层油、铺土工织物、洒黏层油（全路面）、施工放样及后续施工。

沥青层特别是上面层是反射裂缝的最后一道防线。在本工程中，为了更好地防治反射裂缝发生，对沥青与集料的技术要求进行了一定调整，通过试验优化矿物混合料级配与配比及最佳沥青用量。在AC—10Ⅰ中掺入纤维，使上面层具有一定的防裂性与防水性。

复习思考题

1. 简述软体排的类型及其特点。

2. 软体排设计时应考虑哪些因素其过程包括哪些内容？

3. 软体排和土工模袋在结构形式和应用上有何异同？

4. 土工模袋的种类有哪几种？其设计内容包括哪些？

5. 为提高模袋的抗浮和抗滑稳定性，可以采取哪些措施？

6. 简述采用土工合成材料防治路面反射裂缝的施工要点。

7. 排体上下水头差为3m，饱和重度为20kN/m³，坡角为15°，为满足抗浮稳定性试求排体垂直于土坡的厚度应为多少？

8. 在南方地区，某工程选用混凝土型无滤水点土工模袋进行护岸工程设计，该工程混凝土选用C30，往年数据显示波浪高为1.5m，浪长15m，边坡为1：2，沿斜坡方向（垂直于水边线）的护面长度17.1m，试确定模袋厚度。

9. 简述常见风沙防护的形式。

10. 简述土工合成材料进行路基两侧防沙的措施。

11. 冻土地区路基冻害原因及防治机理是什么？

12. 简述土工合成材料在冻土路基中的应用。

13. 什么是膨胀土？膨胀土主要有哪些工程危害？

14. 为什么土工格栅加筋柔性支护技术适用于膨胀土地区？其主要用到哪些材料？对其有什么要求？

15. 膨胀土路基边坡土工格栅加筋结构的设计计算主要包括哪些内容？可采用什么方法进行计算？

16. 什么是盐渍土？盐渍土对工程建设的危害主要体现在哪些方面？

17. 对盐渍土常见的处理措施有哪些？为什么复合土工膜可以较好地防治盐渍土地基的工程危害？

18. 路基隔离与防排水主要采用哪种土工合成材料？应用时有哪些注意事项？

19. 公路构筑物表面防腐常采用哪种土工合成材料？应用时有哪些注意事项？

20. 什么是路面反射裂缝？其产生的原因有哪些？

21. 应用于路面反射裂缝防治的土工合成材料主要有哪几种？其原理是什么？

参 考 文 献

[1] 徐超，邢皓枫. 土工合成材料 [M]. 北京：机械工业出版社，2010.

[2] 包承纲. 土工合成材料应用原理与工程实践 [M]. 北京：中国水利水电出版社，2008.

[3] 《土工合成材料工程应用手册》编写委员会. 土工合成材料工程应用手册（第2版）[M]. 北京：中国建筑工业出版社，2000.

[4] 徐日庆，王景春. 土工合成材料应用技术 [M]. 北京：化学工业出版社，2005.

[5] 中华人民共和国交通运输部. 公路土工合成材料应用技术规范 JTG/T D32—2012 [S]. 北京：人民交通出版社，2012.

[6] 陈倩. 用于边坡防护的土工合成材料：三维植被固土网垫 [J]. 轻工标准与质量（3）：25-26.

[7] 何铭. 半刚性基层沥青路面反射裂缝性能及防治措施研究 [J]. 建材发展导向（上），2019，17（1）.

[8] 包伟国，薛育龙，杨旭东. 聚丙烯土工合成材料的老化与防老化 [J]. 上海纺织科技，2004，32（4）.

[9] 王殿武. 土工合成材料老化问题的探讨 [J]. 东北水利水电，1991（10）：31-37.

[10] 杨广庆，徐超，张孟喜，丁金华，苏谦，何波 等. 土工合成材料加筋土结构应用技术指南 [M]. 北京：人民交通出版社. 2016.

[11] 周大纲. 土工合成材料制造技术及性能 [M]. 北京：中国轻工业出版社，2019.

[12] 刘志伟. 波浪对岸坡防护工程稳定性影响机理分析 [J]. 甘肃水利水电技术，2013.

[13] 段金曦. 河岸崩塌与稳定分析 [J]. 武汉大学（工学报），2004.

[14] 曹明伟. 桐子林水电站下游岸坡防护设计 [J]. 黑龙江水利科技，2016.

[15] 《路基工程》编写委员会. 路基工程（第二版）[M]. 北京：中国建筑工业出版社，2014.

[16] 龚晓南，谢康和. 基础工程 [M]. 北京：中国建筑工业出版社，2015.

[17] 程晔，王丽艳. 基础工程 [M]. 南京：东南大学出版社，2014.

[18] 朱振学，章晓晖，李倩，张洪远. 盐渍土地基工程处理技术研究综述 [J]. 吉林水利，2019（09）：1-5.

[19] 黄超. 盐渍土地基研究现状分析 [J]. 科学技术创新，2019（25）：120-121.

[20] 戴荣里. 盐渍土地基处理施工技术 [J]. 建筑技术，2017，48（11）：1224-1226.

[21] 刘兵，曹剑. 盐渍土地基处理方法研究 [J]. 交通科技，2018（03）：40-42.

[22] 杨小珠. 土工网在防治路面反射裂缝中的应用 [J]. 交通世界（建养.机械），2015（04）：136-137.

[23] 甄红红. 土工合成材料在道路路面裂缝防治方面的应用 [J]. 交通世界（建养.机械），2009（05）：170-171.

[24] 陆立波. 防水卷材与土工织物在复合路面中的复合应用研究 [D]. 武汉：华中科技大学，2006.

[25] 费月英. 土工格栅在沥青混凝土路面中的应用研究 [D]. 兰州：兰州交通大学，2007.

[26] 费月英，杨有海. 土工格栅在沥青混凝土路面的应用与设计 [J]. 路基工程，2007（05）：150-152.

[27] 王协群，王钊. 土工合成材料用于防治路面反射裂缝的设计 [J]. 中外公路，2003，23（6）.

[28] 李文辉. 应用土工织物防治复合式路面荷载型反射裂缝的试验研究 [D]. 重庆：重庆交通大学，2013.

[29] Leiva-Padilla P, Loria-Salazar L, Aguiar-Moya J, et al. Reflective Cracking in Asphalt Overlays Reinforced with Geotextiles [M]// 8th RILEM International Conference on Mechanisms of Cracking and Debonding in Pavements. Springer Netherlands, 2016.

[30] 苗方鹏. 高速公路沥青路面反射裂缝防治技术研究 [J]. 四川水泥，2019（5）：45-45.

[31] 原宝盛，彭余华，高明明. 旧水泥混凝土路面沥青加铺层荷载应力分析 [J]. 中外公路，2013，33（2）：55-59.